橋梁의 造形學

杉山 和雄 著

현대건설주식회사
(주) 유신 코퍼레이션

도서출판 건설도서

발간사

현존하는 우리의 문화유산을 유심히 음미하여 보면 그 아름다움을 부정할 사람은 없다. 천년이 훨씬 지난 불국사의 다보탑, 석가탑 그리고 청운교와 백운교 등은 그 속에 숨겨진 의미를 알지 못하더라도 감상하는 즉시 그 아름다움에 흠뻑 젖어 든다. 이러한 구조물은 외적인 미관으로도 충분히 어떠한 대상이든지 감동시킬 수 있는 능력을 지녔기 때문이다.

이와 더불어 수원화성은 조선 후기에 정약용(丁若鏞)의 성설(城說)을 설계지침으로 하여 돌과 벽돌을 혼용한 과감한 방법, 거중기(擧重機) 등의 기계를 크게 활용하고 용재(用材)를 규격화한 점, 화포를 주무기로 하는 공용화기 사용의 방어구조 등은 다른 성곽에서 볼 수 없는 새로운 것이며 뛰어난 과학적인 구조물이다. 여기에 팔달문, 화홍교 등과 같이 아름다운 구조물도 함께 있다.

불국사는 비례미, 균형미, 조화미와 같은 현대 용어들과 대비하여 평가하여 보아도 손색이 없고, 수원화성은 기술적으로나 미적으로 그 우수성을 인정받아 모두 유네스코 세계문화유산으로 등록되었으니 우리의 아름다움이 곧 세계적인 아름다움이라고 할 수 있다.

그런데 현존하는 국내의 옛 교량들도 기술적이나 예술적으로 훌륭한 장인정신이 깃들여 있지만 그다지 빛을 보지 못하였다. 여러 가지 역사적, 사회적인 이유로 현재까지 그 맥이 이어지지 못한 것이 가장 큰 원인일 것이다. 다만 불과 몇 년 전부터 국내에서는 기능성과 경제성에만 치중했던 그 동안의 교량설계에서 탈피하려고 깊이 반성하게 되었고, 경관성을 갖는 교량이 되도록 노력하고 있다.

이러한 노력의 일환으로 교량 기술자에게 교량과 조형학을 접목시켜 이해를 증진시키는 것이 매우 효과적일 것이라고 판단하여 교량에 대한 경관 공학의 권위자이면서 한국을 누구보다도 잘 이해하고 있는 일본 치바대학의 스기야마 교수가 집필한 "橋梁의 造形學"을 번역 출간하게 되었다.

이 책은 교량을 아름답게 만드는 방법을 가르쳐주기 보다는 교량 기술자가 아름다움을 찾아내도록 도와주는 책이다. 그러므로 이 책을 통하여 우리 몸속에 흐르고 있는 미적 감각을 계발하고자 하는 목적에 잘 부합되는 책이다.

우리가 건설한 교량도 후세에 문화적 가치를 높게 평가받아 세계문화유산의 반열에 오를 수 있도록 하는데 이 책이 조금이나마 보탬이 되기를 기대한다.

2002. 10.

현대건설주식회사 국내토목사업본부장 이 종 화

(주)유신코퍼레이션 구조본장 조 충 영

번역본 출판에 부쳐…….

이번에 본인이 2001년에 저술한 「교량의 조형학」을 한국어 번역본으로 출판하게 되었다. 이 책은 교량기술자나 경관디자이너가 교량을 디자인할 때에 필요한 조형언어(造形言語)를 해설하고, 그 습득에 도움을 주는 것을 목적으로 하였다.

일본에서 교량미학에 관한 논의는 1925년경부터 토목학회에서 시작되었고, 이후 연속적으로 논의가 계속되어 교량미(橋梁美)에 관한 몇 개의 명저(名著)도 발표되었다. 그러나 「교량공학에 있어서의 미적측면」이 학회주최의 심포지움의 정식 테마로서 개최된 것은 1976년이다. 이것은 1976년 9월 동경에서 개최된 10th Congress of International Association for Bridge and Structural Engineering : IABSE를 준비하면서 그 전년도(前年度)에 학회의 구조공학위원회를 개편할 때 설립된 「교량의 경관과 형태 및 색채에 관한 연구 소위원회」 활동의 일환으로 개최된 것이다. 여기에는 1974년 10월에 주로 도시고속도로에 대해 언급된 「건설성 특별감찰 개선의견」도 크게 영향을 미치고 있다고 할 수 있다. 거기에서는 「지금까지의 도시고속도로에 종사하는 분은, 약간은 자동차 교통에 대한 기능면의 충실함에 주력하였고, 양호한 환경형성이라는 면에 관해서는 반드시 충분한 배려를 하였다라고는 말하기 어렵다고 생각된다. …도시고속도로의 경관·미관의 향상이 지역사회의 형성에 큰 영향을 미치고 있다는 현실을 감안하여 도시고속도로의 건설 등에 임해서는 지역사회에 융화된 도로정비가 되도록 충분히 배려하는 것으로 하고, 이를 위해 필요한 경관·미관 유지를 위한 대책을 조속히 검토할 것」을 지적하였다.

일본의 고도경제성장기에 있어서는 폭발적인 자동차 교통의 증가에 대응해야만 하였고, 말하자면 빠르게, 많고, 싸게 만들려고 하는 일에 역점을 두고, 교량미의 문제는 그다지 염두에 두지 않았지만 이와 같은 경향은 재검토되어야만 했다. 이를 계기로 하여 연구 토론회나 강연회가 각 조직에서 실시되었다. 1982년에는 토목학회에서 아름다운 교량의 디자인 매뉴얼 제1집이 간행됨과 동시에 건설성(현 국토교통성), 도로 4개 공단(일본도로공단, 수도고속도로공단, 한신고속도로공단, 혼슈시코쿠연락교공단) 및 몇몇 지방자치체는 기술자를 위한 경관편람, 사진집, 매뉴얼류를 작성하였다.

또한, 아름다운 교량에서 보여지는 좋은 사례를 참고함으로써 교량의 경관을 향상시킨다고 하는 당초의 목표를 어느 정도 달성할 수 있었다고 말할 수 있다. 그러나 디자인은 원래 단순히 부분의 집합체는 아니다. 디자인은 디자인을 대상으로 구해지는 여러 가지 기능, 요구를 정리·통합하고 이것에 대응하는 실체를 하나의「좋은 형상」,「통일된 형상」,「정리된 형상」으로 결정하는 행위이다. 1993년에 발간된 토목학회의「아름다운 교량의 디자인 매뉴얼 제2집」에서 필자는 부위원장으로서 그 일부를 소개하였지만, 가능한 빠른 시기에 교량의 경관을 결정하는 사고법을 보다 포괄적이고 근원적으로 설명하고 싶어 이 책을 저술하게 되었다.

이번에 이 책의 한국어판이 한국교량의 경관설계에 조금이나마 도움이 되고 아름다운 교량이 건설되기를 진심으로 기원한다.

마지막으로 이 책의 한국어 번역출판에 지대한 노력을 기울이신 (주)유신코퍼레이션 전긍렬 회장님, 오의진 사장님, 조충영 전무님을 비롯한 관계자 여러분들에게 깊은 감사의 말씀을 드린다.

치바(千葉)대학 대학원 자연과학연구과 교수 杉山和雄

머리말

로마 법왕(Pope of Rome)의 정식 명칭을 Pontifex Maximus라고 한다. 이것은 영어로 직역하면 Bridge Engineer in Chief, 즉 "최고의 교량 기술자"란 뜻이다. 다리(교량)를 승려(僧侶)가 건설하고 있을 무렵 교량 기술은 뛰어난 신심(信心)을 가진 사람에게만 주어진 신(神)의 영감이라고 생각할 수 있고, 최고의 승려는 동시에 "최고의 교량 기술자"라고 부르게 된 것이다. 정식 명칭이 교량 기술자이므로 예를 들면, "난치병을 치료하는 명의(名醫)"외에 어떤 사람도 없었을 때에 당시 교량가설이 왜 곤란하였는지가 상상됨과 동시에 교량이 표상(表象)하는 의미가 크고, 사람들이 교량에 품고 있었던 특별한 감정을 엿볼 수 있다.

공학 기술의 진보로 교량 건설은 당시에 비하면 매우 쉬워졌다. 그에 수반하여 자신의 일이 옛날로 말하면 로마 법왕의 정식 명칭에 필적할 정도의 상징성이 있는 일이라고 인식하고 있는 교량 기술자가 적어졌다고 본다. 강도(强度)와 경제성의 틀 속에서 합리성 추구가 설계의 주요한 부분을 차지하게 된 오늘날에는 교량 기술자의 정열이 전해지지 않은 무미건조하고 몰개성적인 교량도 많이 눈에 띈다. 그러나 어느 지역을 찾아보아도 유달리 눈에 띄는 교량은 그림엽서가 되어 관광 자원의 하나가 되고 있다는 것을 보아도 알 수 있듯이 교량은 그 크기와 다른 구조물에는 없는 특수한 상징성 때문에 좋아하든 싫어하든 관계없이 기념비적인 작용을 하고 있다. 그렇다면 지향적(志向的) 기념물(Monument)로 되는지 그렇지 않는지는 결과에 따라 큰 차이가 나게 될 것이다. "교량은 보기 흉하면 마음이 황폐해진다"라고 한 Leonhardt(1968)의 말이 대표하듯 교량은 오늘날의 문화를 표상하는 성격과 힘을 지니고 있으며 교량 디자인은 "문명 시대에 요구되는 사회적 요청"(Oscar Fabar, 1944)인 것이다.

다만, 이 책은 교량 디자인의 이상적인 상태를 해설한 것이 아니다. 디자인의 상태 여하에 관계없이 교량 기술자나 경관 디자이너가 교량 디자인을 할 때에 필요한 디자인의 언어(言語)나 문법(文法), 수사법(修辭法)으로서의 조형 기초에 대해서 설명한 것이다. 즉, 사상(思想)을 상상하여 생각해 내는 데는 언어가 필요하다. 구조를 구상(생각)하는 데는 수식(數式)이 필요하다. 작곡을 하는 데는 악보나 악기가 필요하듯 사람의 사고(思考)는 무언가의 언어를 매개로 하여 이루어지고 있다. 디자인의 경우도 마찬가지로 디자인을 구상하는 데는 무언가의 매개가 필요하다. 그리고 언어에 문법과 수사법이 있듯이 매개에는 그 나름대로의 법칙과 구성 요소가 있다. 그것이 조형의 기초이다.

이 책은 크게 4가지의 내용으로 이루어져 있다. 첫째는 언어 그 자체에 대한 것이다. 퍼스펙티브(Perspective)와 모델(Model)이라는 표현 기법을 사고의 매개, 사고의 도구로서 해설하고 있다(제1장). 둘째는 문법에 해당하는 것으로 형상(形狀)이라는 것을 어떻게 받아들이고, 어떻게 생각하면 좋은지? 또한 색채, 표면의 질감(Texture)에 대한 사고 방식에 대해서 해설하였다(제2, 3, 4장). 셋째는 수사법에 해당하는 것으로 매력 있는 조형을 끌어내기 위해 균형 잡힌 조화의 사고 방식, 강교(鋼橋) 또는 콘크리트교라는 재료의 특성에서 오는 매력이란 무엇인가에 대하여 해설하였다(제5, 6, 7장). 끝으로 조형의 기초와 교량 디자인 그 자체를 연결짓는 것으로서 현수교 주탑 형상의 변천으로 본 디자인 사상의 변천과 디자인 과정 중에서 조형 개념(Concept)이 하는 역할을 논의(議論)하고, 범람하는 개념의 사고방식을 정리하였다(제8, 9장).

그런데, 언어의 습득은 그것을 지식으로서 획득하면 그것으로 충분한 것은 아니다. 반드시 반복 연습이 필요하다. 그래서 이 책에서는 독자가 자습할 수 있는 연습 문제를 각 장(章)마다 마련하였다. 권말에는 해답 예도 나타내었다. 그러나 그것을 제발 처음부터 보지 말고 독자 자신이 먼저 해답을 풀어보기 바란다. 그렇지 않으면 언어 습득은 잘할 수 없다는 것을 명심하기 바란다.

이 책이 교량 기술자와 경관 디자이너가 교량을 디자인할 때 이른바 언어를 습득하는데 쓸모가 있고, 그 언어를 자유롭게 잘 구사하여 개개의 디자인관을 구축함과 동시에 여러 가지로 연구한 디자인을 전개하는데 일조를 하였으면 다행이겠다.

杉山和雄

목 차

제1장 사고의 도구로서의 표현 기법

서론 ········ 15
1.1 사고의 도구로서의 표현 ········ 16
1.1.1 표현 목적 ········ 16
1.1.2 사회적 전달을 목적으로 한 표현 ········ 17
1.1.3 기술자 자신에 대한 표현 ········ 18
1.1.4 아이디어의 시각화 ········ 18
1.1.5 시각화를 이용한 아이디어 창출 ········ 19
1.2 표현 매체·기법의 종류 ········ 21
1.2.1 디자인 프로세스와 표현 매체·기법 ········ 21
1.2.2 사고의 도구가 되는 표현 매체 ········ 28
1.3 스케치 ········ 31
1.3.1 스케치(또는 Plot)의 종류 ········ 31
1.3.2 투시도법의 메커니즘 ········ 32
1.3.3 시거와 투시도법 ········ 34
1.3.4 투시도법의 습득에 대해서 ········ 37
1.3.5 투시도의 수정 ········ 39

1.3.6 평행 투영도법에 의한 스케치 ········ 43
1.4 모형 ········ 45
1.4.1 재료와 도구 ········ 46
1.4.2 기본적인 기법 ········ 48
1.4.3 교량 모형 만드는 순서 ········ 50
결론 ········ 54
연습 문제 ········ 54

제2장 형상의 사고 방식

서론 ········ 57
2.1 사람에 따른 형상을 받아들이는 방법의 차이 ········ 58
2.1.1 형상 분류 ········ 58
2.1.2 형상을 만드는 입장으로서의 분류 관점 ········ 60
2.2 형상 구성 과정 ········ 61
2.2.1 원래의 형상과 그 성질 ········ 61
2.2.2 게슈탈트 요인 ········ 63
2.2.3 가공 ········ 64
2.2.4 교량에 적용하기 쉬운 가공법 ········ 67
2.3 형상의 구성 요소 검토 ········ 68
2.3.1 십자 단면의 형상 구성 요소 ········ 68
2.3.2 가공의 3가지 레벨과 형상 만들기(形作) 과정 ········ 71
2.3.3 T자형 교각의 형상 구성 요소 ········ 72
2.3.4 현수교나 사장교 주탑의 형상 구성 요소 ········ 77
2.4 교량 전체의 형상 구성 요소 ········ 79
2.4.1 감산법에 따른 형상의 구성 요소 ········ 79
2.4.2 가산법에 따른 형상의 구성 요소 ········ 82
2.5 R 만들기 ········ 85

2.5.1 " R 만들기"란? ··· 85
2.5.2 착시에 대한 대응 ··· 86
2.5.3 R 만들기의 종류 ··· 87
2.5.4 R 만들기의 순서 ··· 88
2.5.5 R의 크기와 R 만들기의 순서 ··· 89
2.5.6 R 만들기 전 면의 종류와 R 만드는 방법 ··· 92
2.5.7 R 만들기의 법칙 ··· 95
2.6 부재 간격의 단계적 변화 방법 ··· 95
2.6.1 간격의 단계적 변화로서 쓰이는 급수 ··· 96
2.6.2 급수 보는 법 ··· 97
2.6.3 새로운 급수의 작성 ··· 98
2.6.4 실제 교량에서 보게 되는 간격의 단계적 변화 ··· 101
2.6.5 단계적 변화 구간과 등간격 구간의 단계적 변화선 ··· 104
2.6.6 착시에 대한 대응 ··· 106
2.6.7 실제 교량에서 보게 되는 단계적 변화 구간과 등간격 구간의 접속 ··· 107
결론 ··· 109
연습 문제 ··· 110
참고 문헌 ··· 111

제3장 색채의 사고 방식

서론 ··· 113
3.1 색채 표시법 ··· 114
3.1.1 먼셀 표색계 : 3속성에 따른 색 표시 ··· 114
3.1.2 P.C.C.S. 표색계 : 색상과 색조(Tone)에 따른 색 표시 ··· 116
3.2 후보색 선정시에 고려해야 할 사항과 유의점 ··· 118
3.2.1 교량 색채 계획의 절차 ··· 118
3.2.2 시점 영역과 후보색 ··· 119

3.2.3 배경색 ········· 120
3.2.4 루트로서의 색과 상위 계획으로서의 색 ········· 121
3.2.5 경관 설계의 목적과 색채 ········· 122
3.2.6 교량의 구조 형상과 색 ········· 123
3.2.7 교량의 기능에서 본 색 ········· 124
3.2.8 교량에 요망되는 것과 색, 교량 색채의 동향 ········· 125
3.3 후보색 좁히기와 보조색의 선정 ········· 127
3.3.1 교량에 요구되는 역할의 다름과 색 좁혀 나가기 ········· 127
3.3.2 현지에서 평가 실험에 따른 기조색의 결정 ········· 129
3.3.3 부속 시설의 색(후보색) 선정 ········· 130
결론 ········· 131
연습 문제 ········· 132
참고 문헌 ········· 132

제4장 질감의 사고 방식

서론 ········· 135
4.1 질감의 구성 ········· 135
4.1.1 디자인 소재로서의 질감 ········· 135
4.1.2 질감에 관한 언어의 빈약함 ········· 138
4.1.3 질감의 구성 ········· 138
4.2 광택(윤기) ········· 139
4.2.1 광택의 지표 ········· 139
4.2.2 여러 가지 물체의 광택 ········· 140
4.2.3 광택 계획 ········· 141
4.3 기복의 형상 ········· 144
4.3.1 질감 입체 ········· 144
4.3.2 기복 특징 ········· 145

4.3.3 진폭 …… 146
4.3.4 가공 …… 147
4.3.5 질감 입체와 기존 질감과의 대응 …… 149
4.4 질감의 인식 …… 149
4.4.1 랜덤한 기복 특징의 식별 거리 …… 150
4.4.2 줄눈 가공한 기복 특징의 식별 거리 …… 151
4.4.3 식별 거리에서 본 진폭의 산출 …… 151
4.4.4 질감이 주는 인상 …… 154
결론 …… 156
연습 문제 …… 156
참고 문헌 …… 157

제5장 교량의 주시 위치와 매력있게 하기

서론 …… 159
5.1 주시점에 대해서 …… 160
5.1.1 안구 운동 …… 160
5.1.2 Saccades Movement와 주시점 …… 160
5.2 사람들은 교량의 어디를 보는가? …… 162
5.2.1 시거가 달라지므로 보는 법도 달라짐 …… 162
5.2.2 중경에 대한 시선 유인 위치 …… 165
5.2.3 교량 전체로 보았을 때 주시점 집중과 분산 …… 168
5.3 사람들은 교량을 어떻게 볼까? …… 170
5.3.1 회전 스펙트럼을 이용한 주시점 이동 패턴의 추출 …… 170
5.3.2 대상의 2극 구조(二極 構造)로 파악 …… 171
결론 …… 172
연습 문제 …… 173
참고 문헌 …… 173

제6장 미적 형식 원리와 매력있게 하기

서론 ······ 175
6.1 비례(Proportion) ······ 176
6.1.1 Form Follows Proportion? ······ 176
6.1.2 황금 분할 ······ 178
6.1.3 교량 형태로 본 황금 분할 ······ 182
6.1.4 기능주의와 비례 ······ 184
6.2 균형(Balance) ······ 185
6.2.1 역학적인 균형과 시각적인 균형 ······ 185
6.2.2 대칭(Symmetry)과 균형(Balance) ······ 186
6.2.3 균형 영역 ······ 188
6.3 조화(Harmony) ······ 192
6.3.1 조화란? ······ 192
6.3.2 일본의 조화 사고 방식−소거법·융화법·강조법− ······ 192
6.3.3 1944년 영국 토목학회의 사고 방식
−Internal Harmony−External Harmony− ······ 194
6.3.4 Internal한 조화의 대상 ······ 195
6.3.5 External한 조화의 대상 ······ 196
6.3.6 조화의 원리 ······ 200
6.3.7 공통 요소의 원리 ······ 200
6.3.8 질서의 원리 ······ 202
6.3.9 명료성의 원리 ······ 203
6.3.10 친숙함의 원리 ······ 204
6.3.11 조화의 매트릭스 ······ 205
결론 ······ 208
연습 문제 ······ 209

참고 문헌 ········ 210

제7장 교량의 재료와 매력있게 하기

서론 ········ 211
7.1 2차 소재를 이용한 형상(강교)과 1차 소재를 이용한 형상(콘크리트)의 조형적 특징 ········ 212
7.1.1 2차 소재를 이용한 형상의 조형적 특징 ········ 212
7.1.2 1차 소재를 이용한 형상의 조형적 특징 ········ 214
7.2 Multi Piece의 아름다움과 One Piece의 아름다움 ········ 215
7.2.1 Multi Piece의 아름다움 ········ 215
7.2.2 One Piece의 아름다움 ········ 217
7.3 경쾌감과 중량감 ········ 218
7.3.1 경쾌감 ········ 219
7.3.2 중량감 ········ 220
7.4 광택·색채·질감 ········ 220
7.4.1 광택 ········ 220
7.4.2 색채 ········ 221
7.4.3 질감 ········ 222
결론 ········ 223
연습 문제 ········ 225
참고 문헌 ········ 225

제8장 디자인 사상의 변천 －현수교 주탑 형상을 중심으로－

서론 ········ 227
8.1 장식 시대 ········ 228
8.1.1 아름답게 하는 것＝장식을 하는 것 ········ 228

8.1.2 장식으로써 화려하게 꾸민 교량 ··· 229
8.2 모더니즘의 사상 습득에 대해서 ··· 229
8.2.1 미술 공예 운동 ··· 230
8.2.2 철구조 기술 ··· 230
8.2.3 아르 누보 ··· 233
8.3 모던 디자인 ··· 235
8.3.1 강재 주탑에서 본 기능주의·합리주의 ··· 235
8.3.2 장식적인 주탑으로 복귀 ··· 236
8.3.3 아르 데코 ··· 237
8.3.4 합리성 추구 ··· 239
8.3.5 자할리히카이트 ··· 241
8.3.6 기하학적 합리성 ··· 242
8.4 장대 현수교를 통해서 본 조형 사상 ··· 244
8.4.1 강철 무게 최소화(또는 원가 최소화) ··· 244
8.4.2 장대 현수교를 통해서 본 자할리히카이트 ··· 246
8.5 포스트 모던 ··· 247
결론 ··· 249
연습 문제 ··· 249
참고 문헌 ··· 250

제9장 디자인 컨셉

서론 ··· 251
9.1 컨셉이란? ··· 252
9.1.1 컨셉이 포함되어야 하는 내용 ··· 252
9.1.2 교량에 요구되는 요건과 컨셉 ··· 253
9.2 설계 방법과 컨셉 ··· 255
9.2.1 고유 요건과 컨셉 ··· 255

9.2.2 컨셉이 필요 없는 디자인 방법 ···· 255
9.2.3 컨셉 주도형 디자인 ···· 258
9.3 고유 요건이나 컨셉의 구현화 방법 ···· 261
9.3.1 통합형 ···· 261
9.3.2 분담형 ···· 262
결론 ···· 262
연습 문제 ···· 263
참고 문헌 ···· 263

연습 문제 해답집

···· 265

제1장

사고의 도구로서의 표현 기법

Presentation Techniques as Idea Developing Media

서론

우리들이 생각해 낼 때를 나타내 보자. 우리들은 생각해 낼 때 반드시 언어를 사용하고 있다. 언어를 개입시키지 않고 생각할 수도 있을지 모르지만 언어에 전혀 의존하지 않고 어떤 사상을 정리한다는 것은 불가능하다. 그러면, 교량 구조를 생각할 때는 어떻게 할 것인가? 언어로서 교량 구조를 생각할 때는 수학(숫자)이나 그림으로 생각하고 있다. 작곡가가 작곡할 때도 오선지를 매개로 하고 있으나 어떤 악기를 실제로 연주해 보아야 하며, 오선지에도 기입하지 않고 악기도 연주하지 않고 머리 속만으로 생각하고 하나의 곡을 정리한다는 것은 불가능하다고 한다.

이와 같이 사람이 무언인가를 생각하는 데는 반드시 생각하는 도구(道具)가 필요하다. 더구나 그 도구는 수식(數式)이거나 그림이거나 오선지와 같이 정해진 것이 아니다. 디자인 또는 형상을 생각할 때에도 마찬가지이다. 디자인 또는 형상을 생각하기 위한 도구가 필요하다. 그리고 그 도구는 대개의 경우 언어가 아니다.

그런데, 사람의 사고를 모형화한 것이 몇 개가 있으며, 그 중에서 디자인 또는 형상을 생각할 때에 사고를 설명하는 데는 "사고의 매개 과정설(過程說)"[1)]이 가장 받아들이기 쉽다. 이것

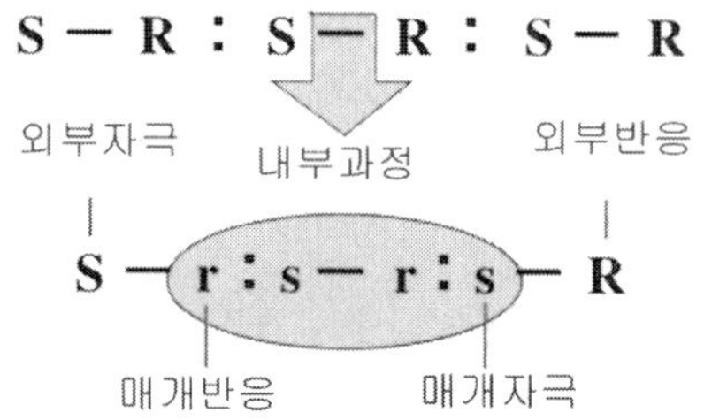

외부자극과 외부반응 사이에는 내부과정이 있으며, 내부과정에 대한 자극은 매개자극, 반응은 매개 반응이라고 부른다.

그림 1.1 사고(思考)의 매개 과정 설명

은 사고의 구조를 어떤 것에 자극받아 적극적으로 반응을 만들어 내고, 반응이 새로운 자극이 되어 계속하여 반응이 생겨나면 받아들이는 모형이다(그림 1.1). 사고를 이와 같이 받아들일 때 자극은 크게 언어와 물건의 2가지로 분류되며, 전자에 따른 사고를 언어적 사고, 후자에 따른 사고를 대상적(對象的) 사고라고 부르고 있다. 이러한 대상적 사고를 사고의 일종으로서 받아들이고, 사고의 언어 만능설에 대해서 반론이 되기 시작한 것은 1960년대라고 하므로 그렇게 오래된 것은 아니다. 즉, 디자인 또는 형상은 언어로는 생각할 수 없다는 것이 필자의 입장으로 이런 입장 자체가 비교적 새롭다는 것이다.

이 장에서는 도면이나 스케치, 퍼스펙티브 또는 모형 등 일반적으로 표현 매체라고 부르는 것인데, 아이디어의 사회적 전달을 목적으로 한 시각화의 수단임과 동시에 디자인에 있어서는 대상적 사고의 매개(언어적 사고에 있어 언어에 해당하는 것)인 것을 나타내고, 그 종류와 특성을 해설함과 동시에 그들의 표현 기법 중 가장 사고의 도구가 되기 쉬운 스케치와 모형에 대해서 그 메커니즘과 기법에 대해서 해설한다.

1.1 사고의 도구로서의 표현

1.1.1 표현 목적

도면이나 스케치, 퍼스펙티브 또는 모형 등은 일반적으로 표현 매체 또는 표현 기법이라고 부르고 있다. 표현이란 "겉으로 나타내 보임"이라고 사전에서 풀이하고 있다. 그러므로 기술자가 고안한 아이디어를 눈으로 볼 수 있는 형상으로 겉으로 나타내 보이는 것이다. 아이디어를 머리 속에서만 생각하고 있는 것은 밖의 동태를 살피기 위해 낸 작은 창으로 한정된 범위를 엿보는 것과 같은 것으로 부분과 전체, 프로포션(Proportion)이나 밸런스(Balance),

그 밖의 관계, 기능성, 재료 특성과 형상 등 여러 가지 관점을 체크하여 실제로 실현 가능한 것으로 만들어 나갈 수 없다. 아이디어는 무엇인가의 형상으로 시각화함으로써 비로소 정착(定着)하여 구체성을 가지고 전개해 나갈 수 있다.

"겉으로 나타내 보임"이란 뜻은 두 가지이다. 하나는 기술자가 고안(생각)한 내용을 자기 이외 제3자에게 표현하는 경우이다. 디자인의 좋음과 좋지 못함을 비교·검토·평가하거나 관계자와 합의를 꾀하기 위해서는 검토 내용을 적절하게 시각화해야 한다. 말하자면 후자는 아이디어의 사회적 전달을 목적으로 표현하는 경우이다. 또 하나는 기술자가 머리 속에 생각하고 있는 내용을 눈으로 볼 수 있는 형상으로 기술자 자신을 위해 표현하는 경우이다. 떠돌아다니는 아이디어의 정착과 또한 전개를 목적으로 시각화하는 경우이다.

1.1.2 사회적 전달을 목적으로 한 표현

사회적 전달을 가능하게 하는 데는 보내는 사람(제공자)과 받는 사람이 공통으로 이해할 수 있는 매체를 사용하는 것이 원칙이다. 매체를 개성적으로 표현하였기 때문에 내용이 전해지는 사람과 전해지지 않는 사람이 있다는 것은 바람직하지 않다. 따라서 보내는 사람은 일반적인 의미에서 개성이 없는 매체를 작성하는 것이 요구되고, 받는 사람이 확실하게 이해할 수 있는 매체를 작성해야 한다. 그 점은 화가나 조각가가 감성(感性)의 표출(表出)로써 개성적인 표현을 하는 것과 근본적으로 다르다. 즉, 화가나 조각가의 표현은 그것 자체가 작품인데 비해서 디자이너가 그린 스케치나 렌더링(Rendering)은 그 자체는 작품이 아니고, 전달을 목적으로 한 표현 매체이다. 디자인 그 자체는 어느 정도 개성적, 독창적이라도 좋지만 그 전달 방법은 개성이 없는 것으로 알기 쉽게 표현해야 한다.

그런데, 이러한 표현 매체의 작성 과정에서 아이디어를 얻는 것, 즉 사고의 생산적 측면과 만나는 경우도 있어야 한다. 더구나 대개는 검토를 끝내고 그저 디자인案의 전달성을 높여 시각화하는 경우가 많다. 이럴 경우에는 창조성에 관여하는 것이 적으므로 표현 기법에 뛰어난 전문가에게 의뢰할 수가 있다. 기술자 자신이 그것을 작성할 필요는 없다. 따라서 사회적 전달을 목적으로 한 고도한 표현 기법의 습득은 기술자에게는 필요 없다고 할 수도 있을 것이다.

1.1.3 기술자 자신에 대한 표현

기술자 자신에 대한 표현은 제3자에게 맡길 수는 없으며 기술자 자신이 해야 한다.

기술자 자신에 대한 표현에도 아이디어를 시각화한다는 측면과 시각화함으로써 아이디어를 얻는다는 두 가지 측면이 있다. 아이디어의 시각화는 앞에 기법한 "기술자가 생각한 아이디어를 자기 이외의 제3자에게 나타내 보인다"는 경우와 비슷하다. 표현 매체는 사회적 전달성이 강하게 요구되고 있는 것이 아니고 기술자 자신이 알고 있으면 좋다는 것으로도 된다. 이 두 가지는 사고의 매개 과정설(過程說)에 대한 자극과 반응의 연쇄(連鎖) 중에서 같은 사고에 관여하고 있어 사고의 도구가 되는 표현으로써 중요한 의미를 가지고 있다. 다음에 이 두 가지의 기능을 자세히 보기로 하자.

1.1.4 아이디어의 시각화

일반적으로 표현은 그것이 기법자 자신에 대한 것이라도 선행하는 아이디어를 시각화한 것으로서 받아들이는 경향이 있다. 모형을 예로 들면 알기 쉽다. 이른바 플라스틱 모형(플라스틱 부품을 조립하여 만드는 모형)에는 메이커의 오토바이 같이 실존하는 대상이 있다. 모형은 그 대상과 비슷하게 만든 것이라는 것이 일반적 이해이다. 과학적인 분야에서 쓰이고 있는 모형도 인체 모형, 분자(分子)의 구조 모형 등 대부분은 실존하는 대상을 가지고 있다. 그럼 교량 디자인의 경우는 어떠한가? 교량이라는 존재 형식, 아치교라는 구조 형식이 있을 뿐 특정하게 실존하는 교량과 비슷한 모형을 만들지는 않는다. 실존하는 대상은 없는 것이다. 그래서 선행하는 아이디어를 실존하는 대상으로 생각하고 그것을 입체화할 것이 모형이라고 받아들이는 것이다. 물론 이러한 아이디어의 시각화에도 중요한 역할이 있다. 그것은 아이디어의 정착이다. 아이디어는 둥둥 떠다니고 있는 것으로 그것을 시각화하여 정착하지 않는 한 어딘가로 날아가 버린다.

표현의 목적이 이 단계에서 끝나게 되면 표현과 사고 관계는 희박하다. 그러나 일단 아이디어가 시각화되면 부분적이었던 아이디어와 전체의 관계를 볼 수 있거나 기능성이나 프로포션(Propotion), 밸런스 등 여러 가지 관점에서 아이디어를 재손질하여 차례차례로 전개해 나갈 수 있다. 라포포트(Rapoport)는 이들을 모형의 기능이라고 부르고 다음과 같이 열거하고 있다[2). 즉,

발견적 기능 : 모형이 시사(암시)하고 새로운 질문으로 유도하는 기능

예견적 기능 : 모형이 나타내는 가정(假定)에 의거하여 사상(事象, 관찰할 수 있는 형체로 나타내는 사물과 현상)을 예언하는 기능

계량적 기능 : 단지 질적이었던 관념을 계량화할 수 있게 하는 기능

여기서 말하는 모형은 과학적 분야에서 쓰이고 있는 것이지만 이 장에서 서술하고 있는 스케치나 모형에 충분히 적용할 수 있다. 이와 같이 시각화된 것에 발견적 기능, 예견적 기능, 계량적(計量的) 기능을 적극적으로 찾아내서 아이디어를 전개하게 되면 아이디어의 시각화는 사고의 일부가 된다.

그런데 기술자가 머리 속에 생각하고 있는 내용을 머리 밖으로 눈으로 볼 수 있는 형상으로 나타낸다는 의미에서 표현된 것은 당사자(본인)만이 아는 것으로 하여도 지장 없다. 그러나 그것이 더욱 적극적으로 사고의 일부가 되기 위해서 표현된 것이 여기서 기술한 발견적 기능, 예견적 기능, 계량적 기능을 발휘하는 것이어야 한다. 아이디어의 정착만이라면 난폭하게 그리지 않는 것이 충분할지 모르지만 그것이 새로운 반응을 낳게 하는 자극으로서 기능을 갖게 하기 위해서는 반응을 불러일으킬 만한 질(質)을 가지고 있어야 한다. 마치 일반 언어가 생각할 때나 이야기할 때도 같은 것처럼 우리들의 지각이 사회적 전달력이 있는 매체에 크게 의존하고 있는 이상, 어느 정도의 사회적 전달력을 갖고 있는 것이라고 할 수 있을 것이다.

1.1.5 시각화를 이용한 아이디어 창출

기술자 자신에 대한 표현에 있어 또 하나의 중요한 측면은 시각화함으로써 아이디어를 얻는 것에 있다. 발견적 기능이나 예견적 기능도 아이디어의 창출이지만 여기서 의미하는 것은 그 근원이 되는 아이디어를 얻는다는 것이다.

과학적인 분야에서는 예를 들면 어떤 현상의 결과는 사실로서 알 수 있다고 해도 왜 그렇게 되는지가 분명하지 않은 상태에 있을 때 "그것은 ○○라고 생각하면 어떻게 될까?"라고 여러 가지 예(隱喩)를 떠올리고 있는 가운데에 갑자기 어떤 하나의 예가 모두를 설명할 수 있는 것이 있다고 자주 말하고 있다. 이 예(隱喩)가 과학적 분야에서 말하는 모형이다. 앞에 기법한 라포포트(Rapoport)는 이러한 모형의 사실을 설명하는 기능을 구성적 기능이라고 부르고 있는데 디자인 분야에서도 스케치나 입체로써의 모형은 그것이 시사(암시)하는 구성

적 기능에 따라 아이디어를 얻기 위해 만들고 있다.

구성적 기능 : 모형의 사실을 설명하는 기능

다만, 디자인의 경우는 실존하는 대상을 갖지 않으므로 구성적 기능의 활용 방향은 다르다. 실존하는 대상을 가진 모형을 만들 때에는 모형으로 관찰하려고 하는 대상의 특징을 파악하고 무엇을 추상으로 해야 하는가를 확인해야 한다. 바꿔 말하면 모형을 만드는 행위란 대상을 추상화해 가는 과정이라고 할 수 있겠다. 한편, 디자인 분야에서 만들고 있는 스케치나 모형은 실존하는 대상을 추상화하여 만든 것이 아니다. 이들은 거기에 뭔가가 추상화되어 있다고 본 결과이다. 스케치나 모형이 시사하는 구성적 기능을 간파하고 그로부터 만들려고 하는 것과 그것이 같은 것이라고 보는 것, 즉 동정화(同定化)해 나감으로써 생긴 것이다(**그림 1.2**).

아치교 구조 형태를 생각해 내고 즉각 스티롤 보드(발포 스티로풀을 어떤 두께의 판상(板狀)으로 한 것)로 적당한 곡선으로 아치 리브(Arch Rib)의 형상을 잘라 내었으나 잘못하여 도중에 굽어 버렸다고 한다(**그림 1.3**). 그러나 그 형상을 보고 두 장을 서로 등지게 하여 붙여 맞추면 단현(單弦)하면서 교량 면적의 증가를 억제한 색다른 아치교가 만들어질지 모른다고 생각하고 있다. 이러한 경우 스티롤 보드의 굽어진 아치 리브는 훌륭한 모형이다. 굽어진 아치 리브를 아치교의 새로운 구조 형태와 동정(同定, 種을 결정한 것)한 바로 그 순간 그것은 모형이 되는 것이다. 모형은 아이디어를 시각화하여 만드는 것이 아니고 굽어진 아치 리브에 구성적 기능을 간파함으로써 아이디어를 얻게 된 것이다.

물론 앞에서 기술한 바와 같이 일단 모형이 만들어지면 "매닮재의 아치 리브의 정착부를 서로 등지게 한 것의 빈틈이 보이게 한 안(案)은 어떤지?"라든가 "굽어진 부분 끼리를 연결한 **그림**

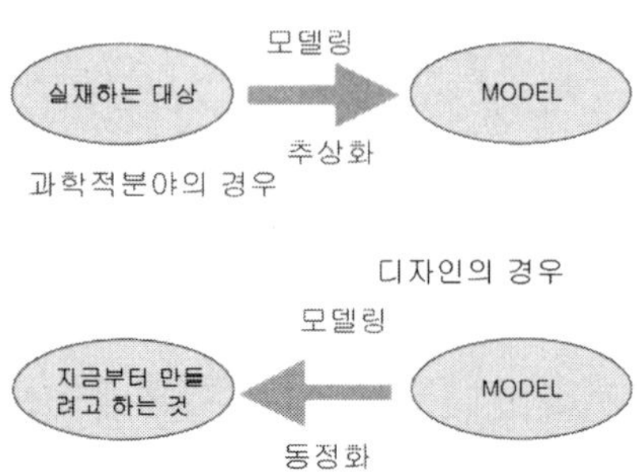

그림 1.2 모델링의 의미

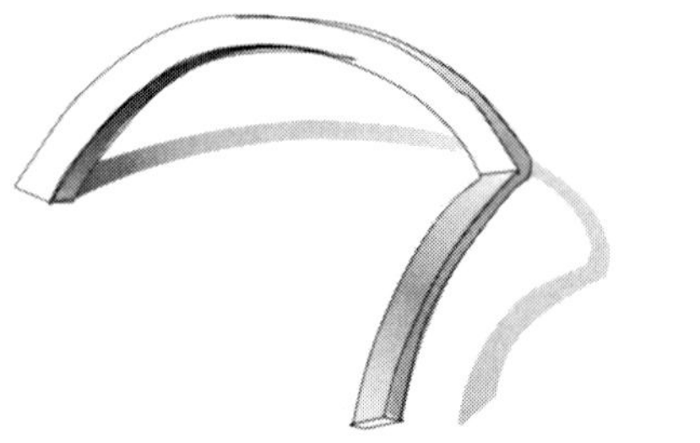

그림 1.3 굽어진 아치 리브

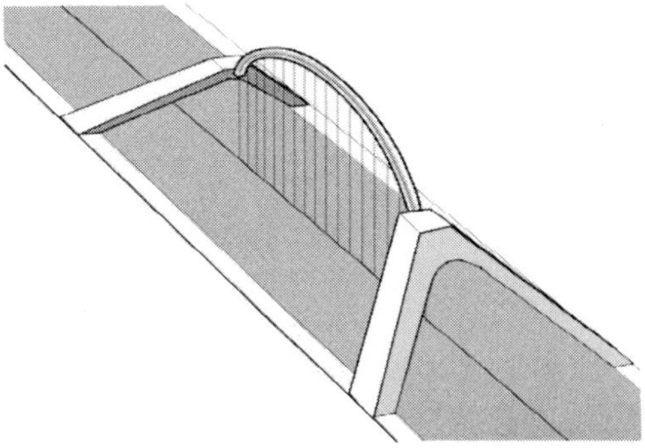

그림 1.4 굽어진 아치 리브의 변형

사진 1.1 굽어진 아치 리브가 있는 교량

1.4와 같은 구조 형태는 성립하지 않는지?"와 같은 모형의 발견적 기능이나 예견적 기능을 활용하여 여러 가지 아이디어를 전개할 수 있다. 또, 실제 형상이 눈앞에 있으므로 모형의 계량적 기능을 구사하여 굽어진 부분이 도로의 건축 한계를 침범하지 않게 하기 위해서는 어떻게 하면 좋은지를 검토하기도 쉽다.

사진 1.1은 여기에 기술한 바와 같은 과정을 거친 것인지 어떤지는 분명하지 않지만 구부러진 아치 리브를 가진 아치교이다.

1.2 표현 매체 · 기법의 종류

1.2.1 디자인 프로세스와 표현 매체 · 기법

그러면, 표현 매체 · 기법으로써 현재 널리 이용되고 있는 것에는 어떤 것이 있을까? 여기에 관해서는 출간된 책[3)]도 많아 여기서는 간단히 언급하는 정도로 그친다.

표현 매체는 크게 다음과 같이 세 종류로 구분할 수 있다.

① 도면이나 스케치, 포토몽타주(Photomontage) 등 2차원으로 표현된 드로잉(Drawing)

② 2차원으로 표현된 것에 시간이 더해진 애니메이션(Animation)

③ 3차원 입체로써 표현된 모형(Model)

디자인 과정에서 아이디어는 서서히 승화되어 구체성을 띠게 되는데 그에 따라 표현 목적도 달라지고 더욱 정확한 정밀도가 높은 매체・기법을 사용할 수 있다. 그리고 디자인 과정에 따라 이들이 어떻게 쓰이고 있는지를 분류하면 다음과 같다.

먼저 표현 목적은 세 가지로 분류할 수 있다.

① Study : 디자인 案 작성, 검토에 유용

② Presentation : 디자인 案 전달에 유용

③ Production : 디자인 案 제작, 시공에 유용

작성된 표현 매체는 드로잉의 경우 또는 모형의 경우 각각 Study Drawing 또는 Study Model, Presentation Drawing 또는 Presentation Model, Production Drawing 또는 Production Model이라고 부르고 있다.

① Study Drawing(Model)

디자인 초기 단계에서 디자이너가 자문자답하는 형식으로 작성하는 것으로 아이디어의 발상, 정착을 위해 작성하는 경우와 다른 방법으로 구한 아이디어를 확인, 검토하기 위해 작성하는 경우가 있다. 어느 경우나 제3자에게 제시하는 것을 목적으로 하는 것이 아니므로 표현 정밀도는 낮으나 그 중에도 정도의 차이에 따라 매체에는 스크래치 스케치(Scratch Sketch)

그림 1.5 스크래치 스케치(Scratch Sketch)

표 1.1 표현 매체 · 기법의 종류

표현 목적		드로잉(Drawing)		모델(Model)
Study 디자인 案 작성, 검토에 유용	Study Drawing	**스크래치 스케치(Scratch Sketch)** 휘갈겨 쓴 것과 같은 스케치. 풍자를 주로 한 만화도 이에 속한다. 전달성은 그다지 기대할 수 없다.	Study Model	**스케치 모델(Sketch Model)** 아이디어를 얻기 위해 만드는 모형으로 다만 토막 같은 교량의 형상을 하지 않는 경우가 많다.
		러프 스케치(Rough Sketch) 거칠게 대충 그린 것이라도 누구나 파악할 수 있어 전달성은 있다.		**러프 모크업(Rough Mock-up)** 아이디어 확인을 위해 만드는 모형으로 일단 전체의 형상을 만들지만 치수 비율 등은 대략적이다.
Presentation 디자인 案 전달에 유용	Presentation Drawing	**퍼스펙티브(Perspective Drawing)** 형상, 치수 비율에 관해서는 도법에 따라 정확하게 그리지만, 소재의 질감이나 색, 배경에 관해서는 간략 또는 생략하는 경우가 많다.	Presentation Model	**모크업(Mock-up)** 형상, 치수 비율에 관해서는 정확하게 작성되어 있으나 재료의 질감, 색, 배경 등은 간략 또는 생략된다.
		렌더링(Rendering) 질감, 색, 배경에 이르기까지 정밀하게 그려진 것으로 연출성(演出性)을 포함시켜 표현하고 있다. 통상 컬러 퍼스펙티브라고 부르는 것은 이 렌더링에 가깝다.		**더미 모델(Dummy Model)** 외관에 관해서 될 수 있는 한 실제의 것과 비슷하게 만든 모형. 재료의 질감, 색, 배경도 그럴 듯하게 표현하지만 생략화하는 경우도 있다. 움직이고 있는 것에 관해서는 생략한다.
		컴퓨터 그래픽스(Computer Graphics) 컴퓨터로 그린 렌더링이라고 생각할 수 있다.		
		포토몽타주(Photo Montage) 카메라로 촬영한 교량가설 지점의 사진 위에 Drawing Picture한 것으로 교량을 정밀하게 그리면 현장감 있는 그림을 얻을 수 있다.		**피니시 모델(Finish Model)** 전시실에 놓여 있는 것 같은 모두를 실제의 것과 비슷하게 만든 모형
Production 디자인 案 제작, 시공에 유용	Production Drawing	**상세도(Detail Drawing)** 디자인 검토의 최종 성과로서 그리는 상세한 도면	Production Model	**워킹 모델(Working Model)** 더미 모델과는 반대로 구조나 거동만을 본떠 만든 모형
		제작도(Production Drawing) 제작을 위한 실제 치수로 그린 도면 등 도면에 따른 표현이 중심이 된다.		**프로토타입(Prototype)** 실제로 만든 것과 아주 같은 방법으로 만든 시험 제작 원형(試作原型) 등

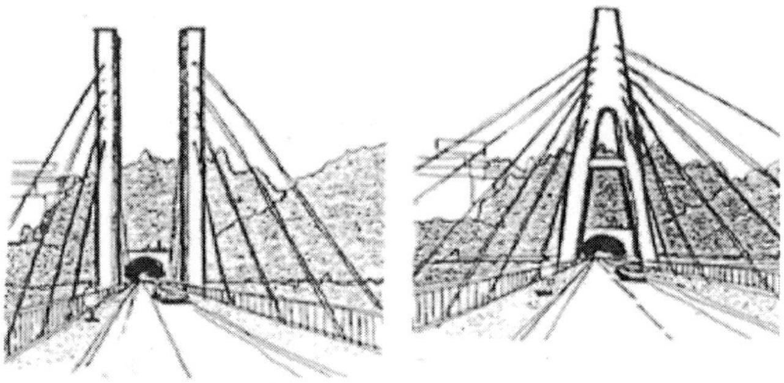

그림 1.6 러프 스케치(Rough Sketch)

사진 1.2 스케치 모델에 가까운 러프 모크업

(그림 1.5), 러프 스케치(Rough Sketch)(그림 1.6[4])와 같은 방법이 있다. 전자에 해당하는 모형은 스케치 모델(Sketch Model), 후자에 해당하는 모형은 러프 모크업(Rough Mock-up)(사진 1.2[5])이라고 한다.

② Presentation Drawing(Model)

아이디어가 거의 확고해지고 디자인 案의 가부를 검토・평가하기 위해 제3자에 대한 전달을 목적으로 작성하는 것이다. 마찬가지로 제3자에 대한 전달이라도 설계 조직 내에서 하는 검토용과 관계자에 대한 전달 또는 합의(合意) 형성을 위해 작성되는 것과는 표현 방식이 다르다. 전자의 경우에는 검토하는 대상, 내용에 초점을 맞추고, 그 범위에서 정확성을 확보하여 작성하면 되고, 연출적인 요소를 포함시킬 필요는 없다. 그러나 후자의 경우는 정확성은 물론이거니와 연출적인 요소가 없어서는 안된다.

표현 매체는 정밀도나 연출적인 요소의 정도에 따라 퍼스펙티브 드로잉(Perspective Drawing)(그림 1.7[6], 1.8[7]), 렌더링(Rendering)(그림 1.9[4]), 컴퓨터 그래픽(Computer

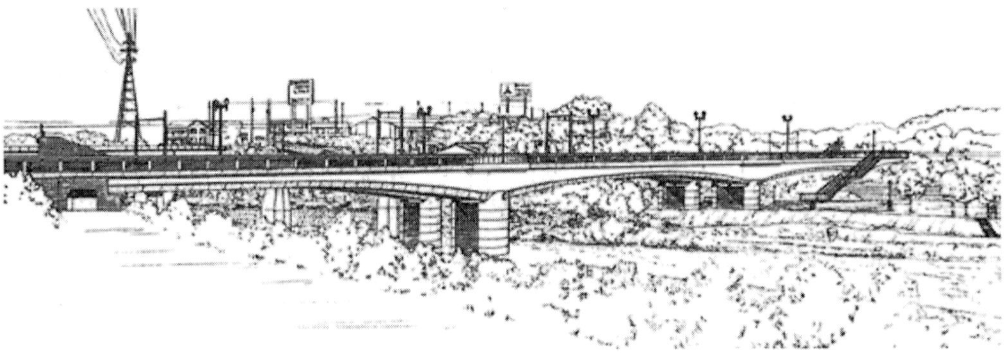

그림 1.7 연필 퍼스펙티브

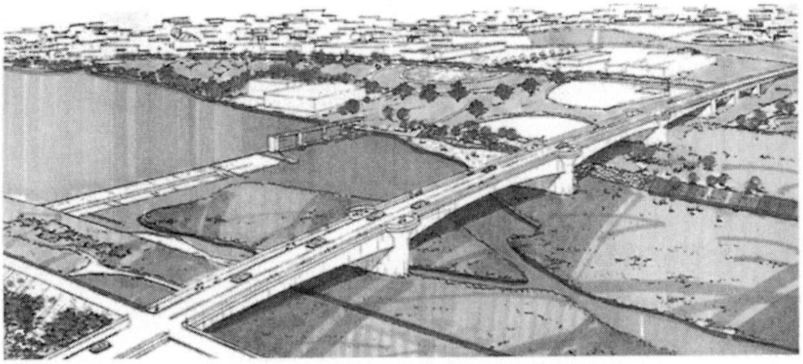

그림 1.8 연필 퍼스펙티브에 마커(Marker)로 채색한 것

그림 1.9 렌더링

그림 1.10 컴퓨터 그래픽

그림 1.11 포토몽타주

Graphics)(그림 1.10[8]), 포토몽타주(Photo Montage)(그림 1.11[9])가 있다. 퍼스펙티브에 해당하는 모형은 모크업(Mock-up)(사진 1.3[10])이다. 렌더링, 컴퓨터 그래픽에 해당

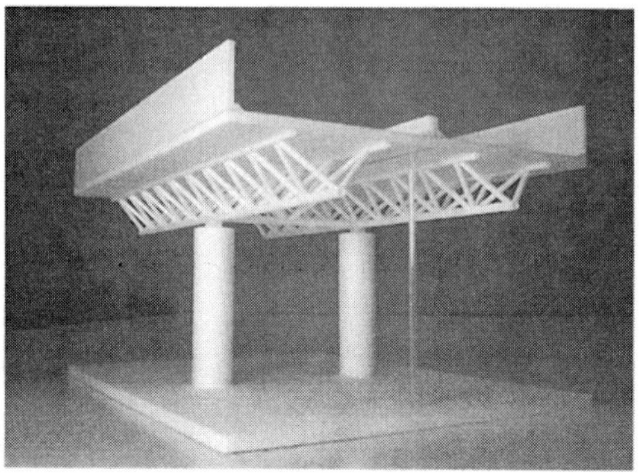

사진 1.3 모크업(형상뿐이고 질감, 색 등은 표현되어 있지 않다)

사진 1.4 더미 모델(다만, 모든 질감이 표현되어 있지 않다)

하는 모형은 더미 모델(Dummy Model)(사진 1.4[4])이라고 한다. 전시실에 놓여 있는 것 같은 모형은 피니시 모델(Finish Model)이라고 하며 포토몽타주에 해당한다.

③ Production Drawing(Model)

디자인 案을 실제로 제작, 시공하기 위해 필요로 하는 그림으로 도면에 따른 표현이 중심이 된다. 세부 형상 검토 그림, 곡선 지정 등 디자이너 자신이 그려야 하는 부분도 있으나, 거의 대부분은 제작, 시공 담당자의 손으로 그리는 경우가 많다. 또, 이 단계에서는 풍동(風

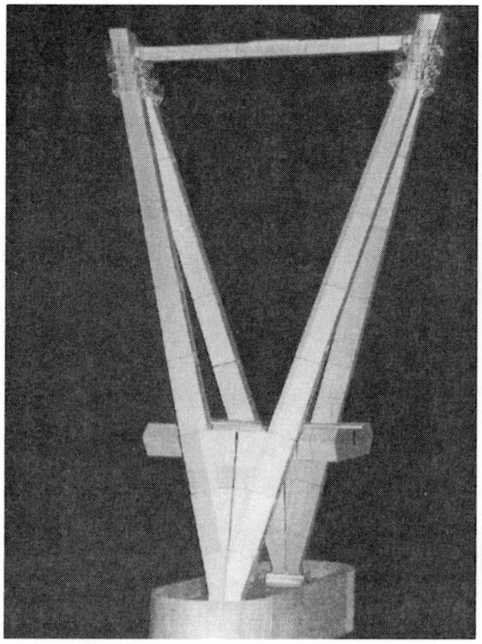

사진 1.5 풍동(風洞) 실험용 사장교 주탑 형상의 모형

그림 1.12 애니메이션(Animation)

洞) 실험용 모형에 대표되는 것 같이 디자인 案의 실현에 대해서 필요하게 되는 실험이나 검토를 하기 위한 모형을 만들 수 있다(**사진 1.5**[11]).

④ 애니메이션

애니메이션은 컴퓨터의 발달과 함께 표현 매체로써 쓰이게 되었다. 복잡한 형상에 있어 시점(視點)을 바꾸면서 바라보고 만든 애니메이션은 도면이나 투시도보다도 훨씬 이해하기 쉽다. 더구나 고가교의 평면, 종단 선형(縱斷線形)이 동적(動的) 환경 중에서 어떻게 보이는가의 검토 및 평가(**그림 1.12**[8]), 현수교나 사장교의 주탑 형상이 주행하는 자동차에서 어떻게 보이는지 또는 일류미네이션(Illumination) 점멸 패턴의 디자인 등, 애니메이션이 아니고서는 검토를 할 수 없게 되었다. 이와 같이 교량의 경우 이용 목적은 같은 애니메이션에서도 게임 등의 화면과는 달리 좀더 현실감이 있는 시뮬레이션(Simulation)이 주체가 된다. 그러나 3차원 데이터로 자동적으로 투시도를 작성하고 음영(陰影)을 포함하여 그것을 계속하여 표현하려고 하면 방대한 메모리가 필요하게 된다. 게다가 교량 주변 환경의 표현은 귀찮고, 퍼스널 컴퓨터 수준으로는 그리 간단히 추종할 수 없다. 따라서 현상태에서는 함부로 모두를 사실적으로 표현하려고 하는 것이 아니고, 경비와 시간을 고려하여 시뮬레이션의 목적에 맞게 표현하는 것이 중요할 것이다.

1.2.2 사고의 도구가 되는 표현 매체

이상의 표현 매체를 사용하여 자극과 반응을 반복하고 있는 한 그 표현 매체는 기본적으로는 사고의 도구이다. 그러나 디자인 과정 전체에서 보면 이들 모두를 사고의 도구로써 활용하기는 어려운 것도 있다. 집중적인 사고를 위해서는 자극과 반응에 어느 정도 즉시성(卽時性)이 필요하다. 자극과 반응을 기술자 자신이 자유롭게 다루어야 하기 때문이다. 그런 뜻에서 손쉽게, 수월하게 다루는 것이 사고의 도구가 되기 쉽다. 상기한 표현 매체로 사고의 도구가 되는 것은 Study Drawing, Study Model과 간단한 퍼스펙티브, 모크업, 간단한 컴퓨터 그래픽이라고 할 수 있겠다.

다음에 각 표현 매체의 특성 차이나 도구 차이, 매체의 추상도가 어떻게 발상(發想)에 영향을 주는가에 대해서 기법한다.

(1) 각 표현 매체의 특성과 발상

① 도면 : 교량은 교축 방향 또는 교축 직각 방향에서 구조 형상의 특징이 드러나기 쉽기 때문에 도면에서 형상을 생각하는 것은 빈번해지고 있다. 정면, 측면, 평면과 같은 기본면(基面)에 형상의 특징이 나타나는 물체를 정량적(定量的)으로 검토·파악하는 데는 가장 적합한 매체일 것이다. 물체의 형상을 3면으로 분할하여 표현하는 것은 적절한 면을 선택하고 형상을 검토하면 종속적인 정보를 생략하여 검토할 수 있어 효율적으로 아이디어를 낸다는 장점도 있다. 반면에 형상의 시각적, 직감적 파악에 적합하다고 하기는 어렵다. 요철(凹凸)이 있는 형상이나 기본면에 대해서 어느 각도를 가지고 있는 면이나 형상, 곡면이 있는 형상의 검토는 곤란하다. 또한, 도면만으로 형상을 생각하고 있으면 비스듬히 보았을 때 형상의 나쁨이나 번잡함을 못보고 빠뜨리는 경우가 있으므로 주의해야 한다.

② 투시도 : 투시도는 도면과 전혀 반대의 성질을 가지고 있다. 정량적인 검토에는 적합하지 않지만 눈으로 직접 본 형상의 검토·파악을 하는데 적합하다. 투시도의 가장 높은 자리(優位)의 점은 눈으로 본 형상을 묘사하고 있으므로 형상의 부정합(不整合), 상태가 좋지 않은 것을 발견하기 쉽고, 부분적인 아이디어를 전체 가운데에서 조정하거나 전체에 전개(부연)하는 발상은 무의식중에 작용하는 것과 2면 또는 3면을 동시에 생각하므로 평면적이 아닌 형상의 아이디어를 얻기 쉬울 것이다. 투시도, 도면 모두 각각의 장점은 단점도 될 수 있으므로

도면으로 생각하거나 투시도로 생각하면 이렇게도 저렇게도 볼 수 있어 효과적일 것이다.

③ 컴퓨터 그래픽(CG) : 이제까지 CG는 디자인 안의 사회적 전달을 목적으로 한 장면에 사용되므로 사고의 도구로써 사용되는 장면은 극히 적었다. 오늘날에도 아이디어를 얻으려고 하는 초기 단계에서 사용하기는 곤란하다. 물론 도면과 마찬가지로 형상의 검토를 평면적인 도형에 집어넣을 수 있으면 레이어(Layer) 기능 등을 충분하게 활용하여 퍼스널 컴퓨터 수준으로도 충분한 사고의 도구로써 활용할 수 있다. 그러나 CG의 매력은 무엇이라고 하여도 도면에서 투시도, 투시도에서 도면으로 변환할 수 있다는 것이다. 각각의 매체가 가진 장점을 살려서 발상할 수 있다. 디자인의 후속 공정도 아주 손쉽게 된다. 그래서 공업 디자인 분야에서는 어떤 형상의 방향성이 정해지고 나서의 형상 검토에 CG를 이용하는 경우가 많다. 다만 그 상태로 하기까지의 세트 업(Set Up)에는 시간과 품이 든다. 세트 업 그 자체는 디자인의 사고와 연고가 없으므로 자동차나 시계 메이커에서는 오퍼레이터와 디자이너가 짝이 되어 사고의 도구로써 사용하고 있다. 교량 디자인의 분야에서도 생각해야 할 문제이다.

④ 모형 : 기본적으로는 발포재(發泡材)를 자르거나 구부리거나 또는 점토로 성형할 뿐 특별한 기법은 없다. 모형의 가장 큰 장점은 입체이므로 기획할 수 있는 정보를 풍부하게 가지고 있다는 것이다. 도면이나 투시도가 가지고 있는 정보의 거의 대부분은 기술자가 그것을 그려 끝냈을 시점에서 장악할 수 있으나, 모형에는 예기치 않은 정보가 포함되어 있다. 따라서 발포재를 꺾거나 구부리거나 하는 것으로 도면이나 투시도에서는 생각지도 못한 아이디어에 이를 수 있다. 만들어 내고자 하는 아이디어의 방향에 맞추어 모형 재료와 여유 있는 감각이 필요하다. 다른 한편, 손쉽게 추가 가공할 수 있는 것도 모형이 갖고 있는 장점일 것이다. 선행하는 아이디어의 시각화에 그치는 경향이 있는데 연달아 추가 가공하여 아이디어를 얻기 바란다. 다만, 복잡한 형상의 가공에 쓸데없이 시간을 뺏기거나 모형 재료에 따라서는 따를 수 없는 형상이 있으므로 모두를 모형이라고 생각할 수 있는 것은 아니다.

이상과 같이 각 매체의 특성에는 각각 장 · 단점이 있다. 따라서 하나의 매체만으로 아이디어를 얻어 전개하려고 하면 한계에 부딪치게 된다. 스케치를 하는 도면에 몰두하여 모형을 만든다고 하는 것처럼 가끔 매체를 바꾸는 것이 바람직하다.

(2) 도구의 다름과 발상

앞에서 기법한 구부러진 아치 리브의 예에서는 스티롤 보드가 구부러져 있는 것에 착안하여 아이디어를 구했다. 스티롤 보드가 아니고 탄력성이 있는 소재나 구부러지지 않는 소재를 사용하고 있으면 전혀 다른 아이디어가 되었을지도 모른다. 이와 같이 사용하는 도구에 따라 대상점이 달라진다. 모형의 경우는 다음과 같은 두 가지가 있다.

① 다루는 소재의 성질에 착안하는 경우

② 소재에 관계없이 형상에 착안하는 경우

①의 경우는 3차 곡면을 만들 수 없는 종이로 모형을 만들면서, 거기에서 3차 곡면을 발상하기는 어렵다. 반대로 3차 곡면을 구성하기 쉬운 점토로 다루면서 평면이나 2차 곡면을 발상하는 것도 어렵다. 모형 재료를 선택할 때는 반드시 주의해야 한다.

스케치의 경우는 필기도구의 영향이 많다고 알려져 있다. 아이디어 창출 초기 단계에서 가는 선을 그리는 필기도구로 그리면 자세한 모양까지 그릴 수 있으므로 무의식중에 디테일에 전체적인 아이디어 얻기가 소홀하게 되는 경우가 있다. 세부(細部)는 가는 필기도구로, 전체적인 아이디어는 굵은 필기도구로 검토하는 방법이 바람직하다.

(3) 매체의 추상도와 발상

스케치나 모형의 추상도(抽象度)가 높으면 높을수록 말하자면 아무데서나 볼 수 있으므로 발상 범위는 매우 넓다고 할 수 있다. 반대로 구체적으로 되면 될수록 발상 범위는 좁아진다. 종이에 그린 직사각형이나 가늘고 긴 스티롤 보드는 슬래브로도 볼 수 있고 벽식의 교각으로써 볼 수도 있다. 그러나 T자형 교각의 스케치나 모형을 슬래브로 보기는 곤란하다. 이와 같이 매체의 추상도에 따라 발상 범위는 달라진다. 따라서 이것을 아이디어의 구체화 과정, 즉 디자인 과정에 적절하게 자리매김하여 매체를 작성해야 한다. 방향 설정이 전혀 되어 있지 않은 초기단계에서는 추상도가 높은 매체에 따라 발상 범위를 넓혀 어떤 방향성이 잡힌 단계에서 구체성이 있는 매체를 작성하고 세부 검토를 할 수 있도록 하기 바란다.

한편, 매체가 구체성을 띠게 되면, 그 구체성에 사로잡혀 다음 발상이 떠오르지 않는 경우가 있다. 이러한 경우 모형에서는 다시 한 번 추상도를 높여 검토하게 되지만, 스케치에서는 물리적으로 그 자극을 약하게 하여 발상을 촉구하는 경우가 있다. 즉, 스케치한 위에 그 스케치가 약간 비쳐 보이는 정도의 백지를 놓고 거기에 새로운 스케치를 하는 것이다(그림 1.13). 이렇게 함으로써 자극을 약하게 하고 또한 앞 스케치가 가지고 있는 정보를 알맞은 정도로 받아들여 발상할 수 있는 것이다. 이러한 방법을 슈퍼임포즈(Superimpose)라고 하며 많은 디자이너가 하고 있다.

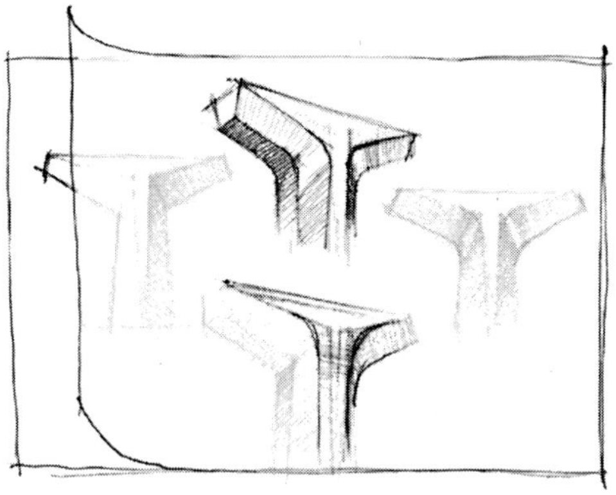

그림 1.13 슈퍼임포즈(Superimpose)

1.3 스케치

1.3.1 스케치(또는 Plot)의 종류

물체의 실제 형상을 나타내는 실형도(True Shape)와 눈으로 본 형상(Apparent Shape)을 하나의 그림 안에 혼재시키지 않고 명확하게 구별하여 그린다는 것은 배워 익히지 않는 한 어렵다고 한다. 투영(또는 투상)의 개념이 확립되면 비로소 양자는 분리하였다고 한다[12]. 도학(圖學)에서 투영은 중심 투영도법(Central Projection)과 평행 투영도법(Parallel Projection)의 두 가지로 구분하고 있다.

중심 투영도법이란 눈의 위치와 물체가 비교적 근거리에 있어 각 투영선(공간에 있는 물체의 각 점에서 투영면에 그은 선)이 눈의 한 점에 집중하는 경우이다. 투시도는 이 중심 투영에 따라 그린 그림으로 눈과 물체 사이에 한 장의 투명한 화면을 상정하고, 각 투시선이 화면을 관통하는 점을 연결함으로써 그려진 것이다. 투시도법은 물체와 투영면의 각도 관계에 따라서 평행(平行) 투시도(물체의 주요한 면을 투영면에 평행하게 놓고 있을 때), 성각 투시도(成角 投視圖, 물체의 1면은 대지(大地)에 평행하게 놓여져 있으나 다른 면은 투영면에 대해서 임의의 각도를 가지고 있을 때), 경사 투시도(斜透視圖, 물체의 3면 모두 투영면에 대해서 임의의 각도를 가지고 있을 때)의 세 종류로 나눌 수 있다.

평행 투영도법이란 눈의 위치가 무한한 원거리에 있고 각 투시선이 서로 평행할 때의 도법으로 투시선이 투영면과 직교할 때를 직투영도법(Right Projection), 사교(斜交)할 때를 경사 투영도법(Oblique Projection)이라고 한다. 직투영도법은 다시 물체의 주요한 면을

- 투영도법
  - 중심 투영도법
    - 평행 투시도법 (1점 투시)
    - 성각 투시도법 (2점 투시)
    - 경사 투시도법 (3점 투시)
  - 평행 투영도법
    - 직투영도법
      - 정투영도법
      - 축측 투영도법
        - 부등각 투영도법
        - 등각 투영도법
    - 경사 투영도법

표 1.2 투영도법의 구분

투영면에 평행하게 위치시켜 투영하는 정투영도법(正投影圖法)과 물체의 3면을 볼 수 있도록 물체를 투영면에 기울여 투영하는 축측 투영도법(軸測 投影圖法)의 두 가지로 나눌 수 있다. 이른바 제도(製圖)의 도면은 정투영도법에 따른 것이다(표 1.2).

스케치(여기서는 형상을 눈으로 본 것처럼 그린 그림을 총칭한다)는 투영도가 중심이 된다. 렌더링, 포토몽타주, 컴퓨터 그래픽 등 어느 것이나 투시도로 그리고 있다. 그러나 평행 투영의 경사 투영도법 또는 축측 투영도법에 따라서도 스케치를 할 수 있다. 이들은 투시도에 비하면 물체는 비뚤어져 보이지만 입체적으로 볼 수 있는 그림을 얻을 수 있다. 이들 그림은 치수를 정확하게 표현할 수 있으므로 도면적인 감각으로 스케치할 수 있다. 적절하게 사용하는 것으로 사고의 도구가 되므로 이 책에서 개략 기술하기로 한다.

1.3.2 투시도법의 메커니즘

방법을 습득하는 데는 도법을 이해할 줄 알아야 한다. 그래서 투시도의 메커니즘으로 설명한다. 앞에서 기법한 바와 같이 투시도는 화면과 물체의 각도 관계에 따라 (1) 평행 투시도, (2) 성각 투시도, (3) 경사 투시도의 세 가지로 나눌 수 있다(그림 1.14).

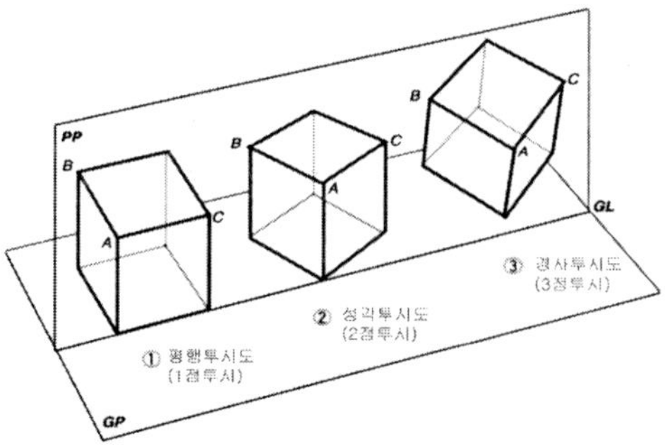

그림 1.14 투시도의 종류

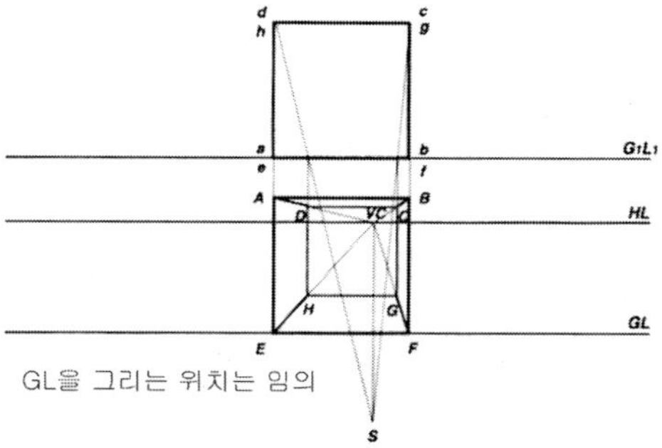

그림 1.15 평행 투시도(1점 투시)의 작도법

① 평행 투시도(1점 투시) : 물체의 주요한 면을 투영면에 평행하게 놓았을 때의 투시도이다. 작도법을 **그림 1.15**에 나타낸다.

영어의 머리글자를 따서 다음과 같이 약어로 삼는다.

S : 정점(Station Point)=시점(Eye Point)의 평면도

GL : 기선(Ground Line)의 입면도

HL : 수평선(Horizontal Line)

VP : 소점(Vanishing Point)

G_1L_1 : 기선(Grosund Line)의 평면도

여기서 임의의 직선의 소점(消點)은 시점(視點)을 지나 그 직선에 평행하게 그은 직선과 투영면과의 교점이며, 투영면에 경사지고, 대지에 평행한 직선의 소점(消點)은 수평선상에 있다. 다만, AB, DC 등의 수평 방향선, 및 AE, DH 등의 수직 방향선의 소점(消點)은 투영면상에서는 무한원점(無限遠點)이 되므로 그들은 투영도상에서도 수평, 수직이 된다. AD, DH 등의 투영면에 직교하는 직선만이 수평선상의 시심(視心, 시점(視點)의 입면도)과 일치하는 곳에 소점을 갖는다. 소점(消點)은 하나이므로 통칭 1점 투시라고 한다. 입방체의 입면 ABFE는 투영면에 닿아 있으므로 투시도상에서도 실형도(實形圖) 그대로이다. GL을 그리는 위치는 임의이다.

② 성각 투시도(2점 투시) : 물체의 1면은 대지(大地)에 평행하게 놓여져 있으나 다른 면은 투영면에 대해서 임의의 각도를 가지고 있을 때의 투시도이다. 작도법을 **그림 1.16**에 나타낸다. 이때, 직선 AB, AD 등 대지에 평행으로 투영면에 대해서 기울어져 있는 직선에 수평선상의 소점(消點)이 있다. 한편, AE, BF 등 수직 방향의 선에 소점이 아니고 투시도상에서도 수직으로 그을 수 있다. 소점(消點)은 좌우에 2개이므로 통칭 2점 투시라고 한다. 1점 투시,

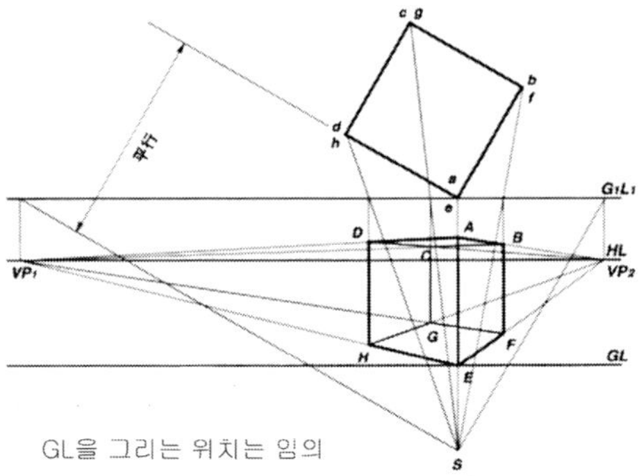

그림 1.16 성각 투시도(2점 투시)의 작도법

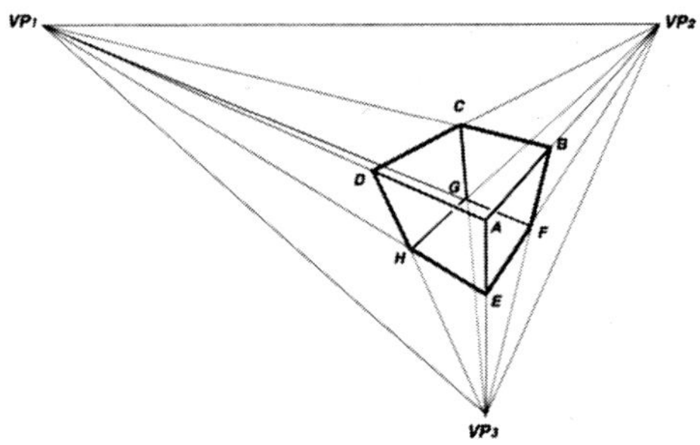

그림 1.17 경사 투시도(3점 투시)의 작도법

2점 투시 모두 정점(停點) 위치는 임의이다.

③ 경사 투시도(3점 투시) : 물체의 3면 모두 투영면에 대해서 임의의 각도를 가지고 있을 때의 투시도이다(교량은 대지에 있으므로 투영면이 기울어져 있는 경우라고 생각해도 좋다). 수직 방향의 직선(直線)도 투영면에 대해서 기울어져 있으므로 좌우 소점(消點)에 더하여 수직 방향에도 소점이 있다(그림 1.17). 소점이 3개이므로 통칭 3점 투시라고 한다.

1.3.3 시거와 투시도법

① 수직 방향의 소점 : 카메라로 찍은 사진은 도법적으로 보면 3점 투시로 되어 있는 경우가 많다(감광면은 렌즈의 뒤쪽에 있으므로 어둠 상자 카메라에서는 도상(倒像)이 된다). 현수교의 주탑을 촬영하면 주탑이 하늘로 향하여 가늘게 찍히는 것을 주탑과 카메라의 감광면이 평행이 아니기 때문이다(사진 1.6 (a)). 주탑에서 충분히 떨어져 카메라를 주탑과 평행(원래는 수직)으로 하여도 전체가 틀(Frame) 속에 받아들여지게 되면 주탑은 수직으로 찍힌다.

(a)

(b)

사진 1.6

또는 렌즈는 위를 향하고 있어도 감광면은 수직으로 할 수 있는, 초점이 맞는 부분(렌즈가 있는 앞부분)을 아래위 또는 좌우로 약간 틀어서 카메라가 비뚤어져 있더라도 피사체가 똑바로 찍히게 하는 장치(1안 리플렉스 카메라는 도상(倒像)을 정립상(正立像)으로 바로 잡기 때문에 감광면이 더욱 기울어지게 된다)가 있는 카메라로 찍으면 주탑은 수직으로 찍힌다(사진 1.6 (b)[13]).

우리들의 눈도 원리적으로는 카메라와 같다고 하며 항상 물체의 수직면과 망막면을 평행으로 보고 있는 것은 아니다. 책상 위에 놓여 있는 것을 여러 가지 각도를 가지고 보고 있다. 즉 3점 투시로써 물체를 보고 있는 경우가 많다고 할 수 있다. 따라서 우리들은 항상 끝이 가늘어지는 물체를 보고 있는 것인데 그다지 끝이 가늘어지는 느낌은 없다. 그것은 물체의 크기에 대해서는 충분히 떨어진 거리에서 보는 경우가 많기 때문이다. 재떨이를 2~3cm의 거리에서 보는 경우는 드물며 일상 생활상에서 50~60cm 떨어져 보는 경우가 많다. 소점은 앞에서 기법한 바와 같이 직선을 무한하게 멀리 연장하였을 때 그 무한하게 먼 점과 눈을 잇는 투시선이 투영면과 교차하는 점이다. 따라서 물체와 눈의 거리가 떨어지면 떨어질수록 수직 방향의 소점도 투영면상에서 멀리 떨어진 곳에 위치한다. 즉, 수직 방향의 경사는 얼마 안되기 때문에 끝이 가늘게 느껴지는 감각이 적은 것이다. 교량은 인간의 잣대로 보면 아주 커 재떨이를 2~3cm 거리에서 보는 것과 같은 상황에서 교량을 보고 있는 경우도 많다. 그러한 상황에서는 3점 투시는 감각적으로 조화되고 있다. 그러나 일단 교량을 한 눈으로 바라보면 어느 정도

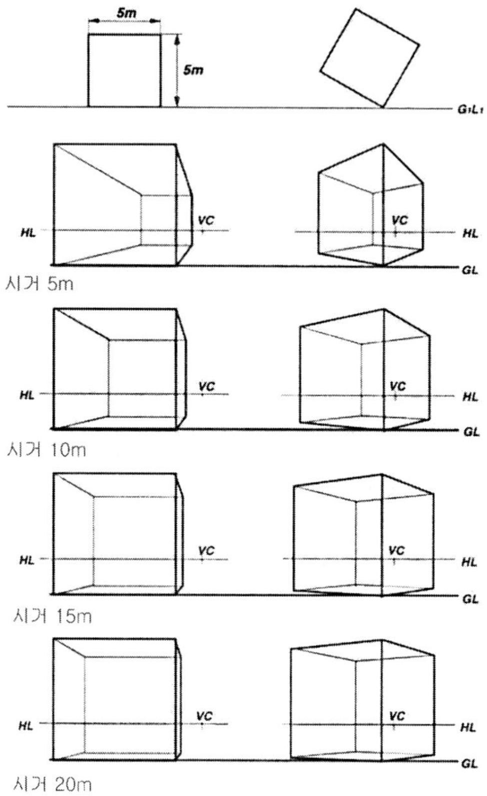

그림 1.18 시거에 따른 보는 법의 차이

거리를 두고 바라볼 때에는 수직 방향의 소점은 멀어져 끝이 가늘게 느껴지는 감각은 적다. 사실 건축물이나 현수교의 주탑 사진에서는 끝이 가늘게 찍혀 있는 사진보다도 수직인 것은 수직으로 찍힌 쪽이 우리들 눈에 가깝다고 느끼는 경우가 많다. 건축물이나 탑의 전경을 망원 렌즈로 찍은 사진(건축물이나 탑에서 충분히 떨어져 카메라와 탑을 평행으로 하였을 경우)이나 앞에서 기법한 "초점이 맞는 부분(렌즈가 있는 앞부분)을 아래위 또는 좌우로 약간 틀어서 카메라가 약간 비뚤어져 있더라도 피사체가 똑바로 찍히게 하는 장치"가 있는 카메라로 찍은 사진이 우리들 눈에 가깝다. 이것은 우리들에게 있어서 물체와 투영면의 관계를 대부분의 경우 1점 투시 또는 2점 투시로 해도 된다는 것을 의미한다. 3점 투시는 현수교의 주탑을 올려다보든지 반대로 주탑 정상에서 아래로 내려다보는 것 같은 특수한 앵글을 요망할 때에 효과적인 도법이라고 할 수 있다.

② 적절한 시거 : 평소에 교량 등을 볼 때 경험 법칙(이론적 근거는 부족하나 경험을 통해

터득한 법칙)은 도법 선택에 영향을 끼치고 있음과 동시에 그려진 그림에서 느끼는 물체의 크기 느낌에도 영향을 미치고 있다. **그림 1.18**은 1변이 5m인 정육면체를 상정하고 시거를 5m, 10m, 15m, 20m로 변한 경우의 투시도를 1점 투시와 2점 투시로 그린 것이다(시점의 높이 : HL=1.5m). 이것을 보면 시거 5m의 그림은 5m 정육면체보다도 훨씬 커 마치 20~30m의 정육면체처럼 보인다. 시거 5m의 그림은 도법적으로는 20~30m 정육면체를 20~30m 떨어진 곳에서 본 그림과 같다. 즉, 5m의 정육면체를 5m 가까이에서 본 경험보다도 20~30m의 정육면체를 20~30m 떨어진 곳에서 본 경험의 쪽이 더 낫다는 것이다. 5m의 정육면체인 것 같이 보이는 것은 시거 15m에서 20m의 그림일 것이다. 이와 같이 큰 구조물을 그릴 때에는 그것을 평소 어느 정도의 거리에서 바라보고 있는가를 고려해야 한다. 교량에는 여러 가지 규모가 있으므로 일반적으로는 말할 수 없으나 시거 20~30m 또는 교량 크기의 3배에서 4배의 시거를 취해 두기 바란다.

1.3.4 투시도법의 습득에 대해서

투시도법의 습득은 이제까지 기술한 도법의 짜임새를 근거로 한 다음에 도법에 의지하지 말고 여러 가지 각도의 정육면체를 가능한 정확하게 그릴 수 있게 되면서부터 시작한다.

① 정육면체의 습득 : **그림 1.19**는 투영면에 대해서 여러 가지 기울기를 가진 1변 5m의 정육면체를 시거 20m, 시점 높이 : HL=1.5m, 7m, 14m에서 본 곳을 상정하고 그린 것이다. 왼쪽의 2열은 1점 투시, 오른쪽의 3열은 2점 투시로 그리고 있다. 여러 가지 각도의 정육면체를 그리는 데는 먼저 이 15종류의 정육면체를 반복하여 그리고 각 직선의 방향, 정육면체의 깊숙한 능선(산등성이)의 위치 등을 확실히 익혀 둘 필요가 있다. 디자인을 배우는 학생에게도 저학년 때에 이와 비슷한 15종류의 정육면체를 반복 연습시키고 있는데, 특히 15°의 정육면체는 형상을 기억하지 않으면 바로 그릴 수 없다.

60°, 75°의 기울기를 가진 정육면체의 투시도도 아울러 기억해 두는 편이 좋으나 이것은 30°, 15°의 투시도를 그대로 뒤집은 것과 같은 꼴이 된다. 또, 이 책을 거꾸로 하여 이들 그림을 보면 정육면체를 올려다 본 그림을 구할 수 있다. 기억해 두면 계곡에 가로지르는 교량 등에서 내려다보는 경우가 많은 교량에 적용할 수 있을 것이다.

② 정육면체를 기초로 교량의 형상을 묘사 : 정육면체가 그려지면 그 정육면체를 기본으로 가로, 세로를 늘이거나 줄이거나 하여 그리고자 하는 것, 예를 들면 교량 전체이면 그 교량 전체가

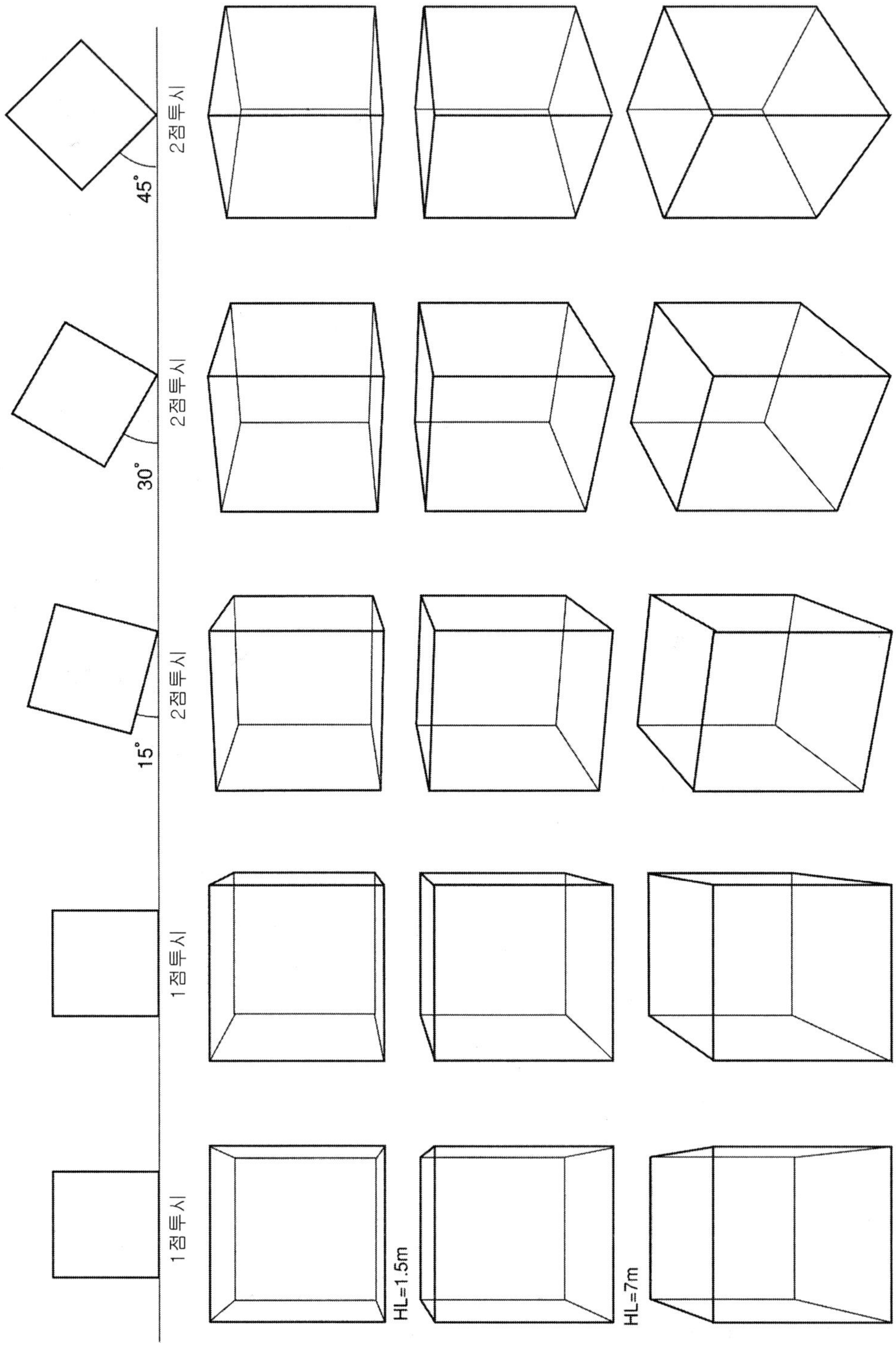

그림 1.19 15종류의 정육면체(시거 20m)

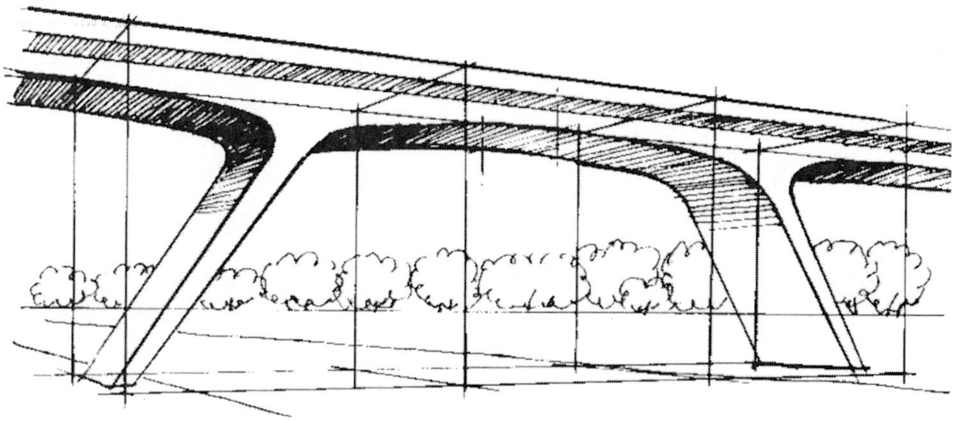

그림 1.20 정육면체를 기초로 교량의 형상 그리기

받아들이는 직육면체를 그린다. 그 직육면체 가운데에 각 능선의 가운데 점(中點)을 목표로 하여 그려나가면 형상에 파탄(破綻)을 초래하는 일 없이 확고한 투시도를 그릴 수 있다(**그림 1.20**). 교량 형상이 투시도와 같지 않은 사람의 그림은 이 직육면체를 그리지 않은 것이 근본적 원인이다. 반드시 그리고자 하는 것 전체가 받아들여진 그런 직육면체를 그리고 그 가운데에 형상을 그려나가도록 하기 바란다.

스케치할 때 다음의 두 가지를 명심해 두면 확고한 투시도가 된다.

① 1점 투시, 2점 투시 모두 소점은 수평선상에 있다. 교량 각 부분의 직선 방향에 유의하고, 서로 평행한 직선은 반드시 수평선상에 있는 같은 소점으로 향하도록 항상 주의하기 바란다.

② 기초가 되는 정육면체는 45°의 기울기를 가진 것(**그림 1.19**의 오른쪽 끝의 정육면체)으로 되기 쉽다. 즉, 교량은 가로로 긴 구조물이므로 기초(Base)가 45°의 기울기를 가진 정육면체인 것으로 깨닫지 않지만, 45°가 그리고자 하는 것에 대한 가장 적절한 각도라고는 한정할 수 없다. 어떤 정육면체를 기초로 하는 것이 좋은지 생각하는 것을 습관으로 하기 바란다.

이상을 반복하여 연습함으로써 교량의 형상은 무의식중에 투시도법에 따른 것이 된다.

1.3.5 투시도의 수정

아이디어의 창출이 진행되고 조금 더 형상을 정확하게 파악해서 검토하려고 한다면, 프리핸드로 그린 그림을 도법적으로 체크하고 수정하고 싶은 경우가 있다. 이러한 투시도의 수정에 대한 문제점은 프리핸드로 그린 그림이 반드시 정육면체의 투영면에 대한 기울기나 시거를 설정하고 그린 것이 아니라는 점에 있다. 즉 정육면체의 기울기나 시거를 설정하지 않고 어떻게 도법적으로 바른 투시도를 그리는가 하는 문제이다.

① 1점 투시일 때 : 1점 투시일 때 소점은 그리고 있는 그림 가까이에 있으므로 직선을 연장하여 소점을 구하고 프리핸드로 그린 직선 방향을 수정하기는 쉽다. 안 길이는 시거의 설정 방법에 따라 임의로 정하므로 그다지 가깝지 않으면 수정할 필요가 없다. 이와 같이 1점 투시일 때의 수정은 간단하다.

② 2점 투시일 때 : 2점 투시일 때, 직선을 연장하여 소점을 구하려고 하면 큰 화면이 필요하게 된다. 또, 투영면에 대한 기울기를 설정하고 그림을 그리는 것이 아니므로 작도법으로

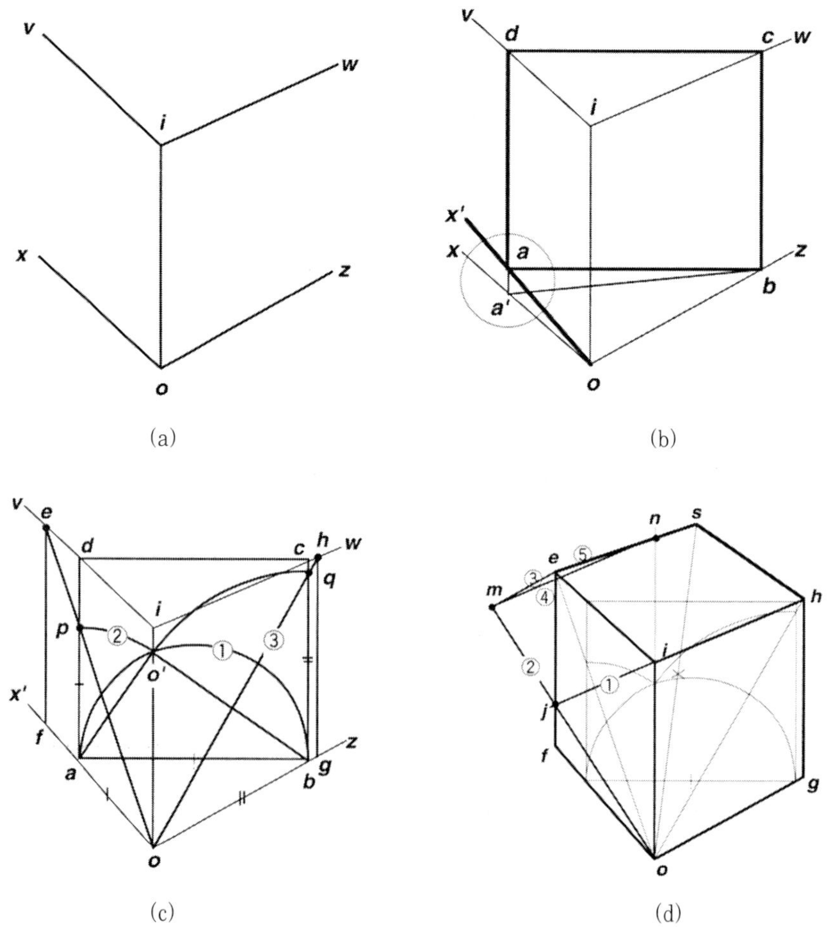

그림 1.21 간편하고 정확한 투시도의 수정법

안 길이를 구할 수 없다. 이러한 경우 **그림 1.21**에 나타낸 방법[14]은 편리하다.

정육면체의 일부가 **그림 1.21** (a)와 같다고 하자. 이것을 투영면에 평행한 임의의 면에 절단할 때 단면은 **그림 1.21** (b)의 ⏢ a′bcd로 되었다고 하자. 그러나 정육면체의 윗면, 밑면은 대지(大地)에 평행하므로 직선 a′b도 수평이고 단면은 ⏢ abcd로 해야 한다. 즉, 프리핸드로 그린 ox의 방향은 a를 지나는 ox′ 방향으로 수정해야 한다는 것을 알 수 있다.

다음에 정육면체의 안 길이는 **그림 1.21** (c)와 같게 하여 구한다. 방법은 다음과 같다.

㉠ △aob의 실형도(實形圖)는 직각 삼각형이므로 ab를 지름으로 하는 원호를 그리고 oi(oi를, oi를 지나는 화면에 직교하는 평면과 전단면의 교선(交線)으로 본다)와의 교점을 o′라고 하면 △ao′b는 △aob를 축으로 하여 절단면으로 회전시킬 것이므로 △aob의 실형도 : 직각 삼각형이다. 따라서,

㉡ ao′ 및 bo′의 길이를 직각 ad, bc 위에 ap, aq로써 옮기면 op, oq는 입방체의 대각선 방향이 된다(투시도상에서 ao=ap, bo=bq).

㉢ op, oq를 연장한 선과 iv, iw의 교점 e, h는 구하는 정육면체의 안 길이를 나타내는 점이다.

그림 1.21 (d)의 e, h에서 소점 방향에 es, hs의 선을 정확히 그리는 방법은 다음 항에서 기법한다.

③ 임의의 점에서 소점 방향으로 선을 긋는 방법 : 2개의 평행한 직선이 **그림 1.22** (a)의 투시도 ab, cd로써 그리고 있다. ac간의 임의의 점 e에서 ab, cd와 같은 소점을 가진 직선 방향을 찾는 데는 먼저 e에서 cd로 평행한 직선을 긋고 대각선 ad와의 교점 m을 구한다. 다음에 m에서 ab에 평행한 직선을 긋고 bd와의 교점 f를 구하면 ef는 구하는 직선이다. 이

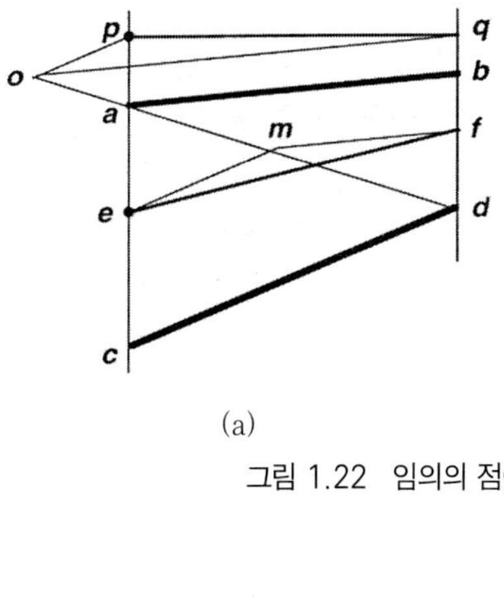

(a)

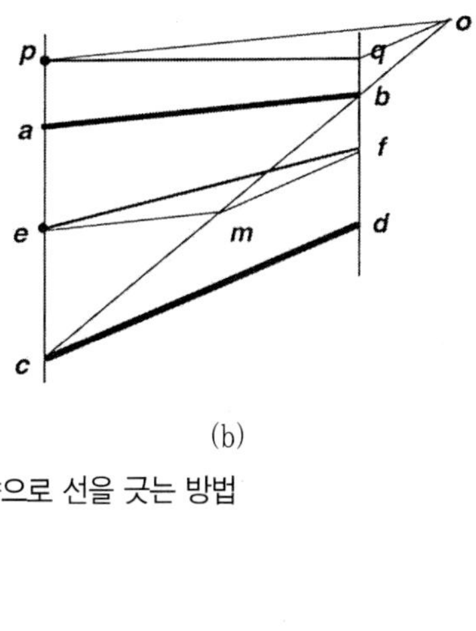

(b)

그림 1.22 임의의 점에서 소점 방향으로 선을 긋는 방법

것은 다음과 같은 관계를 이용하고 있다. 즉,

ae : ac = am : md 이며,

am : md = bf : nf 이다.

그러므로 ae : ec = fd 이다.

ac의 바깥쪽 임의의 점 p의 경우도 먼저 p에서 cd에 평행한 직선을 긋고 ad와의 교점 o를 구한다. 다음에 o에서 ab에 평행한 직선을 긋고 bd와의 교점 q를 구하면 pq는 구하는 직선이 된다. 그림 1.21 (d)에서 es, hs의 선은 여기서 기술한 방법으로 그리고 있다.

대각선을 반대로 그은 경우는 ce : ea = cm : mb가 되듯 e에서 ab에 평행한 직선을 긋고 대각선 bc와의 교점 m을 구하는 순서로 된다(그림 1.22 (b)).

④ 정육면체의 분할과 증식 : 정육면체 수직 방향에는 소점을 갖지 않으므로 각 수직 방향의 능선을 같게 분할하여 대응점을 연결하면 직육면체 수평 방향을 분할할 수 있다(그림 1.23 (a)). 여기에 대각선을 그려 더하고, 각 교점에서 수직선을 그리면 수직 방향을 분할할 수 있다(그림 1.23 (b)).

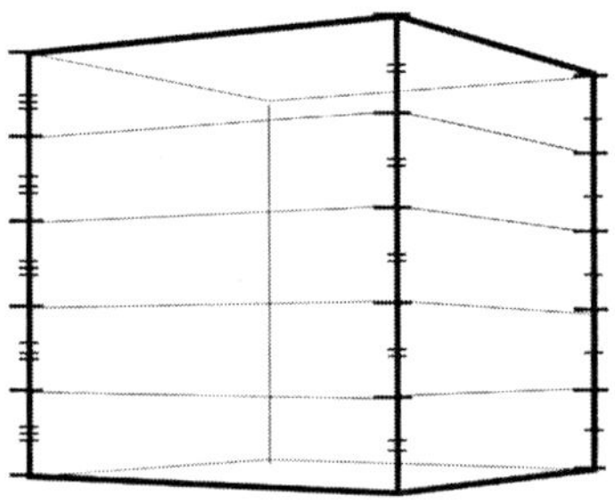

(a)

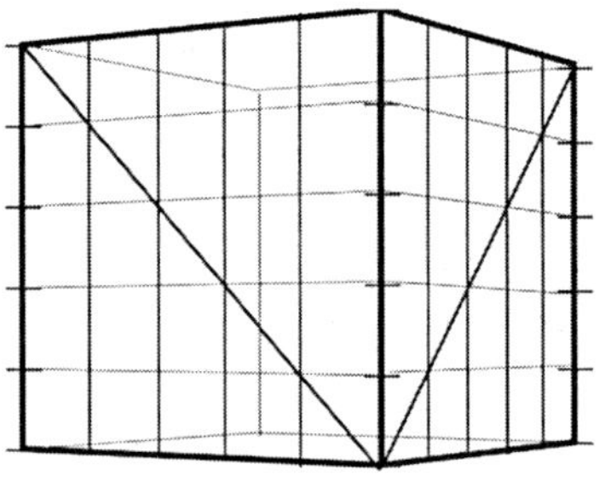

(b)

그림 1.23 정육면체의 분할

수평 방향에 대한 정육면체의 증식은 그림 1.24 (a)에 나타낸 대각선의 중점 성질을 이용한다. 즉, 정육면체 정점 a에서 늘리려고 하는 방향의 능선, 예를 들면 cd의 중점 m을 지나는 직선을 그으면 직선 bd와의 교점 d′는 늘리려고 하는 정육면체의 안 길이를 나타내고 있다. 수직 방향에 대한 증식은 각 능선의 수직 방향에 이들 투시도상에서 길이를 같게 잡고 대응하는 점을 이으면 된다(그림 1.24 (b)).

이상, 여기서 기술한 투시도의 수정 방법에 따르면 상세(Detail)를 포함하여 도법에 따른

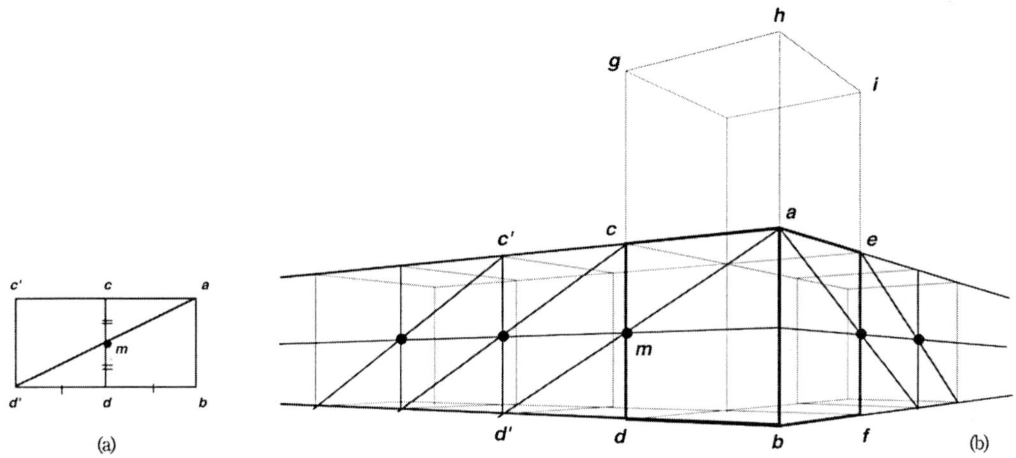

그림 1.24 정육면체의 증식

투시도를 그릴 수 있다. 그러나 이로써 모두를 그려 넣는 것을 기대해서는 안된다. 정확한 투시도는 오늘날에는 컴퓨터가 그리고 있다. 도법은 어디까지나 프리핸드로 그린 교량의 형상을 대충 수정하거나 기초가 되는 정육면체 또는 직육면체를 수정하는데 그쳐야 한다. 그 이후는 무의식중에 도법에 따라 손을 움직여 사고를 방해하지 않는 형상 검토를 하기 바란다.

1.3.6 평행 투영도법에 의한 스케치

평행 투영도법에 의한 스케치로써는 경사 투영도법 중 투사선이 평면, 입면 모두 45°의 각도를 갖는 것과 축측 투영도법 중 정육면체의 3면이 같게 보이도록 투영면에 기울여 두고 투영하는 등각 투영도법(Isometric Projection : 통칭 Isometric)의 두 가지가 사고의 도구로써 이용할 수 있는 것이다.

① 경사 투영도법 : **그림 1.25** (a)는 경사 투영도법의 원리를 나타낸 것이다. 투사선의 각도는 자유롭게 설정할 수 있으므로 투사선이 평면, 입면으로 함께 45°의 각도가 되도록 설정하면 바로 앞과 깊숙한 정사각형은 서로 하나의 각에 닿게 되어 투영면에 직교하는 능선각도 45°로 그릴 수 있게 된다. 즉, 방안지가 있으면 스케치할 수 있는 것이다(**그림 1.25** (b)). 더구나, 투영면에 평행한 면은 실형도를 그릴 수 있고 안 길이 방향의 치수도 비례적이지만 정확하게 나타낼 수 있으므로 치수가 구해지면 누구나 그릴 수 있고 그려진 그림으로

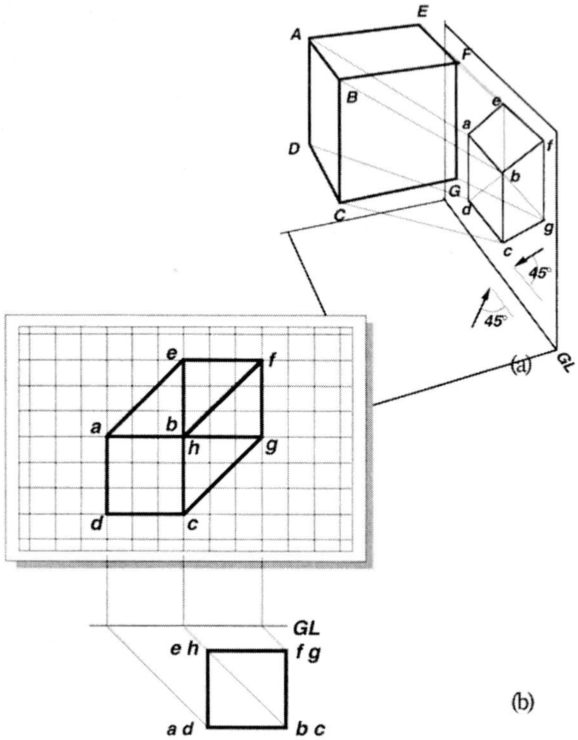

그림 1.25 경사 투영도법의 원리와 방안지위에서의 작도

치수를 간파할 수 있다. 그러나 그림을 보아도 알 수 있듯이 형상은 상당히 비뚤어져 있다. 도저히 형상의 좋고 나쁨을 검토할 수 있는 그림이 아니다. 따라서 디자인 과정 후반에 아이디어의 골격이 거의 굳어지고, 치수에 무게를 둔 형상의 사고가 필요한 경우나 생산 또는 시공에 유용하게 하기 위한 표현 매체로써 상당히 유익한 도법이라고 할 수 있겠다.

② 등각 투영도법 : 그림 1.26 (a)에 투영도법의 원리를 나타낸다. 등각 투영이란 ∠XO′Y, ∠XO′Z, ∠ZO′Y가 같게 되도록 정육면체를 투영면에 기울여 투영한다는 뜻이다. 3개의 각도가 같으므로 각각은 120°가 되고, 그림 1.26 (b)와 같은 방안지가 있으면 스케치할 수 있다. 경사 투영도법과 같이 실형도는 그릴 수 없으나 치수는 정확하게 나타낼 수 있다. 형상의 비뚤어짐도 적고 보기도 좋게 되어 있으므로 경사 투영도법보다도 형상을 사고하기가 쉽다. 다만, 치수에 관한 정보를 유지한 도법이니 만큼 디자인 과정 초기 단계에서 사용하기보다도 치수를 고려하면서 형상을 생각해야 하는 장면이나 생각한 내용의 사회적 전달을 목적으로 사용하는 경우에 좀더 효과적인 도법이라고 할 수 있다.

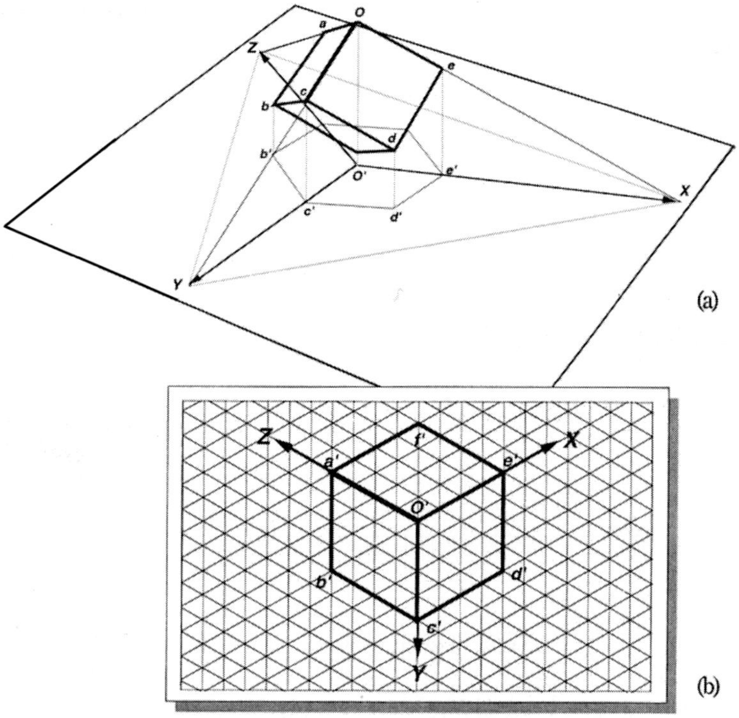

그림 1.26 등각 투영도법의 원리와 경사방안지위에서의 작도

1.4 모형

모형 제작은 스케치와 달리 습득에 각별한 지식이 필요한 것이 아니다. 간결하게 마무리하기 위한 약간의 기법이 있을 뿐이다. 또, 그림 1.3에서는 우연히 구부러져 버린 발포 스티로폼 아치 리브에 힌트를 얻어 새로운 구조 형상을 발상하고 있는 경우를 보았다. 기술자가 모형을 만드는 최대의 목적은 모형에서 생긴 발상에 있으나, 이러한 모형 만드는 체계적 연습 방법은 없다. 몇 개를 시험 제작하여 모형 재료와 장난함으로써 발상을 얻는다고 하는 일을 반복하는 이외는 없다.

여기서는 선행하는 아이디어의 시각화를 위한 모형 만들기, 그 과정에서 몇 개의 착상이 있으며, 새로운 발견·예견이 있다는 것을 기대하고 일반적인 모형 만들기, 특히 스케치 모형이나 러프 모크업에 적합한 스티롤 보드를 주체로 한 모형 만들기 과정 및 기법에 대해서 설명한다.

1.4.1 재료와 도구

① 주된 모형 재료 : 스케치 모형이나 러프 모크업용의 주된 모형 재료로써 오늘날 가장 널리 쓰이고 있는 재료는 판상(板狀)으로 된 저발포 스티로폼 양면에 얇은 켄트지를 붙인 스티롤 보드이다. 커터로 간단하게 절단할 수 있고, 또 구부릴 수도 있다. 보드 두께는 몇 종류(1, 2, 3, 5, 7mm) 준비되어 있으므로 조합하여 붙여 맞추면 목적에 따른 두께를 얻을 수 있다.

스티롤 보드를 가공하는 것으로 2차 곡면은 거의 문제없이 만들 수 있으나 3차 곡면은 만들 수 없다. 또, 기울어진 면이 많은 형상도 가공이 번거롭다. 그런 경우에는 스티로폼이라는 발포재 덩어리를 사용하여 나무의 덩어리에서 형상을 잘라내는 요령으로 가공한다. 물론 스티로폼은 나무보다도 간단히 절단할 수 있고 샌드페이퍼로 매끄럽게 하기도 쉽다. 스티로폼에도 여러 가지 두께가 준비되어 있으므로 소정의 치수를 얻는 데는 자유롭다(사진 1.7).

형상에 따라 스티롤 보드(板材)를 조합하는 쪽이 편리한지 스티로폼(塊才)으로 잘라내는

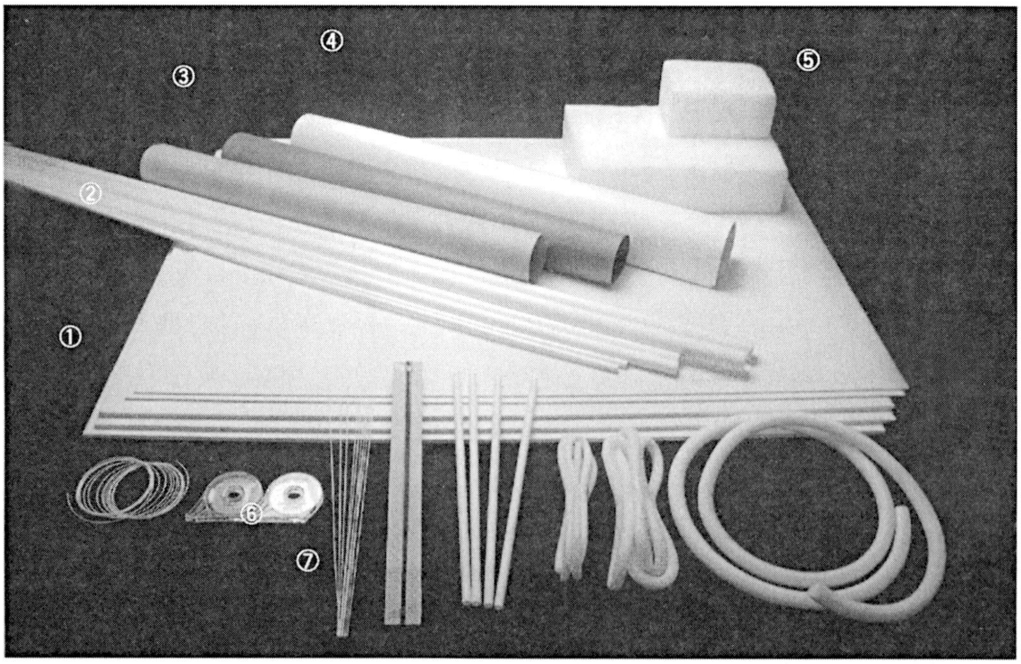

① 스티롤 보드 ② 스티롤 둥근 봉(여러 가지 굵기가 있음) ③ 컬러 페이퍼 ④ 켄트지 ⑤ 스티로폼
⑥ 접착면이 있는 종이테이프(여러 가지 폭의 테이프가 있다) ⑦ 피아노선

사진 1.7 모형 재료

쪽이 편리한지를 생각하고 재료 선택을 해야 한다. 교각 형상을 1/20~1/50의 축척으로 몇 개의 모형을 만들어 검토할 때는 스티로폼으로 잘라내는 쪽이 빠르다.

② 보조적 모형 재료 : 2차 곡면 만드는 방법은 뒤에서 기술하겠지만 스티롤 보드로 대강 형상을 만들거나 또는 가이드를 만들고, 곡면 그 자체는 중간 정도 두께 켄트지의 변형을 이용하여 만들면 깨끗하게 마무리되는 경우가 있다. 또, 스티롤 보드는 판을 붙여 맞추어 만들므로 가로 자른 면이 볼품이 좋지 않다. 이러한 경우에도 얇은 켄트지로 그들을 감싸듯이 위에 붙이면 깨끗하게 마무리할 수 있다. 이와 같이 두께가 다른 켄트지는 보조적 모형 재료로 써 손색이 없다. 점착면이 있는 종이테이프나 시트도 같은 목적으로 사용할 수 있으나 부드러운 휴지가 아니므로 없애기가 불편하므로 사용하는 장소를 생각해야 한다.

약간 얇은 색종이도 좋다. 노면에 짙은 회색 종이를 붙이는 것만으로도 현장감이 있다. 벽돌이나 타일, 돌쌓기 무늬 등을 인쇄한 투명 점착 시트도 있으면 좋으나 스크래치 모형(Scratch Model)이나 러프 모크업 단계에서는 너무 싫증이 나지 않도록 주의하기 바란다.

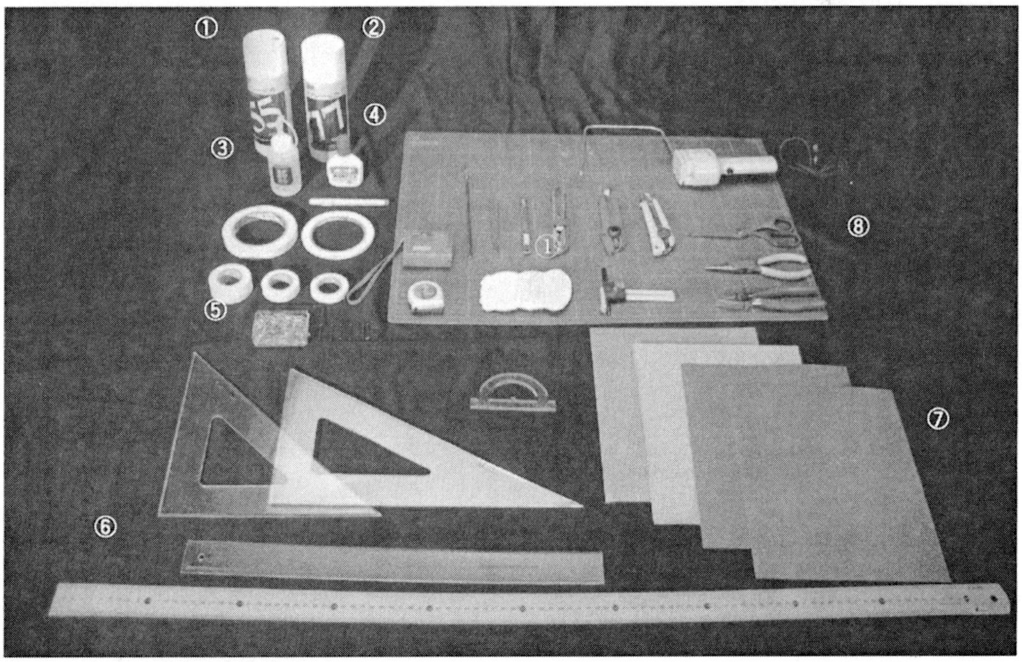

① 스프레이 풀 ② (점착성이 더 강한)스프레이 풀 ③ 스티로폼용 풀 ④ 목공용 본드 ⑤ 압핀(Push Pin), 바늘핀
⑥ 자 종류 ⑦ 사포(Sandpaper) ⑧ 커터 등의 도구류

사진 1.8 접착제와 도구

사장교의 케이블이나 아치교의 매닮재에는 피아노선이나 실을 사용한다.

③ 접착제 : 스티롤 보드, 스티로폼의 접착제로써는 스티로폼용 풀, 목공용 속성 건조 본드를 사용한다. 스티로폼용 풀은 점착성이 있으므로 임시 붙임의 번거로움은 적지만 완전히 마르기까지에는 시간이 걸린다. 목공용 본드는 수용성이므로 번져 나온 본드를 간단하게 닦아낼 수 있고 또 얇게 늘려 넓은 면을 접착하는 경우에도 편리하다.

스티롤 보드로 형상을 도려낼 때에는 스티롤 보드에 도면 등을 붙여 도면과 함께 도려내면 작업하기 쉽다. 그 도면 등의 임시 붙이기에는 스프레이 풀을 사용한다. 접착력이 약하고, 나중에 간단하게 벗겨내도 표면에 흔적이 남지 않는 풀이다.

양면 테이프는 재빠르게 접착할 수 있으나 접착력은 약하다. 그러나 충분한 개소에 사용하면 좋다.

접착제는 아니지만 임시 붙이기용에 바늘핀(곤충 표본용 핀 따위)이나 드래프팅 테이프(Drafting Tape)도 필요하다.

1.4.2 기본적인 기법

① 샤프 코너(Sharp Corner) : 스티롤 보드를 붙여 맞추는 것만으로는 볼품이 좋지 않다. 볼품 좋게 만드는 데는 **그림 1.27**에 나타낸 바와 같은 3종류의 방법이 있다. **그림 1.27** (a)는 켄트지로 감싸듯이 위에 붙이는 방법이다. 켄트지에는 잣대로 구분지어 두는 쪽이 좋다(자로 재어 자국을 남기는 등). **그림 1.27** (b)는 스티롤 보드를 표면의 종이 한 장 남기고 V컷하여 구부리는 방법이다. 다만, 종이가 늘어나므로 치수대로 만들기는 곤란하다. **그림 1.27** (c)는 붙여 맞춘 스티롤 보드 두께 몫만큼 표면 종이를 남겨 두는 방법이다.

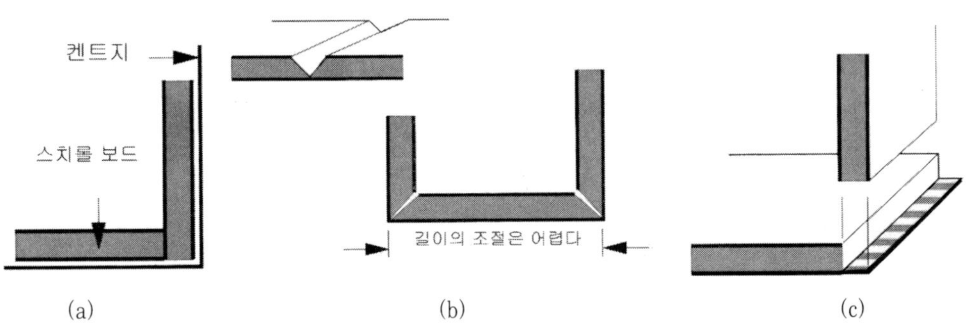

그림 1.27 샤프 코너 R 만드는 방법

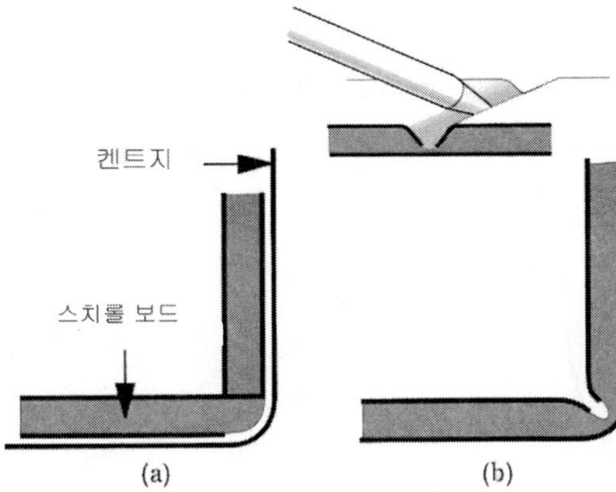

그림 1.28 작은 코너 R 만드는 방법

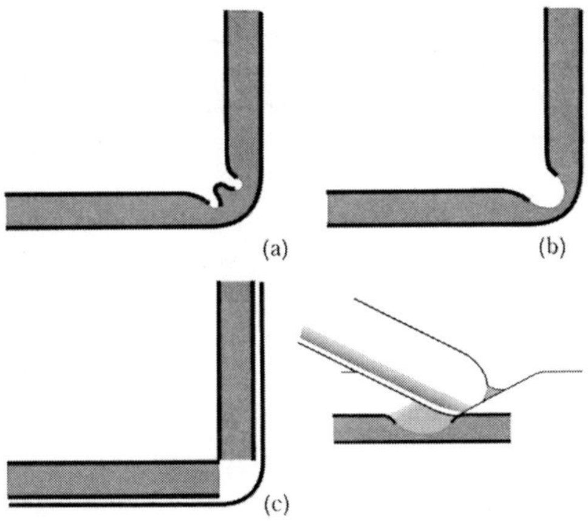

그림 1.29 큰 코너 R 만드는 방법

② 작은 코너 R : 작은 코너 R(소재 코너부를 가공할 때 이 부분에 깔쭉깔쭉한 부분이 발생하는 것을 방지하기 위하여 미리 가공된 여유 부분 앞뒤에 R 0.1 정도의 R 부분을 부가한다. 이것을 "코너 R"이라고 한다)을 만드는 데에는 역시 켄트지로 감쌀 때(그림 1.28 (a))와 커터로 끊어진 자국을 내고 그것을 연필 등으로 눌러 찌그러트리고 나서 구부리는 방법(그림 1.28 (b))이 있다.

③ 큰 코너 R : 큰 코너 R은 끊어진 자국을 2~3개 늘리고 각각을 눌러 찌그러트리고 나서 구부리는 방법(그림 1.29 (a))과 코너 R부의 속종이를 벗기고 전체를 끝이 "Bowl" 형상으로 된 것으로 가볍게 눌러 찌그러트리고 나서 구부리는 방법이 있다(그림 1.29 (b)). 다소 약하게 되지만, 그림 1.29 (c)와 같이 켄트지로 감쌀 수도 있다.

④ 2차 곡면 : 작은 2차 곡면은 코너 R 만드는 방법과 같다. 큰 2차 곡면은 속종이를 벗기고 사용하여(그림 1.30 (a)), 스티롤 보드의 가이드에 따라 켄트지를 붙이고(그림 1.30 (b)), 스티롤 보드를 곡선으로 만든 채로 붙여 굳히는 등(그림 1.30 (c))의 방법이 있다.

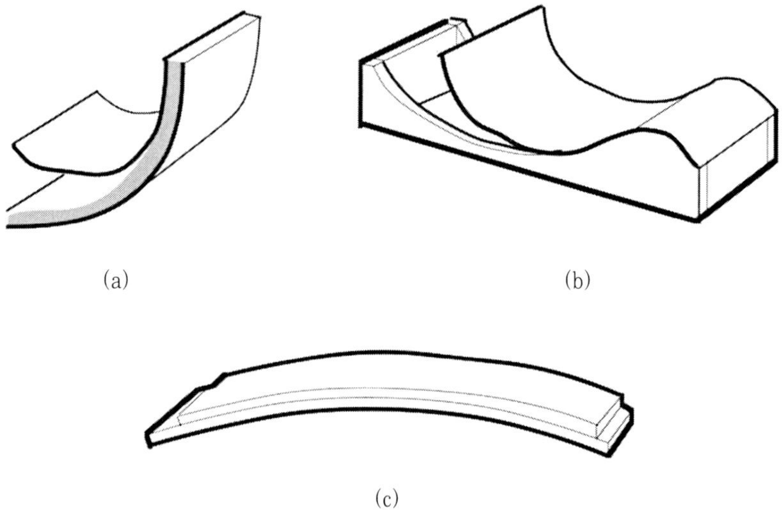

그림 1.30 2차 곡면 만드는 방법

1.4.3 교량 모형 만드는 순서

(1) 거더교일 때

3경간 변단면(変斷面) 콘크리트 박스형 거더를 예로 모형 만드는 순서를 나타낸다(그림 1.31).

① 박스거더는 어떻게 만드는가? 교각은 어떻게 만드는가 등을 계획한다. 이를테면 그림 1.31과 같은 순서를 머리 속으로 계획한다. 이 예의 경우에는 변단면 박스거더의 곡면은 2차 곡면이므로 스티로폼으로 잘라내기보다는 그림 1.30 (b)의 켄트지 붙이는 방법을 사용한다. 거더와 슬래브 접합부의 R(앞에 든 코너 R 참조)도 같은 방법을 사용한다.

② 도면을 스프레이 풀로 스티롤폼 보드에 붙이고 도면과 함께 형상을 잘라낸다(그림 1.31 (a)). 스티롤 보드에서 형상을 잘라낼 때 단숨에 절단하지 말고, 끊어진 자국을 낸다→절반 정도 자른다→모두 자르는 식으로 3회 정도 나누어 자르면 보드를 직각으로, 형상대로 자를 수 있다.

③ 슬래브 뒤쪽 거더의 측판을 지지하는 리브를 접착하고 그 리브에 따라 측판을 붙인다(그림 1.31 (b)). 각각 바늘핀으로 임시 고정해 두면 좋다. 측판은 슬래브에 대해서 기울어져 있으므로 형상을 잘라낼 때 각도를 두어 절단하는 것도 생각할 수 있는데 그 부분에는 단계 ④로 켄트지를 붙이는 것으로 경사를 그다지 마음에 두지 않아도 된다. 이 단계에서 벽 난간도 접착해 둔다.

④ 켄트지를 거더 측판을 따라 붙이고 거더 뒷면을 만든다(그림 1.31(c)). 거더 뒷면은 배 밑바닥 형상으로 되어 있으므로 그 형상보다 좀 큼직한 켄트지를 붙이고, 마르고 나서 실물에 맞춰 측판에 따라 커터로 삐져나온 부분을 잘라내는 쪽이 솜씨 좋게 만들 수 있다.

⑤ 거더와 슬래브와의 접합부에 켄트지를 붙이고 접합부에 R을 만든다(그림 1.31 (d)). 목적은 접합부의 R 표현이지만 그 부분만을 만드는 것이 아니고 벽 난간, 거더의 측판

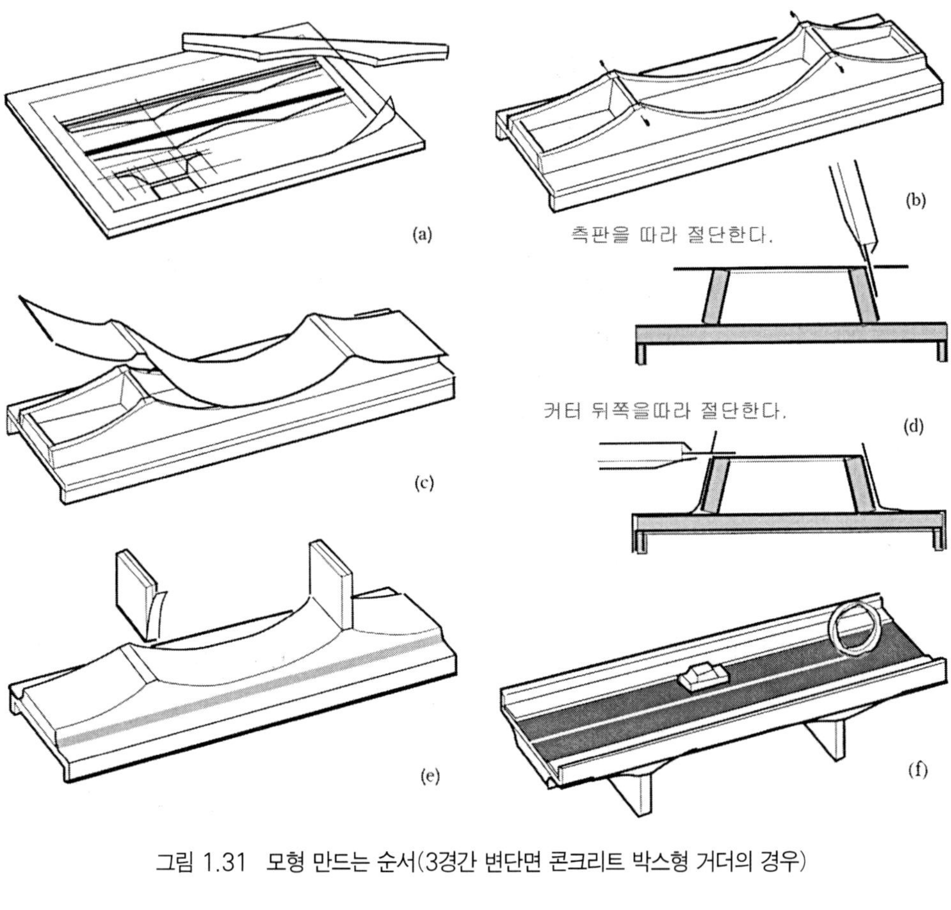

그림 1.31 모형 만드는 순서(3경간 변단면 콘크리트 박스형 거더의 경우)

모두에 켄트지를 붙이고 이음매를 없게 하여 콘크리트로써 일체감을 표현한다. ④와 마찬가지로 변단면의 곡선 부분은 실물에 맞춰 실제 형상보다 삐져나오게 하여 켄트지를 붙이고, 마르고 나서 절단하면 깨끗하게 마무리할 수 있다.

⑥ 교각은 스티롤 보드를 붙여 맞추어 소정의 두께를 구한다. 가로 자른 면 부분에도 켄트지 또는 테이프를 붙여 깨끗이 마무리하여 거더에 접합한다(그림 1.31 (e)).

⑦ 슬래브 겉쪽에는 보도의 마운드 업(Mound Up)한 상태를 나타내는 얇은 스티롤 보드와 차도에는 회색의 색종이를 붙여 노면을 표현한다. 차도 중앙에는 흰 테이프로 차선 표현을 하면 마무리된다(그림 1.31 (f)). 역시 같은 축척으로 자동차를 만들면 스케일감을 파악하기 쉽다.

(2) 아치교일 때

아치교의 경우도 만드는 방법의 순서, 기법은 거더교의 경우와 거의 같다(그림 1.32).

① 순서를 머리 속에서 계획한다.

② 도면을 스프레이 풀로 스치롤 보드에 붙이고 도면과 함께 형상을 잘라낸다(그림 1.32 (a)).

③ 슬래브와 아치 리브 및 아치 리브 연결재를 접착하고 접착 테이프로 가볍게 고정해 둔다(그림 1.32 (b)).

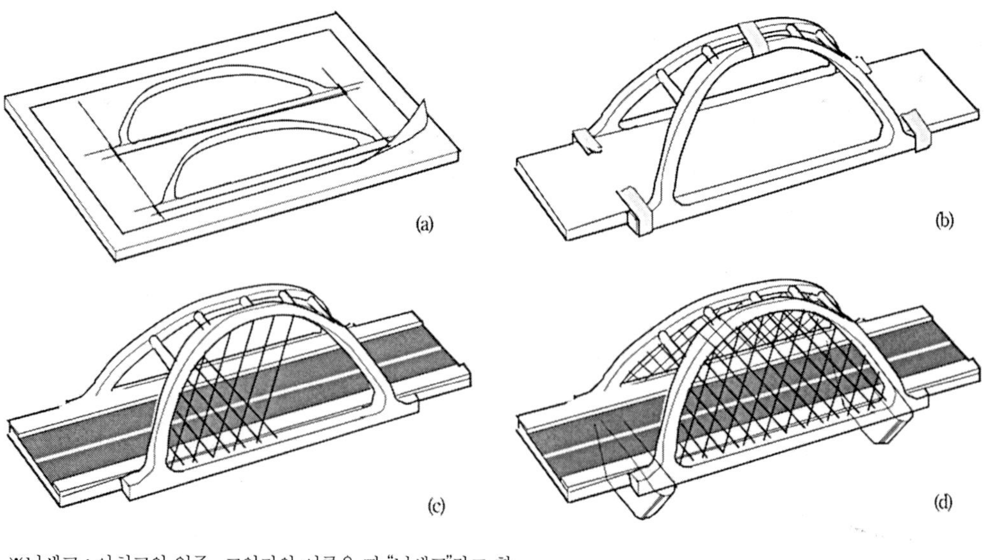

※닐센교 : 아치교의 일종, 고안자의 이름을 따 "닐센교"라고 함.

그림 1.32 모형 만드는 순서(닐센 로제교의 경우)

④ 마운드 업용 보도를 붙이고 차도에는 차선 표현을 한 회색의 색종이를 붙인다. 다음에 매닯재를 피아노선으로 만든다. 아치 리브의 가로 자른 면은 발포재이므로 간단하게 푹 찌를 수 있다. 소정의 위치에 푹 찌르면 순간 접착제로 고정한다(그림 1.32 (c)). 역시 투명한 염화 비닐판을 아치 안쪽 형상으로 잘라내고 그 위에 검은 테이프를 붙여 매닯재를 그리고 아치 리브에 붙이는 방법도 있다.

⑤ 아치와 교각을 접합하면 완성된다(그림 1.32 (d)).

이상과 같이 교량 종류에 따라 그 교량의 독특한 부위 표현도 있으나 충분히 연구하여 그 장소에 대응할 수 있는 것으로 한다.

(3) 지형 모형

지형의 복잡함에 따라 2종류의 모형 만드는 방법이 있다. 복잡할 때는 등고선을 입체화한다. 먼저 등고선의 피치와 스티롤 보드 두께를 맞추어 등고선 형상에 따라 스티롤 보드를 잘라 각각을 붙여 겹쳐 만든다. 수면(水面)이 있는 경우는 짙은 청색 종이 위에 염화 비닐판을 깔아두면 교량 모형을 놓았을 때에 수면으로 비치는 모습도 기대할 수 있다(그림 1.33 (a)).

지형이 복잡하지 않고 직선으로 단순화할 수 있을 때는 스티롤 보드를 구부리는 것만으로

사진 1.9 스치롤 보드를 주체로 한 더미 모델[15]

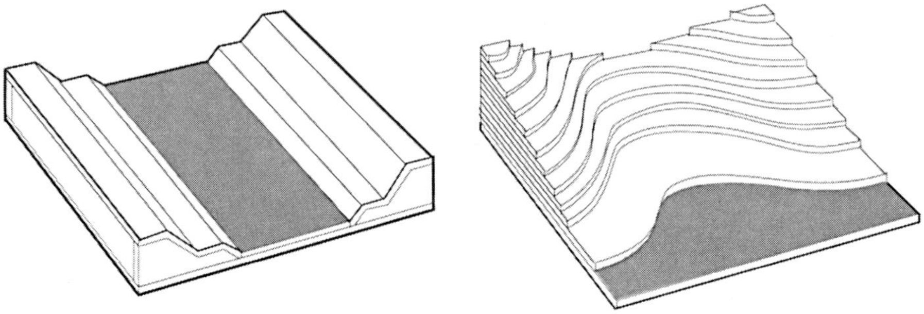

(a) (b)

그림 1.33 지형 모형 만드는 방법

형상을 표현한다. 그림 1.33 (b)는 고수부지가 있는 하천을 단순화한 모형이다. 수면에는 역시 염화 비닐판을 깔아 두면 좋다.

결론

교량 기술자에게 여기서 기법한 도구로써의 표현 기법은 도면은 물론이지만 투시도, CG, 모형 그 중 어느 것이나 무엇인가의 형상으로 다룬 것이다. 다만, 그들은 사고의 도구라고 인식하고 아이디어 얻기나 형상 만들기 장면에 적절하게 활용하고 있는지의 여부가 문제이다. 각 매체, 기술의 특성을 근거로 하여 아이디어 시각화뿐만 아니라 아이디어를 얻는데 표현 기법을 활용하는 습관을 가지기 바란다. 그렇게 하기 위해서는 이 장에서 기술한 것을 다만 지식으로서 이해하는 것은 디자인 또는 형상을 생각하는 언어의 습득이 되지 않는다. 1점 투시, 2점 투시를 도법대로 그려 보는 것으로써 시작하여 교량 모형을 만들어 지형 모형에 놓아 보기까지 몇 번이나 시도하여 스케치와 모형을 사고의 도구로 사용하기 바란다.

연습 문제

① 1장의 켄트지(300×600mm)에 끝이 뾰족한 연필 모양의 것으로 직선이나 곡선의 끊어진 자국을 내고 그 자국에 따라 꺾어나가 전등갓(Lamp Shade)과 같은 원통 모양의 아름다운 형상을 만든다. 다만, 켄트지에 칼집을 내거나 잘라 버리면 안된다. 끝으로 통 모양으로 할 때에는 풀을 사용해도 된다. 작은 종이 조각으로 몇 번이나 접는 법을

시험삼아 해보고 만들 것

② 1장의 켄트지(300×600mm)를 가공하여 아치 리브 모양의 형상을 만든다. 다만, 그 위에 3cm 정도의 두꺼운 사전(책)을 올려놓아도 찌부러지지 않을 정도의 튼튼한 구조체를 만든다. 또 풀칠은 전혀 하지 않는다. ①과 마찬가지로 종이 조각으로 몇 번 시험삼아 해보고 만들 것

③ **그림 1.19**의 15종류의 정육면체를 이 책을 보지 말고 A3 사이즈의 용지에 7분 이내에 정확하게 그릴 수 있게 되기까지 반복하여 연습한다.

④ 교량의 일반도를 참조하면서 정육면체를 분할·증식시킨 틀 속에 그것을 프리핸드(자를 보조적으로 사용해도 된다)로 그린다.

⑤ ④에서 그린 교량의 투시도를 **그림 1.21**의 투시도 수정 방법을 사용하여 수정, 그림을 그린다.

⑥ 교량 가설 지점을 상정하고 거기에 상응한다고 생각되는 교량을 스케치, 모형을 사고(思考)의 도구로 하여 디자인한다. 그 디자인 案의 모형을 작성하여 교량 가설 지점의 모형에 끼워 넣어 본다.

연습 문제 ①, ②의 목적은 모형 재료와 함께 놀면서(장난하면서) 모형에서 형상을 발상한다는 것을 체험하는 데 있다. 꼭 체험해 보기 바란다.

제2장

형상의 사고 방식

Generation of Form

서론

영국의 디자인 교육 텍스트로 쓰이고 있는 Looking and Seeing 시리즈 제2권 The Development of Shape[1]에서는 형상을 어떻게 받아들이면 되는지를 설명하기 위해 평소 아무 생각 없이 보고 있는 작은 돌의 형상을 제재(題材)로 삼고 있다. 즉, 둥근 돌, 울퉁불퉁한 돌, 예리한 날이 있는 돌 등 여러 가지 형상의 작은 돌을 나타내고 있다. 그들은 돌이 강을 흘러 흘러가는 과정에서 큰 돌이 깨질 틈도 없는 돌이거나 그 돌의 각이 흘러가는 과정에서 서서히 마모되어 둥글게 된 돌, 또는 그 마모가 적은 돌 등 돌의 형상은 그 돌이 어떤 성분으로 되어 있는가 하는 것과 그 돌에 가해진 힘에 따라 형상이 만들어진 것을 설명하고 있다. 그리고 돌의 성분이나 거기에 가해진 힘을 물체의 작용이나 기능, 개인적, 사회적 요청으로까지 부연함으로써 형상이라는 것을 받아들여야 하는 것으로 설명하고 있다. 확실히 공학적 수단으로 생산되어 사람이 사용하는데 제공하기 위해 만들어진 물체의 형상은 생산 수단에 따른 제약과 사용 목적에 대한 적합성이 요구된다. 그런 뜻에서는 이러한 형상을 받아들이는 방법은 "형상은 결과 또는 목적과 그것을 달성하기 위한 수단의 필연적인 관계로 생긴다"라고 하는 기능주의적 자세를 이해하는데 적합하며, 그 자세 자체는 공학적 수단을 통하여 형상에 관계하는 사람 모두가 먼저 이해해야 한다고 본다.

그러나 그것만으로는 형상을 구체적으로 조작할 수 없고, 또 결과로서의 형상은 자연의 풀과 꽃이나 동물의 형상 또는 조각과는 다른 양상을 드러내고 있다는 것도 이해해야 한다. 여기서는 공학적 수단으로 생산되어 사람이 사용하는데 제공하기 위해 만든 물체의 형상을 어떻게 하면 조작적으로 받아들일 수 있는지? 교량의 설계라는 형상을 만드는 입장으로서 형상을 어떻게 생각하면 좋은지에 대해서 고찰하는 것이다.

2.1 사람에 따른 형상을 받아들이는 방법의 차이

2.1.1 형상 분류

먼저 그림 2.1의 12종류의 도형을 분류하고 각 그룹의 특징을 기술해 보자. 분류의 관점은 자유이다.

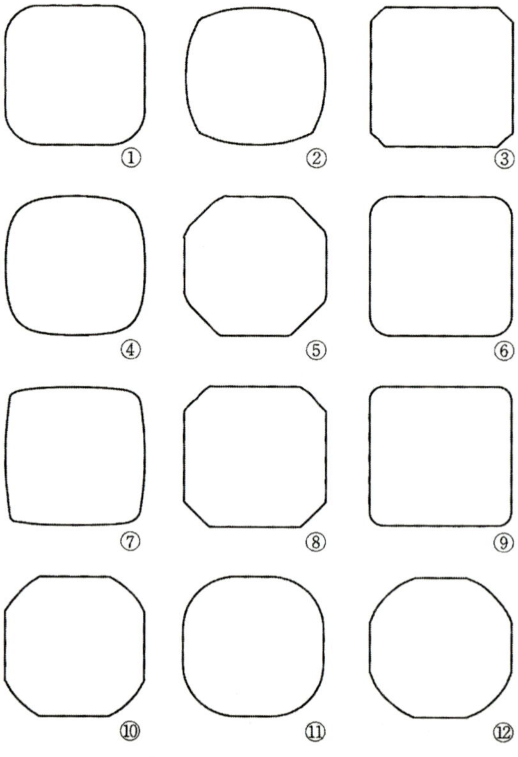

그림 2.1 도형의 분류

이 도형의 분류는 피경험자가 형상이라는 것을 어떻게 받아들이는가를 알기 위한 것이다. 과거에 일반 학생, 디자인 전공 학생, 직업 디자이너를 대상으로 몇 번이나 같은 도형을 분류하여 얻은 결과에서 추측하면 분류의 관점은 다음 3가지 중 어딘가에 속하는 것이라 생각된다[2).

(a) 인상 : 둥근 느낌, 4각 느낌 또는 부드러운 느낌, 단단한 느낌과 같은 형상으로 받아들이는 인상(印象)에 따른 분류

(b) 속성 : 각(角)에 R이 있는지 없는지? 라든가 변이 직선인지 곡선인지? 와 같은 형상이 가지고 있는 속성(屬性)에 따른 분류

(c) 작도 방법 : 정사각형을 그 1변보다 큰 원으로 절단한 것과 같은 도형의 작도 방법에 따른 분류

(a)의 인상에 따른 분류보다는 (b)의 속성에 따른 분류의 쪽이 혼돈 없이 알 수 있다고 생각하지만 거기에도 2~3의 도형은 어느 쪽 그룹에 포함하면 좋은지 갈피를 못 잡는다. (c)의 작도 방법으로 분류하면 12종류의 도형은 다음과 같이 5그룹으로 분류할 수 있다.

(1) 정사각형 코너에 R을 낸 것 ……………………………… ①, ⑥, ⑨, ⑪

(2) 정사각형을 그 1변보다 큰 원으로 절단한 것 ………… ③, ⑧, ⑩, ⑫

(3) 정사각형의 변을 원호로 구성한 것 ……………………… ②

(4) ③ 코너에 R을 낸 것 ……………………………………… ④, ⑦

(5) 팔각형 코너에 R을 낸 것 ………………………………… ⑤

그런데 (a)로 분류한 사람은 형상을 인상으로 받아들이고 있다고 할 수 있다. 예를 들면 작도 방법이 다른 도형이라도 둥근 느낌이 든다고 하면 그들은 같은 그룹에 속하고, 반대로 같은 작도 방법의 도형이라도 인상이 다르면 그들은 다른 그룹으로 받아들이고 있다. (b)로 분류한 사람은 형상의 속성 리스트를 구성하며 그것을 체크하는 요령으로 분류하고, 같은 속성 패턴을 가지고 있는 것은 같은 그룹으로 받아들이고 있다. 그러나 가로, 세로 직선과 기울어진 직선은 같은 속성이라고 생각한 쪽이 좋은 것인지 또는 다른 쪽이 좋은 것인지 등 속성 분류에 번민하는 경우가 있다. 속성 리스트의 미완비·부정합 때문인지 피경험자가 납득이 가는 분류도 되지 않는 경우가 많다. (c)의 작도법에 따른 분류에서는 형상이 어떻게 생겼는지가 분류의 관점이다. 작도 방법에 따른 분류가 (b)와 크게 다른 점은 이들 도형이 정사각형 또는 팔각형을 "원래의 형상"으로서 그것을 "가공"한 것이다라고 하는 의식 앞면에 나타난

다는 점이다. 속성으로 분류한 사람도 그것은 직감적으로 이해하고 있는 것이라고 생각된다. 그러나 작도 방법에까지 주목하지는 않았다. 여기서는 "원래의 형상"과 그에 대한 "가공"이라는 형상의 생성 과정을 "형상의 구성된 과정"이라고 하는데 있다.

2.1.2 형상을 만드는 입장으로서의 분류 관점

이 3가지 분류 관점은 형상 만드는 경험의 유무나 장단(長短)과 관련이 있다. 형상 만드는 경험이 거의 없는 일반 학생은 인상에 따라 분류하는 경향이 있었다. 경험을 어느 정도 쌓은 디자인 전공 저학년 학생은 속성에 주목하고 있다. 직업 디자이너는 거의 모든 사람이 도형을 작도한 그 방법대로 분류하였다. 이것은 형상을 보는 사람과 형상을 만드는 사람은 형상에 대한 받아들이는 방법이 다르다는 것을 나타내고 있다. 형상을 보는 입장에 있는 사람에게는 형상이 어떻게 만들어지는가에는 관심이 없어 결과적으로 형상에서 받아들인 인상이 전부이며, 또 형상을 인상으로밖에 말할 수 없다. 아마 교량을 이용하는 사람도 R이 어떻게 붙여지고 있는지 관심을 그치지 않고 부드러운 느낌이 든다. 샤프한 느낌이 든다고 하는 기분좋은 인상밖에 가질 수 없을 것이다. 그러나 형상을 만드는 입장의 사람이 인상으로밖에 형상을 말할 수 없으면 형상을 만들 수 없다. 직업적 디자이너는 형상을 만드는 입장의 표현으로서 도형이 어떻게 만들어지는지? 즉, "형상의 구성된 과정"에 주목하고 있는 것이다.

사실 조형 순서는 먼저 형상이 구성되는 과정을 검토하고 그 속성을 결정하여 속성의 양(量)을 정하고 인상을 체크한다는 사이클의 반복이다(그림 2.2). 형상을 만드는 경험을 거침에 따라 인상에서 속성으로, 속성에서 형상 구성 과정으로 분류 개념이 전개하고 있는 방

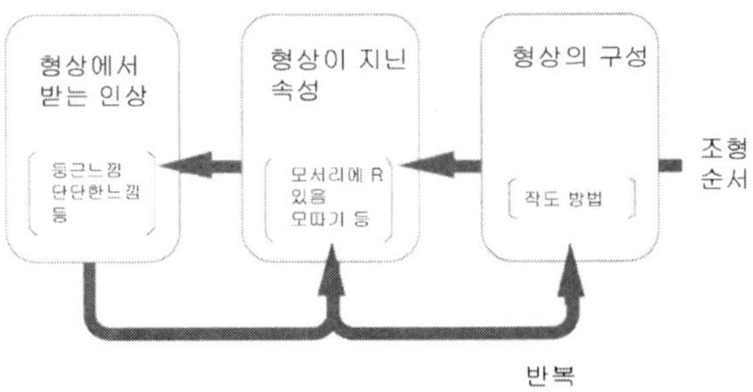

그림 2.2 형상의 분류 개념과 조형 순서

향과는 전혀 반대 방향이다. 형상은 최종적으로는 인상밖에 평가되지 않는다고 해도 형상 만드는 과정에서는 인상을 형성하는 절차를 응시하고 형상의 구성 과정을 분명하게 하는 것이 조형의 기본이다.

2.2 형상 구성 과정

형상을 만드는 입장에 있는 사람은 "형상의 구성 과정"에 주목하여 형상을 받아들여야 한다. 그럼 "형상의 구성 과정"은 어떻게 설명할 수 있을까? 작도 방법에 따라 분류한 사람은 정사각형 또는 팔각형을 "원래의 형상"으로서 그것을 "가공"한 것이라고 하는 이해가 의식 앞면에 나타나고 있다고 말한다. 여기서 "원래의 형상"이란 무엇인가? "가공"이란 무엇인가를 설명한다.

2.2.1 원래의 형상과 그 성질

그림 2.3은 직사각형의 4귀퉁이를 60° 각도로 모따기하되 그 양을 서서히 많게 한 것이다. 이것을 보면 (c)에서는 직사각형의 4귀퉁이를 모따기하였다기보다도 팔각형과 같이 보인다. 또, (d)는 직사각형을 모따기하였다기보다는 마름모꼴의 각 정점을 모따기한 것 같이 보인다. 마찬가지로 **그림 2.4**는 정사각 기둥의 4귀퉁이의 크기를 바꿔 갈고리 형상으로 잘라낸 십자(十字) 단면의 각기둥이다. (a)는 분명히 정사각 기둥 4귀퉁이를 잘라낸 것 같이 보이지만 (c)는 정사각 기둥을 잘라냈다기보다는 편평한 사각 기둥을 조합(組合)한 것처럼 보인다. (b)는 마치 그 중간에서 정사각 기둥을 잘라낸 것과 같이 보이기도 하고 사각 기둥을 조합한 것처럼 보이기도 한다. 또는 원래 십자형인 것처럼 보이기도 한다.

그럼 왜 **그림 2.3** (d)는 직사각형 4귀퉁이를 모따기한 것과 같이 보이지 않고 마름모꼴을 모따기한 것처럼 보이는 것일까? 왜 **그림 2.4** (c)는 정사각 기둥 4귀퉁이를 모따기한 것처

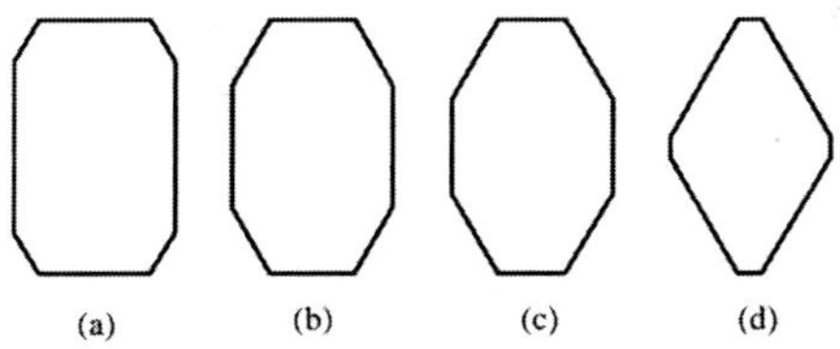

그림 2.3 직사각형 모따기

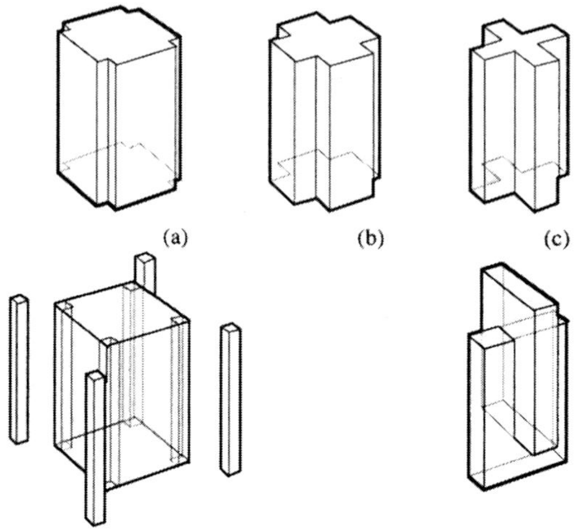

그림 2.4 정사각 기둥의 4귀퉁이 잘라내기

럼 보이지 않고 편평한 각기둥을 조합한 것처럼 보이는 것일까? 그것은 마름모꼴이나 편평한 사각 기둥이 직사각형이나 정사각 기둥과 똑같이 간결하게 정리한 어떤 형상인 때문이라고 할 수 있겠다[3), 4)].

그림 2.3 (a) 또는 **그림 2.3** (b)에서는 직사각형이 정리한 어떤 형상으로 보이는 것에 대해 **그림 2.3** (d)에서는 직사각형보다도 마름모꼴을 정리한 어떤 형상으로 보이기 때문에 마름모꼴을 원래 형상에서 그 정점을 모따기한 것처럼 보이는 것이다. 마찬가지로 **그림 2.4** (c)를 정사각 기둥으로 보기는 어렵고, 편평한 사각 기둥이 정리한 어떤 형상으로 보이기 때문에 그것을 원래 형상으로서 2개를 조합한 것처럼 보이는 것이다. **그림 2.3** (c)의 팔각형이나 **그림 2.4** (b)의 십자형은 직사각형이나 마름모꼴, 정사각 기둥이나 편평한 사각 기둥에 비하면 하나로 정리된 어떤 형상으로서의 힘은 약간 약하지만 그들과 동등하게 정리한 어떤 형상으로 보이는 경우는 원래의 형상이 된다.

간결하게 정리된 어떤 형상은 기하학 도형에 한정되는 것이 아니다. **그림 2.5** (a)는 각이

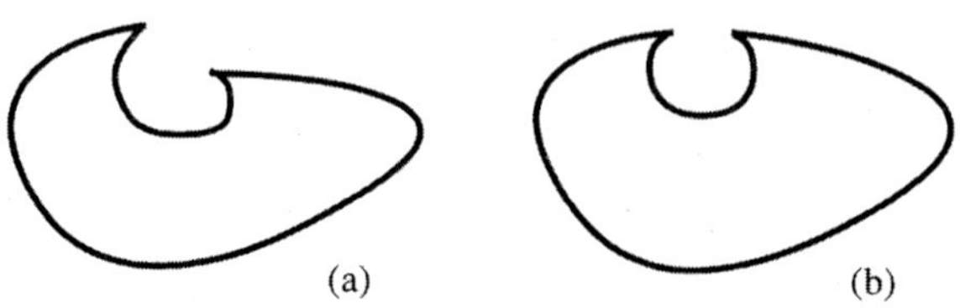

그림 2.5 각이 있는 굽은 옥(玉)과 비뚤어진 계란형

있는 굽은 옥(曲玉)과 같이 밖에 보이지 않지만, **그림 2.5** (b)에서는 비뚤어진 계란형의 일부가 이지러진 것처럼 보인다. 비뚤어진 계란형은 이를테면 자유로운 형상이면서 이지러진 부분을 보완하여 정리한 어떤 형상으로 보이게 하고 있다.

이상과 같이 원래의 형상이란 눈앞(眼前) 형상의 가공된 앞의 형상을 가리키며 간결하게 정리된 어떤 형상이 상정된다.

2.2.2 게슈탈트 요인

간결하게 정리한 어떤 형상이란 게슈탈트(Gestalt) 심리학이라는 것 "Good Configuration"의 하나라고 생각할 수 있다. 게슈탈트 심리학에서는 Good Configuration이 형성되기 쉬운 요인을 게슈탈트 요인(Gestalt Factors)이라고 하며, 다음과 같이 9가지 요인을 추출하고 있다[3), 4)](**그림 2.6**).

① 접근의 요인(Factor of Proximity) : 서로 공간적 거리가 가까운 것끼리는 정리하기 쉽다(a).

② 유동(類同)의 요인(Factor of Similarity) : 유사한 것끼리는 정리하기 쉽다(b).

③ 폐합(閉合)의 요인(Factor of Closure) : 하나의 면을 에워싸 막은 형상은 정리하기

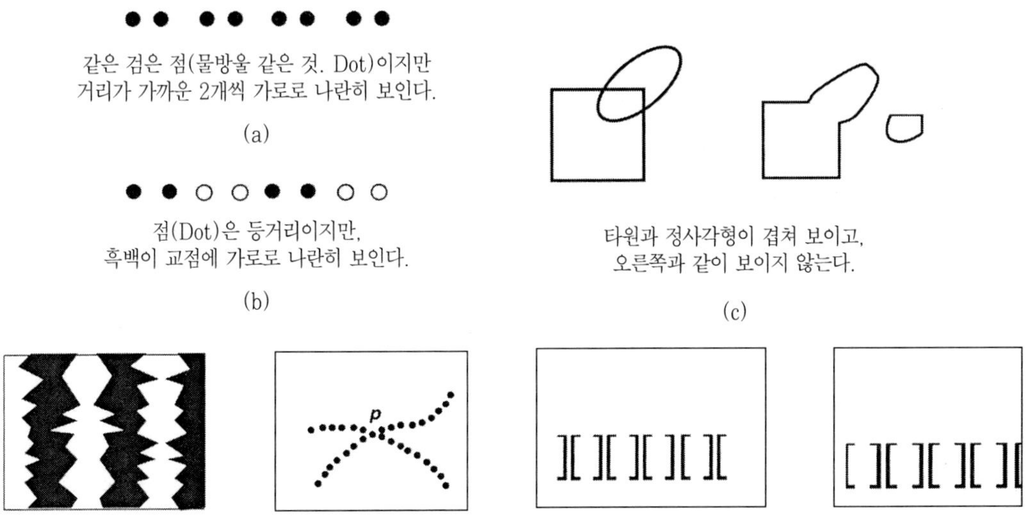

같은 검은 점(물방울 같은 것. Dot)이지만 거리가 가까운 2개씩 가로로 나란히 보인다.
(a)

점(Dot)은 등거리이지만, 흑백이 교점에 가로로 나란히 보인다.
(b)

타원과 정사각형이 겹쳐 보이고, 오른쪽과 같이 보이지 않는다.
(c)

좌우 대칭의 흰바탕이 도형으로 보인다.
(d)

2개의 순조로운 곡선이 p에 교차해 보인다.
(e)

][의 쪽이 양끝에 어중간한 형상이 남지 않는다..
(f)

[]를 맨 처음에 보면 그 경향이 남는다.
(g)

그림 2.6 게슈탈트 요인

쉽다(c).

④ 좋은 형상의 요인(Factor of Good Gestalt) : 간단하고 통일적, 규칙적, 좌우 대칭적인 형상은 정리하기 쉽다(d).

⑤ 좋은 연속의 요인(Factor of Good Continuity) : 연속을 다른 형태로 변화시키기 좋은 곡선을 만들 수 있도록 정리한다(e).

⑥ 나머지 요인(Factor of Absence of Remainder) : 어중간한 것이 남지 않도록 정리한다(f).

⑦ 객관적 구조의 요인(Factor of Objective Set) : 맨 처음 어떤 정리로 지각(知覺)한 것은 다른 계열 중에서도 정리하기 쉽다(g).

⑧ 공통 운명의 요인(Factor of Common Fate) : 함께 움직이는 것은 정리하여 지각(知覺)하게 한다.

⑨ 경험의 요인(Factor of Past Experience) : 경험적으로 의미있는 형상은 정리하기 쉽다.

이들 요인이 작용하고 있는 형상은 원래 형상으로서 인지되기 쉽다고 할 수 있겠다. 게슈탈트 요인에 대해서 더 자세하게 알고 싶을 때는 다른 참고서를 참조하기 바란다.

2.2.3 가공

다음에 정사각형 코너에 R을 붙이든지 각기둥을 조합하는 가공에는 어떤 종류가 있을까? 2차원 도형이 아니고 3차원 입체가 되면 가공 종류는 무수할 것이다. 그러나 R 만들기나 모따기도 "절단"이라는 행위로 받아들이면 각각은 같은 가공의 변화 중 하나로 볼 수 있다. 이렇게 하여 가공 종류를 정리해가면 가공은 다음에 기술하는 5종류로 정리할 수 있다.

가공에는 어떤 종류가 있는가 하는 과제는 입체로 생각하면 2개의 단면 사이를 단조로운 관계로 연결하는 방법에는 어떤 것이 있는가 하는 과제와 똑같다. 그래서 여기서는 윗면이 정사각형, 밑면이 원형일 때(그림 2.7)에 대해서 설명한다.

(1) 비례법 : 비례법이란 윗면에서 아랫면으로 변화를 비례적으로 행하는 방법이다. 구체적으로는 단면의 윤곽선을 점으로 분해하고 윗면에서 아랫면으로 향하는 도중의 임의 단면 각 점이 각각 대응하는 점과 비례적인 관계를 유지하도록 각 점의 위치를 결정한다. 윗면, 아랫면에 대한 변화 대응 구간의 지정은 임의이고 전체 구간끼리를 대응시켜 변화하게 할 수

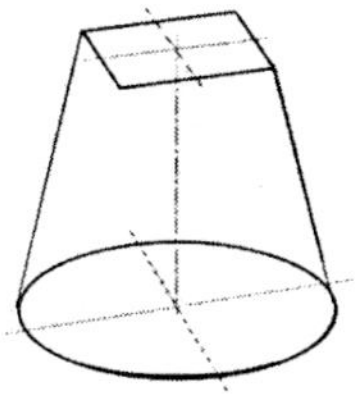

그림 2.7 정사각형과 원을 연결

도 있고, 정사각형의 일부와 원의 일부를 대응·변화시켜 그들을 합성할 수 있다.

그림 2.8 (a)는 정사각형 1변과 1/4원을 대응·변화시킨 것이다. **그림 2.8** (b)에서는 정사각형의 1변과 그에 대응하는 원의 구간을 바꿔 변화케 하고 있다. **그림 2.8** (c)는 전체 구간끼리를 대응·변화시킨 것이다. 그림을 봐도 알 수 있듯이 대응 구간의 지정 방법에 따라 도중의 단면 형상은 달라진다. 이 비례법은 오늘날 컴퓨터가 가장 많이 하고 있는 방법으로 퍼스널 컴퓨터 수준이면 충분히 대응할 수 있다.

비례법에 대한 원래의 형상은 정사각형에서 원으로 변화한 것으로도 생각할 수 있고, 그 반대로도 생각할 수 있으므로 2개의 면 중 어느 쪽이나 된다.

(2) 스위프법 : 원은 원래는 정사각형이고 그 4귀퉁이에 R을 넣은 것이라고 해석하면 윗면과 아랫면을 연결하는 원래 형상은 정사각뿔대이다. 따라서 그 정사각뿔대의 4귀퉁이를 아랫면에 정확히 원이 되도록 R을 만들면 정사각형과 원을 연결할 수 있다. 이와 같이 스위프(Sweep)법은 둥근 도형도 다각형으로 R을 만든 것이라고 해석함으로써 단면간을 연결하는 입체를 다각뿔대로 하고 거기에 R을 만드는 것으로 목적하는 입체를 구한다는 방법이다. **그림 2.8** (d)에 그 작도법을 나타낸다. 또, 선분 am, an은 능선 aa′에 대해서 만든 R 시작 위치를 나타내는 선이다.

그래서 스위프란 포물선이나 쌍곡선의 일부를 사용한 곡선자이다. 이 방법을 스위프법이라고 하는 이유는 **그림 2.8** (e)와 같이 둥근 도형을 스위프로 그릴 수 있는 곡선과 R로 분해하고 그 스위프로 입체를 잘라내는 조작을 상정(想定)하면 곡면이 많은 형상도 만들어 낼 수 있기 때문이다. 오늘날 승용차 외형 디자인은 대개 이 스위프법이 기초가 되고 있다. 이 방법에 대한 원래 형상은 스위프로 그린 다각형 또는 다각 뿔대이다.

(3) 감산법 : 감산법(減算法)이란 덩어리에서 형상을 잘라내는 방법이다. 예제(例題)의 경우 원과 정사각형을 비교하면 아랫면의 원이 크므로 원기둥을 원래 형상으로 상정하고 둥근 연필을 깎듯이 그 원기둥을 윗면에 정사각형이 되도록 절단한다. 절단 방법은 **그림 2.8**

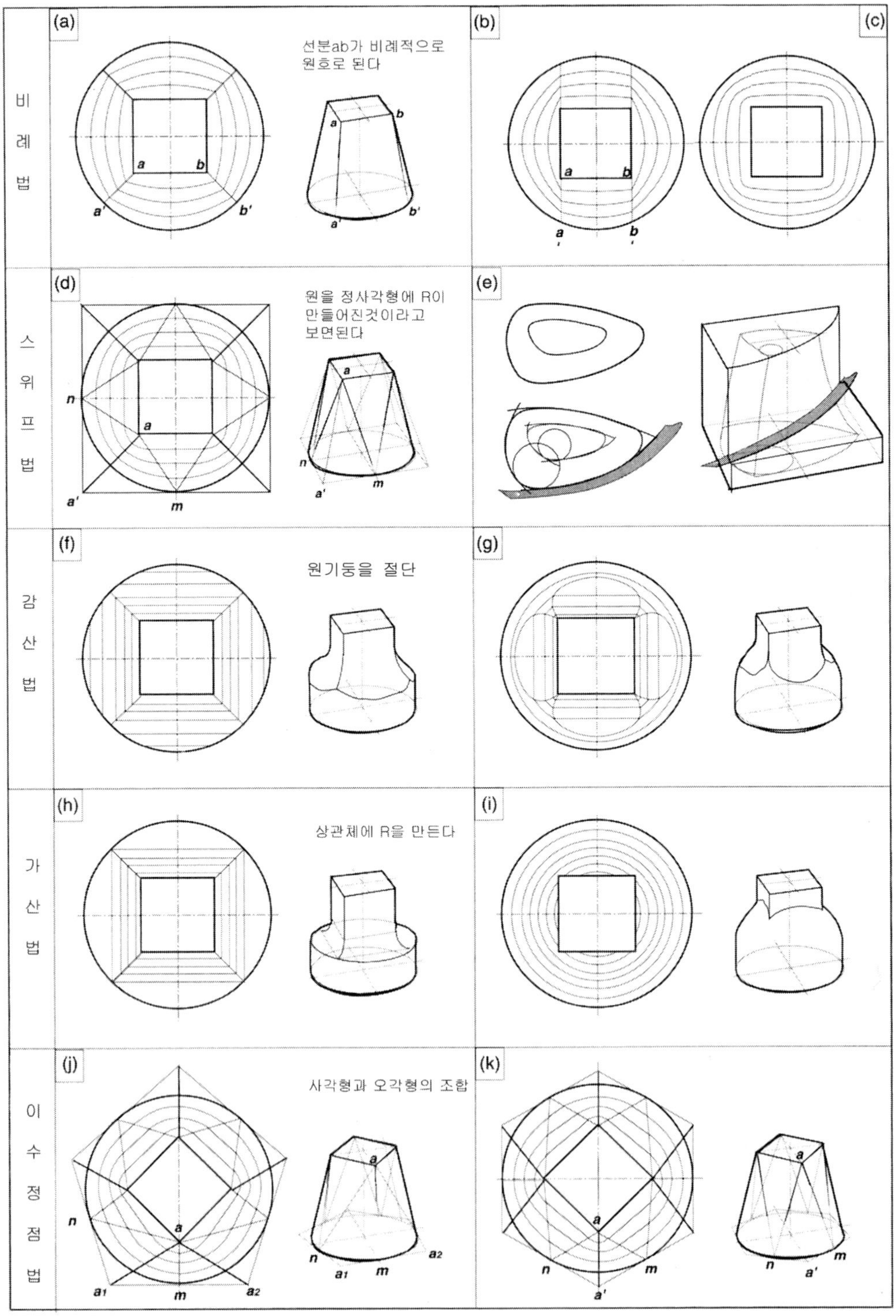

그림 2.8 5종류의 가공법

(f)와 같이 곡선으로 해도 되므로 임의로 해도 된다. **그림 2.8** (g)에서는 원기둥 선단(先端)을 구형(球形)으로 한 형상을 원래 형상으로 상정하고 그것을 절단하고 있다.

감산법은 알기 쉽고 형상도 정리하기 쉽다. 그러나 그만큼 불만스러운 느낌도 있다.

(4) 가산법 : 가산법이란 2개 이상의 형상을 합치는 방법이다. 즉, 연합체(한 입체가 다른 입체를 꿰뚫고 있는 모양을 한 것을 하나의 입체로 보고 이르는 말)로서 양 단면을 연결한다고 생각하면 알기 쉽다. 이때, 2개의 형상이 맞버팀(拮抗)하고 있어 어느 쪽이 원래 형상이라고 말할 수 없는 경우와 어떤 이미지의 형상(원래 형상)이 있고, 거기에 또 하나의 방법에 보태 합쳐지는 경우의 2종류가 있다. **그림 2.8** (h)는 전자의 경우이며 **그림 2.8** (i)는 후자의 경우이다.

그림 2.8 (h)에서는 상관선(相貫線) 부분에 R을 만들고 있다. 또, **그림 2.8** (i)에서는 **그림 2.8** (g)와 마찬가지로 원기둥 선단을 구형으로 한 형상을 사용하고 있다.

가산법도 대단히 알기 쉬우나 감산법과 반대로 이른바 부자연스러운 느낌이 드는 경우가 있어 정리하기 어렵다. 그러나 솜씨 좋게 사용하면 재미있는 형상이 생기게 된다.

(5) 이수 정점법 : 앞에서 기술한 스위프법은 윗면이 사각이면 아랫면도 사각으로 해석해야 된다. 즉, 정점의 수는 같아야 한다. 그럼 정점의 수를 의도적으로 다르게 하면 어떻게 될까 하는 것이 이 이수 정점법(異數 頂點法)이다.

그림 2.8 (j)는 아랫면을 오각형으로 해석한 것이다. 그림을 보면 알 수 있듯이 정점의 수가 하나 많으므로 정점 a에서는 능선이 2개 그어져 있다. **그림 2.8** (k)는 밑면을 6각형으로 해석한 것이다. 또 두 그림 모두 윗면과 아랫면 방향은 이런 배치로 안되면 정합성(整合性)을 가진 R을 붙일 수 없어 사각형과 원을 잇는 형상으로 되지 않는다. 또, 윗면이 n각형일 때 밑면의 원을 n−1 각형(角形)으로 해석하는 것도 같은 이유로 작도할 수 없다.

2.2.4 교량에 적용하기 쉬운 가공법

이 5가지 기법 중에서 교량에 가장 사용하기 쉬운 것은 감산법과 가산법일 것이다. 비례법은 단면의 한 쪽이 원호이면 반드시 여기에 나타낸 것과 같이 미묘한 3차 곡면이 생기게 된다. 이 3차 곡면 그 자체는 이성적(理性的)이고, 공공 재산으로서 교량의 성격과 조화가 되어 곡면이 만들어지는 것이 바람직한 것이다. 그러나 강(鋼)의 백색과 콘크리트의 백색을 보는 시점에서 이러한 미묘한 3차 곡면을 구하는 것은 어려움이 예상된다. 따라서 비례법의 활용은 단면 변화케 해야 한다는 특수한 경우에 한정될 것이다.

스위프법은 여기에 나타낸 범위로, 말하자면 일종의 R 붙이기 방법이라고 생각할 수 있고, 그런 의미에서 자칫 그런 것이라고는 깨닫지 못하고 사용할지도 모른다. 그러나 스위프법이 위력을 발휘하는 것은 뭐라고 해도 곡면이 많은 형상이다. 따라서 예제와 같은 기하학적인 형상의 R 붙이기 방법으로써 충분히 사용할 수 있으나 비례법과 마찬가지로 활용할 수 있는 장소가 한정되어 있다.

이수 정점법과 같이 정점의 수를 달리하여 재미있는 형상을 만든다는 것은 디자이너에게 있어서는 도전적인 테마이지만 이제까지 성공한 시도가 없다고 한다. 그런 의미에서 이수 정점법은 이론적으로 성립해도 실제로 사용하지 않는 방법이라고 해도 좋다.

감산법과 가산법은 알기 쉽고, 교량에 사용할 때에도 제작하기 쉬운 형상이 생기기 쉽다. 교량에 있어서 당연히 필요한 것은 감산법과 가산법을 사용하여 형상의 조립을 명쾌하게 하는 것이라고 생각한다.

2.3 형상의 구성 요소 검토

원래 형상과 그 가공에 대해서 기술해왔는데 여기서는 여러 가지 형상의 조립, 즉 그 구성 요소를 검토하는 것이 조형의 기본이라는 것을 나타내고 그 때의 감산법과 가산법을 어떻게 적용하여 형상 구성 요소를 생각하면 좋은지를 십자 단면 기둥을 예로 들어 설명한다. 아울러 형상 구성 요소 검토에는 3가지의 레벨이 있다.

2.3.1 십자 단면의 형상 구성 요소

현수교나 사장교의 주탑에는 내풍 안정성을 위해 십자 단면이 많이 쓰이고 있다. **그림 2.9** (a) 정도의 십자 단면은 **그림 2.4** (a)와 같이 정사각 기둥의 4귀퉁이를 자른 것으로써 보기 쉽다. 즉, 감산법으로 형상을 만들었다고 볼 수 있는 것이다. 그러나 **그림 2.9** (b)와 같이 평판을 부가한 것이라고 해석할 수도 있다. 예를 들면 기둥의 끝부분(주탑에서는 타워 정상부)을 **그림 2.9** (c)와 같이 하면 이것은 분명히 4각 기둥에 평판을 부가한 것, 즉 가산법으로 만든 형상이 된다. **그림 2.4**에 나타낸 바와 같이 모따기 양을 변화하여도 형상 구성 요소는 변하지만, 끝부분 형상의 가공은 좀더 의도적으로 구성 요소를 조작할 수 있다.

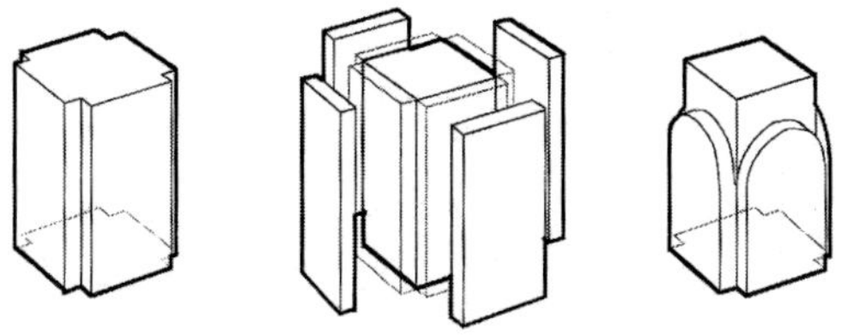

(a) (b) (c)

그림 2.9 가산법으로 생각할 경우의 십자 단면 기둥

그림 2.10 (a)는 그 예이다. 모따기 양을 **그림 2.9** (a)와 같게 하고, 십자 단면 끝부분에 여러 가지 가공을 더한 것이다. 각기 형상의 구성 요소가 달라 보인다. 상단의 ①~④는 사각 기둥이나 정사각 기둥에 평판을 부가한 것 또는 끝부분이 지붕 형상을 한 사각 기둥을 2개 짜맞춘 것 등 가산법을 의식하여 형상을 만든 것이다. 하단 ⑤~⑧은 감산법을 의식하여 형상을 만든 것이다. ⑦, ⑧은 주탑의 타워 정상부로는 불안정한(Top Heavy) 것이지만 상하 반전(反轉)된 형상을 타워 기초부(基部)에서는 쓰이고 있다. 이와 같이 구조나 내풍 안정성의 요청으로 모따기 양이 **그림 2.9** (a)로 정해져도 형상 구성 요소는 하나가 아니고 끝부분의 가공에 따라 몇 가지도 생각할 수 있는 것이다.

그림 2.10 (b)의 ①~⑥은 **그림 2.10** (a)의 ①과 ④의 변화를 나타낸 것이다. 즉, 사각기둥에 평판을 부가한 것이다. 또는 지붕의 형상을 한 사각 기둥을 2개 짜맞춘, 형상의 구성 요소 그 자체는 변화시키지 않고 각각 속성의 형상만을 변화시킨 것이다. ①~③에서는 평판의 끝부분을 테이퍼로 직사각형, 반원으로 또는 각기둥과 평판 코너에 R을 붙이고 있다. ④~⑥에서는 지붕의 형상을 변화시키고 있다. 이와 같이 속성의 형상을 바꿈으로써 형상의 구성 요소에 따라 명쾌하게 되거나 반대로 그 명쾌함을 잃는 경우도 있다. 또, 같은 형상의 구성 요소를 가지고 있으면서 더 특이한 형상, 재미있는 형상이 생겼다.

⑦, ⑧은 모두 끝부분을 크게 비스듬히 절단하거나 지붕 형상을 하고 있으나 형상 구성 요소는 끝부분이 수평일 때와 아무런 변화가 없다. 이와 같이 어떤 형상의 구성 요소를 바꾸지 않고 그 변화를 생각할 때에는 속성의 형성만을 변화케 하면 좋다는 것을 알 수 있다. 한편, 형상의 구성 요소 그 자체를 검토할 때에는 십자 단면의 모따기 부분과 무엇인가 관련이 있는 가공을 하지 않으면 구성 요소는 변화하지 않는다.

그림 2.10 (c)는 **그림 2.10** (b) ①과 ④의 변화이다. 즉, 형상의 구성 요소는 물론 속성 형상도 그다지 변화시키지 않고 속성의 크기와 각도, 가공 위치만을 바꾼 것이다. 이로

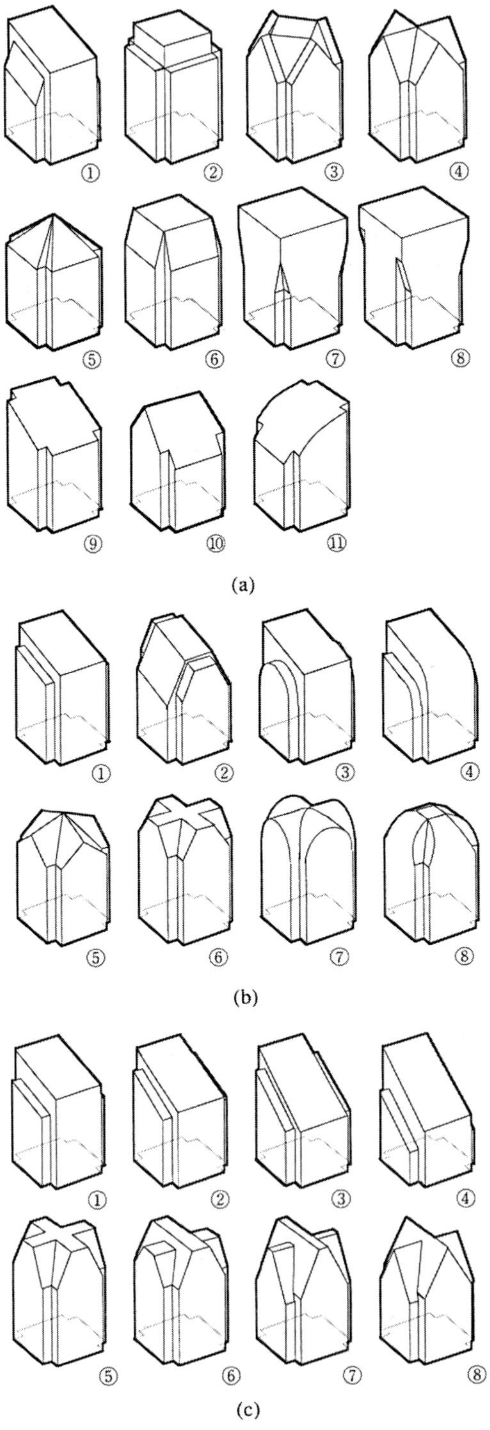

그림 2.10 십자 단면 기둥의 형상 구성 요소

써 형상은 더욱 세련되고 상쾌한 인상을 주는 형상을 창출할 수 있다.

이상과 같이 십자 단면 형상의 구성 요소는 속성 가공으로 여러 가지로 변화하여 속성 형상이나 속성의 크기, 각도, 위치를 바꿔 여러 가지 변화를 만들 수 있다.

2.3.2 가공의 3가지 레벨과 형상 만들기(形作) 과정

이상 그림 2.10의 (a)~(c)는 가공에 대한 3가지의 다음과 같은 레벨 차이를 나타내고 있다.

(1) 형상의 구성 요소 레벨 가공 : 가공으로 형상의 구성 요소가 변화하는 가공

(2) 속성 레벨 가공 : 속성의 형상을 변화시킨 만큼 형상의 구성 요소는 변화하지 않는 가공

(3) 속성의 양(量) 레벨 가공 : 속성의 크기나 각도, 형상의 구성 요소를 바꾸지 않는 범위에서 하는 가공 위치 변경 등의 가공

형상 만들기 과정에서는 어떤 분야이건 (1)의 형상 구성 요소 레벨 가공의 검토가 출발점이다. 검토 대상에 부과된 제약 조건 또는 조형 개념(Concept)에 따라 형상으로 풍부하게 아이디어를 내고 설계 대상이 갖는 형상의 가능성을 전개해야 한다. 그 때, 항상 감산법과 가산법을 의식하도록 하기 바란다. 삭감한 것처럼 보이게 하는 데는 어떻게 하면 좋은지, 보탠 것처럼 보이게 하는 데는 어떻게 하면 좋은지? 이러한 삭감 방법, 보태는 방법은 없는지? 생각하여 아이디어를 내도록 하면 된다. 자동차 외형 디자인의 경우도 이 레벨로 풍부하게 아이디어를 나오게 하는 디자이너만 우수한 디자이너라고 볼 수 있다[6]. 그러므로 풍부하게 형상의 구성 요소에 대한 아이디어를 내도록 항상 명심하기 바란다.

이들 중 양호한 안에 대해서는 (2)의 속성 레벨 가공 검토를 하고 형상의 구성 요소가 더 명쾌하게 되는 방도를 찾아내거나 여러 조건에 대한 더 좋고 적합한 것을 구해 더 좋은 형상에 되게끔 거듭 탐색해야 한다.

(3)의 속성 레벨의 가공은 주로 비율(Proportion)이나 균형(Balance)과 같은 미적 형식의 검토를 위해 하는 것이다. 기술자가 아이디어를 내고 스케치를 할 때 형상의 비율이나 균형은 무의식중에 조정하여 묘사하는 것이지만 그것을 확인하기 위해서도 속성의 양을 바꿔 스케치해 보는 것이 중요하다. 형상을 보는 쪽의 사람은 형상을 인상(印象)으로밖에 받아들이지 않는다고 하면 더 한층 형상의 구성 요소와 비율이며 균형을 조화시켜 상쾌한 인상을

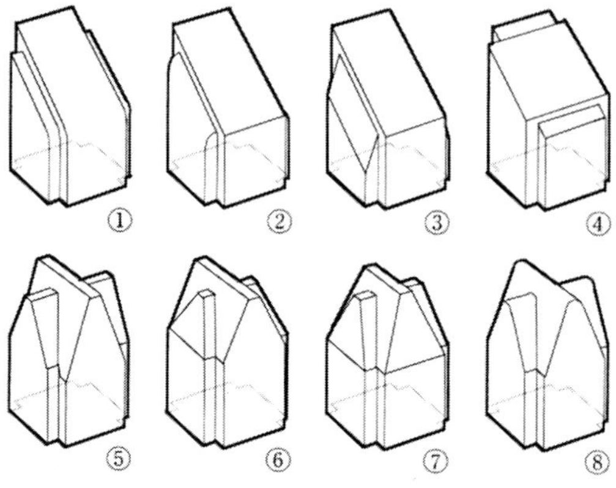

그림 2.11 그림 2.10 (c)의 대체案

줄 수 있는 형상을 창안해야 한다(그림 2.11).

그런데 실제 형상 만들기 과정에서 형상의 구성 요소 검토가 (1)→(2)→(3)으로 순서대로 진행하였다고 하면 결코 그렇게 되지 않는다. (1)의 단계에서는 그다지 좋은 형상으로 생각되지 않았던 것도 속성의 형상을 바꾸면 재미있는 형상으로 변신하는 것은 좋은 것이다. 그것을 좋지 않다고 하여 포기해 버려서는 그 방향에서의 아이디어 전개는 되지 않는다. 또, 좋은 안에 대해서는 스케치가 끝나지 않은 단계에서 이미 거기에 관련된 다음의 아이디어가 생겨나 더 이상 그리지 않고 그치는 경우도 있다. 따라서 필연적으로 형상의 구성 요소 레벨 검토와 속성 레벨 검토는 혼연일체가 되게 된다. 경우에 따라서는 속성의 양 레벨 검토까지 (1)의 단계에서 깊이 파고들어야 하는 경우도 있다. 그러나 너무 깊게 파고 들어가면 전체로 보면 매우 좁은 범위의 검토밖에 행해지지 않게 된 것이 아닌가 한다. KJ법의 맵(Map)에서는 유사한 것끼리 모아 그룹을 짓고 그 그룹에 표제(表題)를 붙이는데 (1)의 단계에서 최초에 생각한 안이 항상 어떤 그룹의 표제를 나타내는 것이 아니다. 다만 1장의 라벨(Label)에 지나지 않는 경우가 많다. 표제를 의식할 수 있을 정도로 같은 부류의 안을 몇 개 작성하여 그룹을 형성할 필요가 있다. 그러나 라벨이 너무 많아도 맵(Map)은 치우쳐버리게 된다. 검토 라벨은 혼연일체로 하면서 각 단계의 목적을 확인하고 균형 있게 검토해야 한다.

2.3.3 T자형 교각의 형상 구성 요소

(1) 흔히 볼 수 있는 T자형 교각의 형상 구성 요소

그림 2.12 (a)나 **그림 2.12** (b)의 T자형 교각은 흔히 볼 수 있다. 그러나 어딘지 모르게 불충분한 형상이라는 인상을 주어 세련되지 못한 느낌이 든다. 이들 "형상의 구성 요소"를 관찰해 보자. **그림 2.12** (a)는 **그림 2.12** (c)와 같이 평판(벽 모양의 직사각형 기둥)을 잘라낸 것으로도 보이고, **그림 2.12** (d)와 같이 2개의 봉재(막대 같은 재료)(가늘고 긴 직사각형 기둥)를 붙인 것 같이 보인다. **그림 2.12** (c)의 가공은 평판을 원래의 형상으로 하는 감산법이며, **그림 2.12** (d)의 가공은 가산법이다. 어느 쪽인가 하면 **그림 2.12** (c)의 감산법으로 형상을 만들었다고 보는 쪽이 낫다고는 생각되지만 "형상의 구성 요소"는 명쾌함이 결여되어 있다. **그림 2.12** (b)의 경우도 **그림 2.12** (e)와 같이 어느 쪽이 원래 형상이라고 말할 수 없는 2개의 맞버틴 형상을 겹쳐 쌓은 가산법으로 만들어져 있다고 보는 것이 일반적일 것이다. 그러나 **그림 2.12** (f)와 같이 **그림 2.12** (c)를 다시 가공하여 원기둥을 만든다는 감산법으로 볼 수도 있어 "형상의 구성 요소"는 모호하다. 이와 같이 형상이 주는 인상이 불완전한 형상이거나 세련되지 못한 느낌을 줄 때는 "형상의 구성 요소"가 선명하지 못한 경우가 많다.

(2) 감산법에 따른 형상 구성 요소의 명확화

그럼 어떻게 하면 형상의 구성 요소가 명쾌하게 될까? 먼저 감산법으로 명확화를 도모해 보자.

그림 2.12 (a)의 경우 **그림 2.12** (c)와 같이 평판을 잘라내려고 하면 **그림 2.13** (a)와

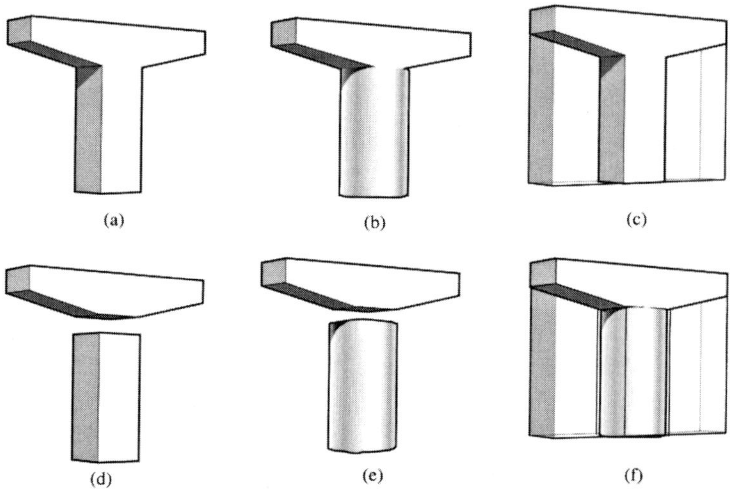

그림 2.12 흔히 볼 수 있는 T자형 교각의 형상 구성 요소

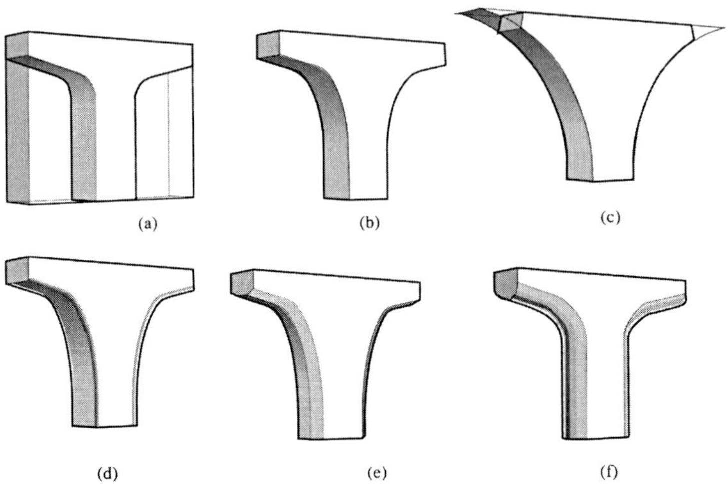

그림 2.13 그림 2.12 (a)의 감산법을 이용한 형상 구성 요소의 명확화

같이 가로보의 비스듬한 선과 교각 기둥(脚柱)의 수직선 사이에 R을 붙이면(가로보 아래 경사면과 교각 기둥의 수직면 사이를 곡면으로 연결한 것) 평판을 잘라낸다고 하는 가공은 더 명쾌하게 된다. 이것은 R이 개재됨으로써 게슈탈트 요인(Gestalt Factor)의 하나인 좋은 연속 요인(Factor of Good Continuity)이 작용하여 2개의 선은 1개의 선으로 보이게 되어 **그림 2.12** (d)와 같이 보이지 않게 되기 때문일 것이다. **그림 2.13** (b)와 같이 R이 크게 되어 화분형에 가깝게 되면 절단선은 1개의 선으로 구성된 느낌이 더욱 강하게 된다. 그럼 **그림 2.13** (c)와 같은 완전한 화분형은 평판을 잘라냈다고 하기보다도 화분형 자체가 원래 형상으로 그 끝부분을 잘라낸 것처럼 보인다. 평판을 잘라낸 의도가 결과로써 보는 쪽은 화분형을 잘라낸 형상으로 되었으나 T자형 교각 형상의 구성 요소를 탐색하고 있는 단계에서는 새로운 형상의 구성 요소가 발견된 것으로써 받아들이면 되고, 결과적으로 형상의 구성 요소는 명확하다.

형상의 구성 요소가 명확한 것을 기초로 하여 모접기(Chamfer)나 코너 R과 같은 2차 가공을 하여 형상의 세련을 도모하는 것은 형상 만들기 다음 단계로 중요하다. **그림 2.13** (d)는 코너에 R을 만든 것이고 **그림 2.13** (e)는 코너를 모접기한 것이다. 또, 마치 절단한 칼붙이의 날이 직선이 아니고 만곡된 날로 절단한 것 같은 가공을 상정할 수도 있다. **그림 2.13** (f)는 **그림 2.13** (a)의 절단부 단면을 반원으로 한 것이다.

그림 2.12 (b)의 경우 원기둥과 가로보의 각기둥을 간단한 감산법 조작으로 형상을 만드는 것

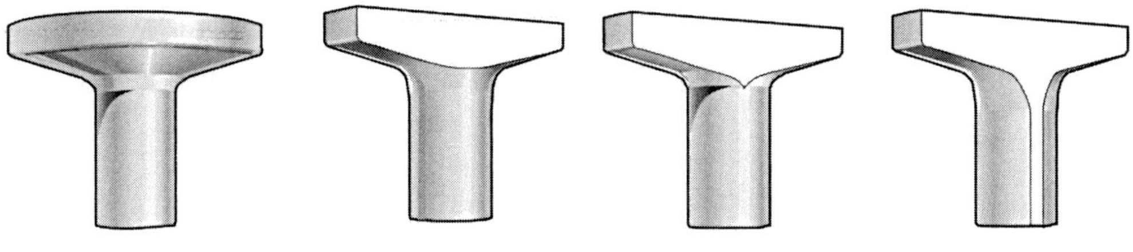

그림 2.14 그림 2.12 (b)의 감산법을 이용한 형상 구성 요소의 명확화

은 상당히 어렵다. **그림 2.12** (f)와 같이 감산법으로써 해석하려고 해도 그 구성 요소의 이미지는 잘 전해지지 않는다. 그래서 하나의 사고 방식은 원래의 형상을 **그림 2.14** (a)와 같은 배수관의 형상을 상정하고 이것을 **그림 2.14** (b)와 같이 절단하면 형상의 구성 요소는 명쾌하게 되어 재미있는 형상을 만들 수 있다. **그림 2.14** (c)는 가로보의 굵기와 원기둥의 굵기를 같게 하여 절단한 경우이다. 또, **그림 2.14** (d)는 원기둥의 굵기보다도 약간 작은 치수로 절단한 것으로 원기둥의 일부에 평탄한 면을 만들고 있다. 이것을 다시 오목(凹)하게 하여 배수관을 설치하게끔 해도 재미있다.

(3) 가산법에 따른 형상 구성 요소의 명확화

그림 2.12 (a)의 형상 구성 요소를 가산법으로써 명확하게 하는 데는 **그림 2.15** (a)와 같이 2개의 봉재(棒材)가 조합된 형상을 표현하면 된다. 즉, 교각 기둥이 가로보보다도 내민(달아낸) 듯하게 만든 조합된 느낌을 표현할 수 있다. 아주 조금 내밀었지만 형상의 구성 요소에는 중요한 것이다. 내밀기는 **그림 2.15** (b)와 같이 가로보 상단과 가지런히 하지 않아도 된다. 가지런하지 않아도 2개의 봉재가 조합된 그런 형상의 구성 요소가 분명하다. 또, 2개의 봉재는 같은 형상을 하고 있을 필요는 없다. **그림 2.15** (c)와 같이 가로보 단면에 큰 R을 사용하여 교각 기둥의 형상과 다르더라도 형상의 구성 요소는 분명하다. 앞 항에서 기술한 바와 같이 형상의 구성 요소가 명확한 것을 기초로 2차 가공을 하여 형상의 세련을 도모할 수 있다. **그림 2.15** (d)는 교각 기둥과 가로보 쌍방에 모접기를 한 것이다. **그림 2.15** (e)는 각(角) R을 붙인 것이다.

그림 2.12 (b)는 **그림 2.16** (a)와 같이 원기둥에 가로보가 조합된 형상으로 하면 가산법으로서 산뜻한 모양으로 정리된다. **그림 2.15** (b)와 마찬가지로 **그림 2.16** (b)와 같이 원기둥과 가로보 상단은 가지런하지 않아도 가산법으로써의 형상 구성 요소는 명확하다. 또,

그림 2.16 (c), 그림 2.16 (d)와 같이 가로보에 각 R을 붙이거나 반원형의 단면을 사용하여 형상의 세련을 도모하는 것도 좋다. 그림 2.16 (e)는 원기둥 상부가 비스듬하게 절단되어 있고 가로보의 근본은 굵게 되어 있다. 원기둥 상부의 비스듬한 절단은 가산법으로 만든 형상을 다시 절단한다는 2차 가공을 한 것이 되는데 이것은 원기둥의 상부가 과잉(Surplus) 단면으로 되는 경향인 것을 의식함과 동시에 가로보와 원기둥 우각부에 응력이 집중하는 것

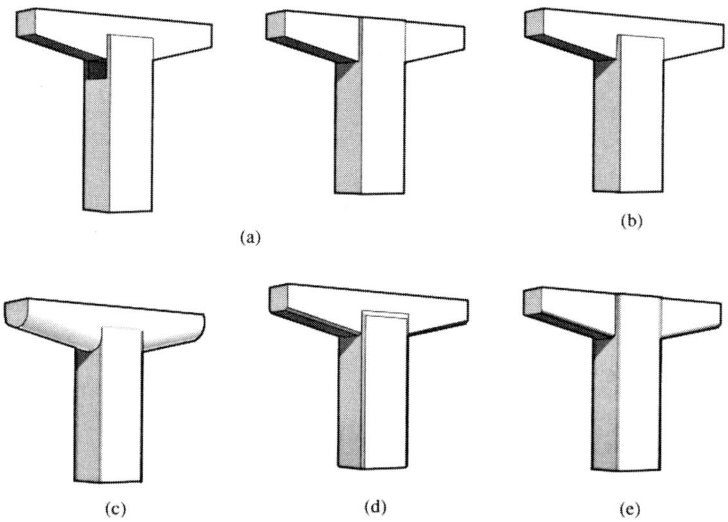

(a) (b) (c) (d) (e)

그림 2.15 그림 2.12 (a)의 가산법을 이용한 형상 구성 요소의 명확화

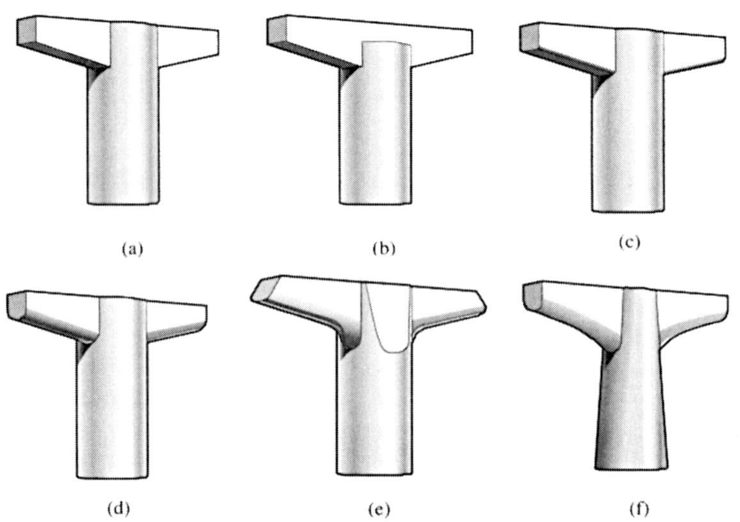

(a) (b) (c) (d) (e) (f)

그림 2.16 그림 2.12 (b)의 가산법을 이용한 형상 구성 요소의 명확화

에 저항하는 것을 목표로 한 것이다. **그림 2.16** (f)는 원기둥 상부를 절단하는 대신에 원뿔대를 사용하여 가로보 죽지(붙어 있는 부분)도 굵게 해서 소정의 단면을 확보한 것이다.

이상과 같이 **그림 2.12** (a), (b)와 같은 T자형 교각도 감산법 또는 가산법으로 형상의 구성 요소를 쉽고 명확하게 할 수 있다. 또, 감산법, 가산법으로 T자형 교각의 여러 가지 형상의 구성 요소를 고안할 수 있다. 그리고 형상 구성 요소의 탐색은 **그림 2.16** (e), (f)에 약간 나타낸 바와 같이 구조적 요청이나 제작·시공상의 요청을 능숙하게 받아들이는 것이 바람직하다. 바꿔 말하면 구조적 요청이나 제작·시공상의 요청을 형상의 구성 요소로 발상하기 위한 동기 부여로써 사용하여 그들에 적합한 형상의 구성 요소를 생각하는 것이 중요하다.

T자형 교각의 형상 구성 요소는 여기에 나타낸 예 뿐만이 아니다. 각자가 여러 가지로 연구하여 새로운 형상의 구성 요소를 고안하는 것이 가장 중요하다.

2.3.4 현수교나 사장교 주탑의 형상 구성 요소

(1) 주탑 형상의 형상 구성 요소 명확화

현수교나 사장교의 주탑은 가로로 긴 구조물의 세로 방향의 주요 부재로써 사람들의 시선을 가장 모으기 쉽고 구조 형상의 주역이 되는 구조 부재이다. 그런 뜻에서는 T자형 교각보다도 더 세련된 형상이 요구된다. 그러나 그 중에는 형상의 구성 요소가 선명하지 못한 것을 볼 수 있다. **그림 2.17** (a)는 **그림 2.12** (a), (b)의 T자형 교각과 마찬가지로 불완전한 형상이라는 인상을 준다. 평판을 자른다고 하면 **그림 2.17** (b)쪽이 자른 상태가 표현되고 있고, 타워 기둥과 복재(腹材)를 조합한다고 하면 **그림 2.17** (c)쪽이 그 느낌이 나오고 있

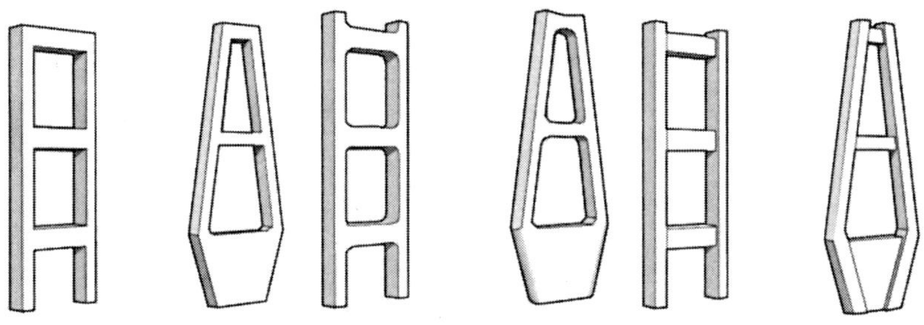

(a) (b) (c)

그림 2.17 주탑 형상의 구성 요소

다[2]. 불완전한 형상의 인상은 T자형 교각의 경우와 마찬가지로 자른다는 감산법의 표현 및 조합한다는 가산법의 표현이 확실하게 되어 있지 않다는데 그 원인이 있다. **그림 2.17** (b)의 감산법에서는 자른 부분에 R을 만들어 그것이 닫힌 도형이라는 것을 강조함으로써 자른다는 가공을 표현하고 있다. **그림 2.17** (c)의 가산법에서는 주탑이 타워 기둥과 복재로써 구성되어 있다는 것을 강조하기 위해 타워 기둥과 복재 사이에 단차(段差)를 마련하여 양자가 다른 부재라는 것을 명확하게 하고 있다. 우각부에 R을 만들거나 타워 기둥과 복재의 치수를 약간 다르게 하는 것만으로 형상의 구성 요소는 쉽게 명확해져 외관도 좋게 되는 것이다.

(2) 형상의 구성 요소 아이디어

형상의 구성 요소를 하나 더 연구하여 **그림 2.18** (a), (b)와 같은 형상을 생각할 수도 있다. **그림 2.17** (a)에서는 먼저 ① 원래의 형상으로써 평판의 가로 자른 면이 반원이 된 형상을 상정하고, ② 그 중앙부를 오목 모양(凹狀)으로 각에 R을 붙여 절단한 다음에, ③ 수평재 부분을 남기고 잘라내는 가공을 생각한 것이다. **그림 2.17** (b)는 역시 ① 가로 자른 면이 반원이 된 마름모꼴 평판을 원래 형상으로 가정하고, ② 그 평판을 기초부(基部)를 남기고 타워 기둥 부분을 잘라내고, 그 다음에 ③ 수평재를 첨가하는 가공을 상정하고 있다.

이와 같이 주탑의 축선을 **그림 2.17** (a)와 같이 해도 형상의 구성 요소는 몇 개나 생각할 수 있다. 2.3.2항에서 설명한 바와 같이 제약 조건이나 조형 개념에 조화하면서 형상의 구성 요소에 대한 아이디어가 풍부하게 나오도록 하기 바란다.

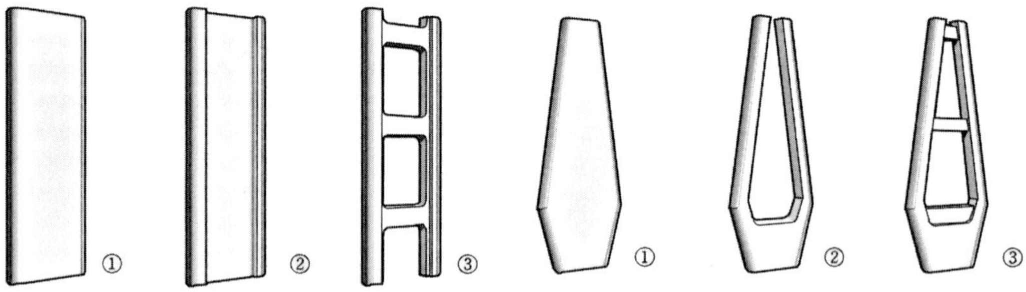

(a) (b)

그림 2.18 주탑 형상 구성 요소의 명확화

사진 2.1 오오시마 대교(大島 大橋)의 주탑 형상(감산법)

사진 2.2 베이 브리지의 주탑 형상[7] (가산법)

2.4 교량 전체의 형상 구성 요소

형상의 구성 요소에 유의하고, 그 명확화를 도모해야 하는 것은 교각이나 주탑과 같은 교량 부분의 형상뿐만이 아니다. 교량 전체의 형상을 어떻게 구성하는가에 대해서도 유의하고, 구성 요소가 명확하게 되도록 연구하여 표현하는 것이 중요하다. 거더교나 라멘교를 예로 들어 형상의 구성 요소를 관찰해 보자.

2.4.1 감산법에 따른 형상의 구성 요소

사진 2.3[8]과 같은 라멘교의 경우 먼저 원래 형상은 **그림 2.19** (a)와 같은 직육면체 덩어리라고 생각할 수 있다. 거기에서 내민부와 난간을 잘라내어 **그림 2.19** (b)를 구한다. 그리고 다시 **그림 2.19** (c)와 같이 교각부를 잘라내어 목적으로 하는 형상을 구하면 해석할 수 있다. 즉, 교량의 형상 전체가 감산법으로 이루어지고 있다고 볼 수 있다.

사진 2.4[8]도 거의 같은 형상의 구성 요소를 나타내고 있는데 거더와 교각과의 접합부에는

사진 2.3 감산법으로 형상이 만들어진 라멘교

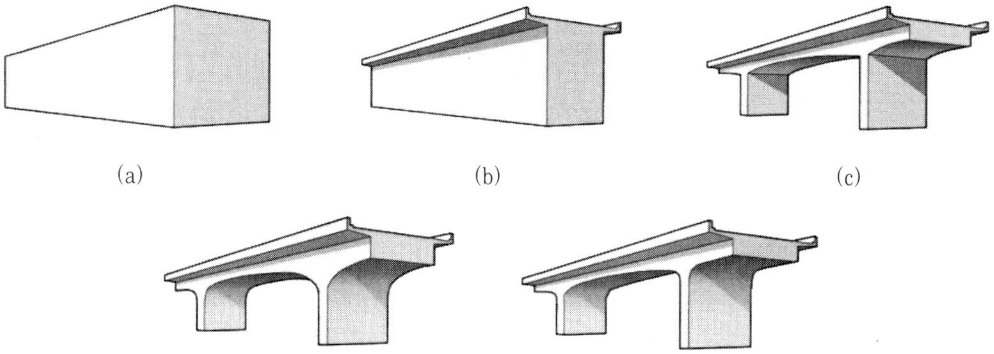

(a) (b) (c) (d) (e)

그림 2.19 사진 2.3의 교량 형상 구성 요소

R이 만들어져 있어 **그림 2.19** (b)에서 교각부를 잘라낸다는 형상의 구성 요소는 더 명쾌하게 되고 있다. 이 교량은 5경간 연속교이며, 각 지점에는 받침이 있다. 그것을 교각과 거더에 각각 숨은 받침을 만듦으로써 **그림 2.19** (d)와 같이 거더의 하단선과 교각 능선을 일체화하여 전체로써 3심원(三心圓) 아치 형상이 되도록 연구·표현한 것이다. 그런데 콘크리트 라멘교, 특히 높은 교각의 라멘교에서는 우각부에 R을 붙이지 않더라도 구조적으로는 이루어지고 있어 교량은 거의 **사진 2.3**과 마찬가지로 우각부에 R은 붙이지 않는다. 그러나 **그림 2.19** (d)에서 볼 수 있듯이 거더의 하단선과 교각 능선 사이에 R을 넣어 양자를 하나의 선으로써 표현한 쪽이 교각부를 잘라냈다는 형상의 구성 요소는 명쾌하게 된다. 원래 라멘교 우각부에 R이 있는 것 자체는 부자연스러운 것이 아니므로 콘크리트 라멘교의 경우도 **그림 2.19** (e)와 같이 우각부에 R을 넣는 것을 전제로 설계해 보는 것은 어떨까?

사진 2.4[8]는 거더 측면과 화분형 교각의 곡선을 가지런히 하여 거더와 교각의 일체화를 도모하고 있다. 즉, **그림 2.20** (a)에서 **그림 2.20** (b)와 같이 교량 전체를 화분형으로 절단하였다고 해석할 수 있다. 거기에서 **그림 2.20** (c)와 같이 교각 부분을 잘라내어 **사진 2.4**의 형상을 얻었다고 볼 수 있다. **사진 2.3**의 내민 부분과 벽체 난간 형상의 구성 요소에 비하면 이 교량 그 부분의 형상 구성 요소는 상당히 명쾌하다. 따라서 **사진 2.3**의 경우도 감산법을 이용한 형상의 구성 요소를 더 선명하게 하기 위해서는 내민 부분과 박스형 거더 접합부에는 약간의 R을 붙이는 쪽이 좋다고 볼 수 있다.

이 교량 교각의 경우 그것이 어떻게 생성하였는가 하는 형상의 구성 요소는 그다지 명확하지 않다. **그림 2.20** (b)에서 교각을 잘라냈다고 하면 **사진 2.5**와 같이 우각부에 R을 사용

사진 2.4 거더 측면과 화분형 교각의 곡선을 가지런히 한 교량

사진 2.5 숨은 받침으로 거더의 하단선과 교각의 능선을 일체화시킨 교량

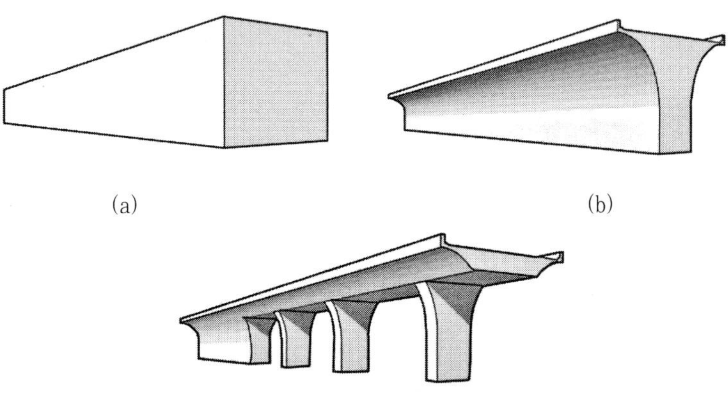

(a) (b)

(c)

그림 2.20 사진 2.4의 형상 구성 요소

하여 거더의 하단선과 교각 능선이 하나의 선으로써 인지되는 그런 연구가 필요할 것이다. **사진 2.3**의 경우도 우각부에 R이 있는 쪽이 명쾌하게 된다고 생각되지만 편단면(偏斷面) 거더의 선이 덩어리에서 교각을 잘라낸다고 하는 형상의 구성 요소를 약하지만 설명하고 있다. 그러나 이 교량의 경우는 등단면 거더로 각 교각에는 받침이 있고 그 위에 거더가 얹혀 있으므로 **그림 2.20** (b)에서 교각을 잘라낸 것 같이는 보이지 않는다. 오히려 가산법으로 형상이 이루어져 있는 것처럼 보인다. 거더와 교각을 화분형 곡선으로 가지런히 전체를 감산법으로 형성하고 있음에도 불구하고 최종적인 교량 형상에서는 거더와 교각이 가산법으로 되어 있다고 하는 위화감(違和感)이 형상의 구성 요소를 선명하게 하지 못하는 원인일 것이다. 거더와 교각에서 형상의 구성 요소 상연(上緣)을 부득이 잘라야 한다면 특별히 거더 측면과 화분형 교각의 곡선을 가지런히 하여 일체화할 필연성도 느끼지 않게 된다.

2.4.2 가산법에 따른 형상의 구성 요소

받침이 개재함으로써 거더와 교각이 형태로 봐서 상연을 자르게 되는 경향에 있으면 거더와 교각을 일체화하지 말고 **사진 2.6**[8]과 같이 각각 따로 형상을 만들어 그것을 조합하여 구성하는 것도 하나의 사고 방식이다. 즉, **사진 2.6**에서는 **그림 2.21** (a)와 같이 원래 거더를 형성하는 직육면체 덩어리와 교각을 형성하는 덩어리가 따로 있다고 볼 수 있다. 그 덩어리를 **그림 2.21** (b)와 같이 거더부에는 아랫면에 테이퍼를 붙이고 교각부 끝부분은 반원으로 가공하여 양자를 합체(**그림 2.21** (c))시켰다고 해석할 수 있다. 이와 같이 교량 전체의 형상 구성 요소를 가산법으로 구성하는 경우에는 거더의 형상과 교각의 형상을 아주 다른 사고 방식으로 형상을 만들어 그것을 조합해도 결코 이상하지 않고 명쾌한 교량 형상을 만들 수 있다. 다른 표

사진 2.6 가산법으로 만든 교량

사진 2.7 교각 중앙부에 오목면(凹面)이 있는 교량

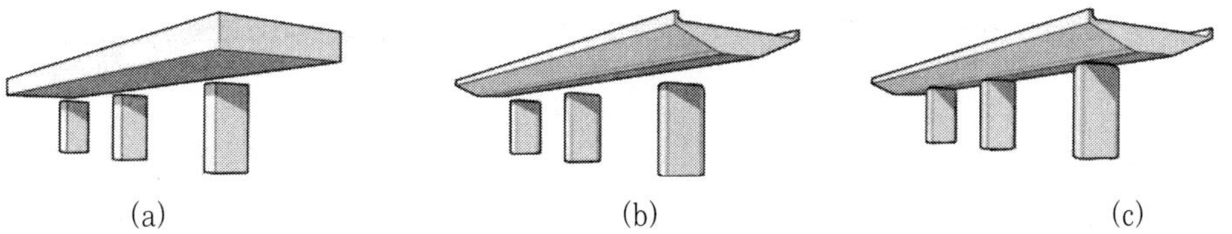

(a) (b) (c)

그림 2.21 사진 2.6의 교량 형상 구성 요소

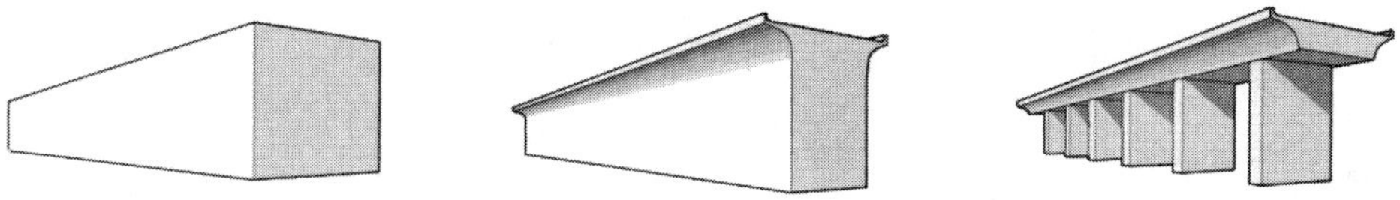

(a) (b) (c)

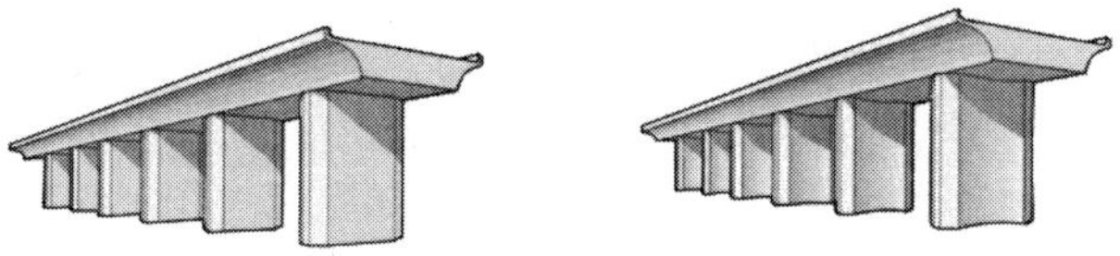

(d) (e)

그림 2.22 사진 2.7의 교량 형상 구성 요소

현을 하면 가장 중요한 것은 교량 전체 형상의 구성 요소를 명확하게 하는 것이며 각 부재의 형상 구성 요소는 감산법이나 가산법이라도 지장이 없다는 것이다.

사진 2.7[8]의 교각은 각을 모접기하고 교량 중앙부에는 오목 곡면(凹曲面)을 만든 것이다. 각각의 음영(陰影) 효과에 따라 교각을 가늘게 보이려고 하는 연구는 그런대로 성공하고 있다고 할 수 있다. 그러나 그것이 교량 전체의 형상 구성 요소와 조화되어 있는지 어떤지의 여부는 의문이다. 교각을 상·하행선별로 단주(單柱) 형식으로 했기 때문에 교각에 대한 조형적 연구가 오히려 번잡함을 늘리고 있다는 면도 있지만 상·하행선 단독 형상(**그림 2.22**)으로 봐도 형상의 구성 요소는 번잡하게 되어 있다. 내민부에서 교각으로는 매끄러운 곡선을 개입시켜 연결하고, 교량 전체는 **그림 2.22** (a)의 직육면체 덩어리에서 **그림 2.22** (b)를 잘라내고 **그림 2.22** (c)와 같이 교각을 잘라냈다고 해석할 수 있으나 교량 전체 중에서 교각이 어떻게 생성되었는가 하는 형상의 구성 요소는 **사진 2.2**와 같은 문제를 안고 있다. 여기에서 교각 형상에는 다시 가공이 가해지고, 각의 모접기(**그림 2.22** (d)), 교량 중앙부에는 오목 곡면이 붙어져 있다(**그림 2.22** (e)). 교각에 대한 이러한 구조적 연구를 살리는 데

는 예를 들면 거더 하단부에 큰 R을 만들고 거더에서 교각으로 흐르는 선을 의식하지 말고 거더만 폐쇄한 형상이 되도록 하면 어떨까?

사진 2.8[8]에서는 교각에 거더가 끼워 넣어진 형상으로 되어 있다. 즉, **그림 2.23** (a)와 같이 거더와 교각을 형성하는 덩어리에서 내민부나 벽체 난간을 잘라내고, 교각에는 깊이 파임을 하고(**그림 2.23** (b)) 그 깊이 파임에 거더를 끼워 맞춘 것(**그림 2.23** (c))으로 해석할 수 있다. 아마 거더와 교각을 같은 폭으로 설계할 수도 있겠으나 교각 폭이 넓은 쪽이 강결부(剛結部) 시공 작업의 자유도가 늘어나는 것도 감안하여 교각 폭이 넓은 그대로 설계한 것으로 생각된다. 그러나 이 부분의 형상을 가동부(可動部)의 교각에서는 숨은 받침으로써 사용한(**사진 2.8**의 바로 앞 교각) 것이 교량 전체 형상의 구성 요소를 매우 알기 쉬운 것으로 하여 간결한 외관을 만들어 내게 한 원인이 되고 있다. 이 예와 같이 구조 또는 시공상 요청과 교량 전체 형상의 구성 요소를 능숙하게 조화시키는 것이 가장 중요하다.

이상과 같이 교량 전체에 대해서도 형상의 구성 요소에 유의하고 교량 전체를 감산법으로 구성하려고 하는 것인지, 가산법으로 구성하려고 하는 것인지, 구조 또는 시공상 요청과는

사진 2.8 가산법으로 만든 교량

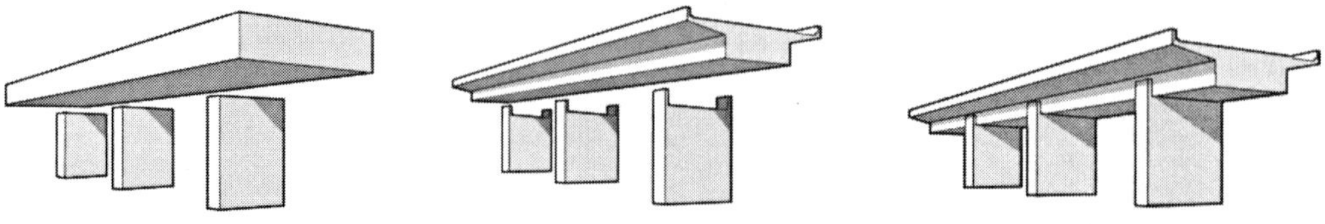

(a) (b) (c)

그림 2.23 사진 2.8의 형상 구성 요소

어느 쪽이 조화되는지를 고려하여 교량 전체의 형상 구성 요소가 명확하게 되는 연구를 하여 표현하는 것이 중요하다. 여기에 나타낸 예는 모두 무엇이든지 연구가 되어 있는 교량이다. 그러나 교량의 형상 구성 요소라는 관점에서는 이러한 편이 더욱 명쾌하게 될 것이라는 관점에서 기술하고 있다. 실제로는 그다지 길지 않은 교량임에도 불구하고 하나의 교량에 교각 형상이 3종류나 4종류로 되는 그런 교량의 형상 구성 요소에 모두 배려하지 않은 교량도 많다. 교량 전체의 형상 구성 요소를 명확하게 하는 것을 항상 명심하기 바란다.

2.5 R 만들기[9)]

2.5.1 "R 만들기"란?

"R 만들기"란 서로 이웃한 2개 면의 능선에 대해서 그 양쪽 면에 접속하는 단면이 R의 면을 폄으로써(뻗침으로써) 능선을 없애는 것이며 편 면을 **R 만들기면**, R 만들기면의 경계선을 **R 시작선**이라고 한다. R은 같은 크기의 경우도 있으면 서서히 확대·축소할 수도 있다(**그림 2.24**). "R 만들기"는 서로 이웃한 2개 면의 능선에 같은 크기의 R을 만들 때는 후술하는 착시(錯視)에 대한 대응까지 하고 있으면 그렇게 어려운 것은 아니다. 그러나 T자형 교각의 가로보 하단부에 R을 만드는 경우와 같이 3개의 면이 교차하는 정점에 R을 만들거나 교대부에서 만나는 경사면을 포함한 4개의 면이 교차하는 개소에 R 만들기는 그리 간단하지가 않다.

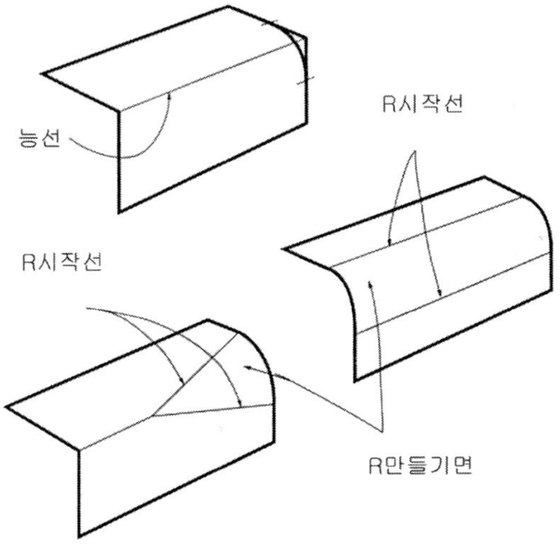

그림 2.24 R 만들기

물론 3개의 능선 또는 4개의 능선에 같은 크기의 R을 만들고 정점을 볼 코너로써 처리하면 비교적 간단하다. 그러나 그것이 정말 의도한 형상인지 아닌지는 의문이다. R의 크기를 바꿔 R 만들기한 쪽이 좋은 경우도 많다. 그래서 이 항에서는 감산법 또는 가산법으로 처음으로 이룬 형상에 R 만들기를 할 때의 법칙에 대해서 고찰한다.

2.5.2 착시에 대한 대응

제도(製圖)에서 직선과 R을 연결할 때 직선과 R을 정확하게 맞춘 의도인데도 이음매가 어쩐지 맞지 않는 것처럼 느낀 적은 없는지? 이것은 **그림 2.25** (a)를 봐도 알 수 있듯이 직선과 R을 직접 연결할 때에 생기는 착시로 R부분이 솟아올라 보이기 때문에(지면(紙面)을 70~80cm 떼어 **그림 2.25** (a)를 보면 착시 느낌을 알 수 있다) 이음매가 맞지 않는 듯한 느낌이 든다. 이 착시 현상은 **그림 2.24**와 같이 입체의 경우도 마찬가지로 R 만들기한 개소에서는 반드시 R부분이 솟아올라 보인다. 착시를 피하기 위해서는 **그림 2.25** (b)와 같이 R 중심을 조금 안쪽으로 넣어 직선과 R 사이를 완화 곡선을 이용하여 접속시켜야 한다. R과 직선과의 틈은 런 인(Run-In)이라고 하며 그 크기는 경험적으로 R/60~R/30이 적당하다고 한다[10]. 직선이 각도를 가지고 교차할 때도 똑같은 현상이 일어난다. 곡선과 R을 연결할 때도 마찬가지이다. 어느 것이나 완화 곡선을 개입시켜 직선 또는 곡선과 R을 접속하게 해야 한다(**그림 2.25** (c)). 다만 콘크리트의 거푸집을 합판 등으로 만들 때에는 특별히 런 인 치수를 채용하여 착시에 대응하지 않더라도 합판의 처짐이 스스로 완화 곡선을 띠게(품게) 되는 경우도 있다. **사진 2.9**는 착시에 대한 대응을 꾀했는지 또는 합판의 탄성을 이용했는지는 분명하지 않지만 직선과 반원이 연결되면서 착시 현상은 일어나지 않는다. 그러나 철판을 정확하게 절단하거나 NC로 정확하게 거푸집을 제작하였을 때에는 반대로 확실

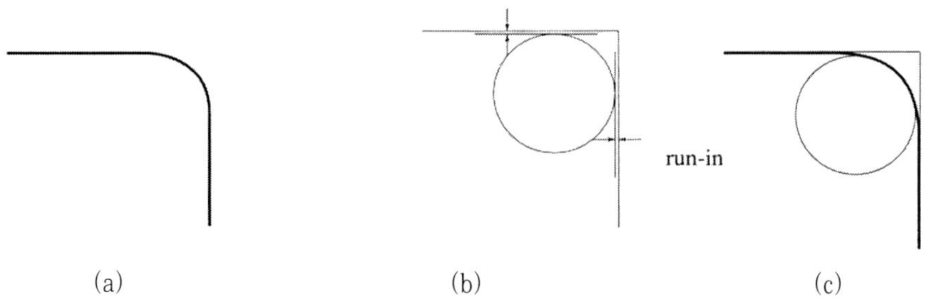

그림 2.25 R 만들기에 따른 착시와 착시에 대한 대응

사진 2.9 직선과 R을 연결해도 착시 현상이 일어나지 않는 교량

하게 착시가 일어나므로 주의해야 한다. 한편 형을 제작하는 사람이 이런 착시를 숙지하고 형 제작 단계에서 자동적으로 완화 곡선을 이용한 R 만들기의 형상으로 하기 때문에 도면에서는 직선과 R을 직접 연결해 두어도 되는 경우가 있다. 어떤 방법으로 착시에 대응하든 확신을 가지고 착시 현상이 일어나지 않도록 유의해야 한다.

이 항에서 나타내는 R 만들기는 모두 이 착시에 대한 대응이 되어 있는 것으로 보고 런 인은 생략하여 표시하기로 한다.

2.5.3 R 만들기의 종류

능선 없애는 방법에는 **그림 2.26**과 같이 (a) 등폭형(等幅型), (b) 조르기형, (c) 수렴형(오그라들음)의 3종류가 있다. (a)의 등폭형은 모서리에 대해서 R 시작선이 등간격으로 위치하는 것으로 **그림 2.26** (a) ①, ③과 같이 서로 이웃해 있는 2개 면의 각도가 같으면 R의 크기는 같게 되어 원통상 또는 도넛 모양의 면을 펼 수 있게 된다. **그림 2.26** (a) ②는 서로 이웃한 면이 비틀려 있는 경우를 나타낸 것인데, 이때 등폭으로 하기 위해서 R은 확대 또는 축소한다. (b) 조르기형은 모서리 양끝에 R 크기가 다르고, R 시작선이 모서리에 대해서 각도를 가진 경우이다(**그림 2.26** (b)). R 시작선 자체는 직선이나 곡선이라도 된다. (c) 수렴형은 R 시작선이 능선에 수렴(오그라들음)하는 경우로 조르기형과 마찬가지로 R 시작선 자체는 직선이나 곡선이라도 된다(**그림 2.26** (c)). R 만들기면의 성질은 조르기형과 마찬가지이며 조르기형의 특수형이라고도 생각할 수 있으나 정점의 R 만들기의 형태적 처리에서 양자는 큰 차이를 보이므로 분류하여 생각하기로 한다.

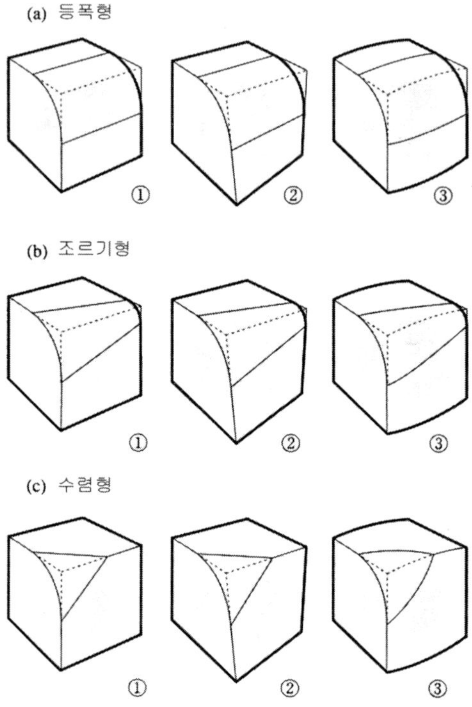

그림 2.26 R 만들기의 종류

2.5.4 R 만들기의 순서

먼저 **그림 2.27** (a)에 나타낸 바와 같은 R의 크기로 3개의 능선에 R 만들기를 해보자. 이때, **그림 2.27** (b)와 같이 3개의 능선에 한번에 R을 만들고 각각이 교차하는 "정점은 어떤 형상으로 되는가"라고 하는 것과 같이 생각하면 형상을 파악하기 어렵게 된다. 모든 능선에 한꺼번에 R을 만드는 것이 아니라 순서에 따라 R을 만들어 나가면 알기 쉽다. 즉, **그림** 2.27 (c)에 나타낸 바와 같이 하나의 능선에 R을 만들어 ①을 구한다. m의 능선에 R을 만

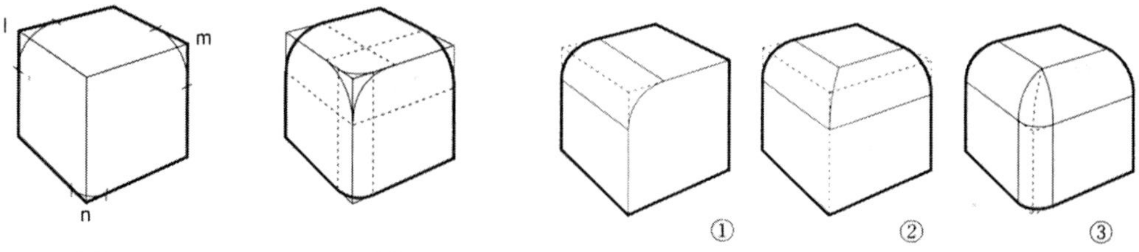

(a) (b) (c)

3개의 능선에 한꺼번에 R을 만들려고 하면 형상 파악이 어렵게 된다.

그림 2.27 R 만들기의 순서

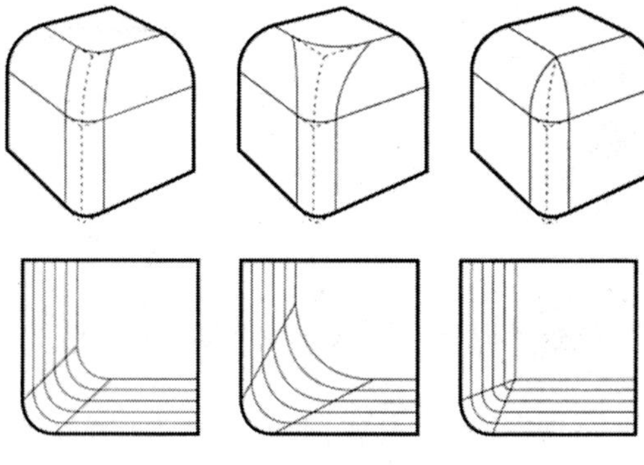

그림 2.28 정점 부분에 대한 3종류의 R 만들기와 그 단면도

들어 ②를 구한다. n의 능선은 ①, ②의 R을 만듦으로써 선단이 만곡하는데 그 만곡한 능선에 최후의 R을 만들어 ③을 구한다.

그림 **그림 2.27** (c) ③은 아래에서 치켜 올린 R 시작선은 만곡한 능선의 끝점에 수렴하고 있다. 따라서 앞에서 기술한 R 만들기의 종류에서 말하면 수렴형의 R 만들기를 한 것이다. 이 부분에 대한 R 만들기의 종류로써 앞에서 기술한 바와 같이 그 밖에 등폭형과 조르기형이 있다. **그림 2.28**에 각기 종류의 단면도도 포함하여 나타낸다. 등폭형은 n에 만든 R의 R 시작선을 만곡한 능선에 대해서 등간격에 위치하여 R을 만든 것으로 단면도에서 말하면 n의 R이 그대로 윗면으로 평행 이동한 형상이 된다(**그림 2.28** (a)). 조르기형은 입체 윗면에서 l, m의 R 시작선에 닿도록 임의의 R을 설정하고(**그림 2.28** (b)에서는 n의 R보다도 큰 R을 설정하고 있다), 각각의 접점과 n의 R 시작선을 이어 도중에 R의 크기를 구하면 된다.

이상과 같이 능선 1개씩 순번에 R을 만들어 나가면 R 만들기와 같이 어떤 형상이 생기게 되는지 파악하기 쉽다. 바꿔 말하면 **그림 2.27** (c) ③에 나타낸 바와 같이 반드시 능선에 대해서 R 만들기를 하도록 하는 것이 R 만들기의 요령이며, 3개의 R이 교차하는 부분의 R 만들기도 자재(自在)로 제어할 수 있다.

2.5.5 R의 크기와 R 만들기의 순서

R 만들기의 순서는 능선에 만든 R 상호의 크기 관계 또는 비에 따라 달라진다. 여기서는 우선 2개 능선의 R이 같은 크기일 때 (Rl=Rm)에서 설명한다.

(1) Rl=Rm>Rn일 때

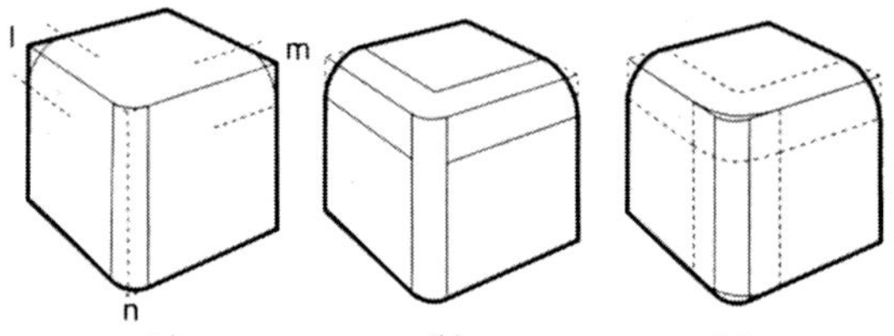

그림 2.29 Rl=Rm>Rn일 때 : 작은 R로부터 만들기 시작하면 큰 R이 필요 없다.

그림 2.29는 l, m에 만든 R은 같은 크기로 n에 만든 R보다도 큰 예이다. R 만들기 순서는 큰 R의 l, m으로부터 하고 있다. 그럼 작은 n으로부터 R을 만들어 보자. n에 R을 만들어 **그림 2.29** (b)를 구한다. 이 능선에 따라 큰 R을 만들려고 하면 작은 R의 중심이 R 시작선 교점에서 바깥쪽에 있으므로 능선에 따라서는 큰 R을 만들 수 없다. 교점을 중심으로 큰 R을 회전시켜도 그 궤적은 **그림 2.29** (c)의 안쪽 선으로 되는 만큼 큰 R을 작은 R에 따라 만들 수 없는 것이다. 즉, 2개 능선의 R이 같고 그 크기가 다른 하나보다 클 때는 반드시 큰 R에서부터 R 만들기를 해야 한다.

(2) Rl=Rm<Rn일 때

그럼 l, m에 만드는 R이 같고 n보다도 작은 경우는 어떻게 할 것인가? 이때 R 만들기 순서는 R의 크기를 정성적(定性的)으로 대・중・소의 3종류로 나누고 l, m과 n의 R의 크기가 어느 쪽에 해당하는가에 따라 바뀐다. l, m과 n의 관계가 중－대 또는 소－중과 같은 다소 차이가 나면 어느 쪽에서도 R을 만들 수 있다. **그림 2.30**에서는 작은 R의 l, m으로부터 R을 만들고, 큰 n의 R을 나중에 만든 예를 나타낸다(정점은 수렴형과 조르기형으로 R을 만들고 있다).

그러나 l, m과 n의 R 크기가 소－대와 같이 큰 차이가 있을 때는 작은 쪽에서 R을 만들고 나중에 큰 R을 만들려고 하면 **그림 2.31**과 같이 윗면의 R 시작선 교점이 n에 만드는 R 바

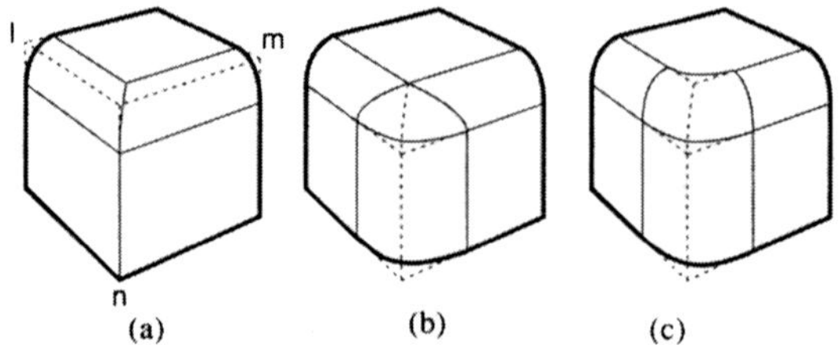

그림 2.30 Rl=Rm<Rn일 때에 R에 큰 차이가 없을 경우 작은 쪽에서도 R을 만들 수 있다.

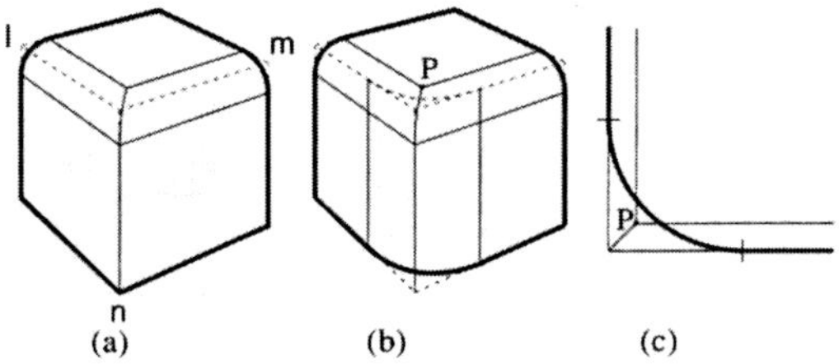

그림 2.31 Rl=Rm<Rn일 때에 Rl, Rm이 Rn보다 아주 작은 경우는 큰 쪽의 R부터 만들 수 있다.

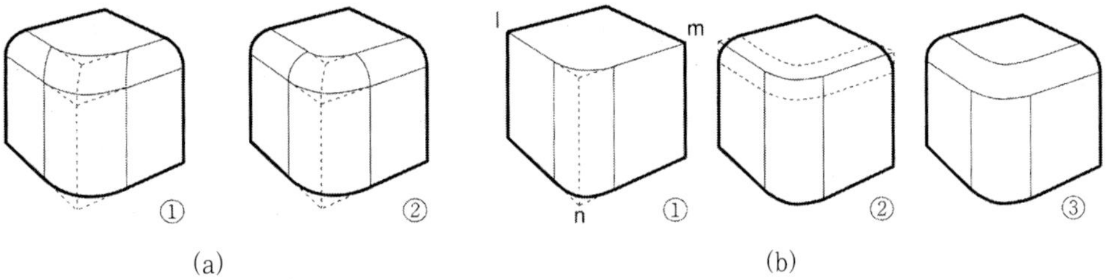

그림 2.32 2개의 R이 같고 다른 1개보다 작은 경우의 R 만들기

깔쪽에 위치하게 된다. 따라서 수렴형의 R 만들기는 할 수 없게 되지만 **그림 2.32** (a)에 나타낸 바와 같이 ① 등폭형, ② 조르기형은 R 만들기는 할 수 있다. 다만, 형상이 주는 인상은 작은 R이 큰 R에 따라 작용하고 있는 것 같이 보이므로 **그림 2.32** (b)와 같이 ① n에 만드는 큰 R을 먼저 만들고 그 능선에 따라 등폭형으로 l, m의 작은 R을 만들면 산뜻한 모양으로 정리된다(②, ③). 결과적으로 보면 n의 R과 중심을 같게 하고 l, m의 작은 R을 윗면에 사용하여 조르기형의 R 만들기를 하면 같은 R 만들기면이 되는 것이지만 **그림 2.32** (b)와 같은 해석과 순서의 쪽이 알기 쉽다. 등폭형도 마찬가지로 l, m의 R이 작으므로 형상이 주는 인상은 **그림 2.32** (b)와 같게 된다. 따라서 순서로써 **그림 2.32** (b)에서 R 만들기한 쪽이 정리된 R 만들기가 된다. 이상과 같이 R의 크기에 명확한 차이가 날 때는 큰 R로부터 만들도록 하면 된다.

(3) 3개의 R 크기가 모두 다를 때

l, m, n에 만드는 R의 크기가 모두 다를 때는 어떻게 하면 될까? 이 경우도 가장 큰 R부터 만들기 시작해야 한다. l, m, n의 R의 크기를 각각 소-중-대라고 하면 먼저 큰 R인 n부터 R을 만들고 **그림 2.33** (a)를 구한다. 다음에 큰 R 구간까지 등폭형으로 l, m에 R을 만들고 큰 R 구간 내를 조르기형으로 R을 만들어 **그림 2.33** (b)를 구한다. **그림 2.33** (c)와 같이 l, m 중 어느 쪽인가의 R을 큰 R 구간 내까지 연장하고, 다른 쪽의 능선에 조르기

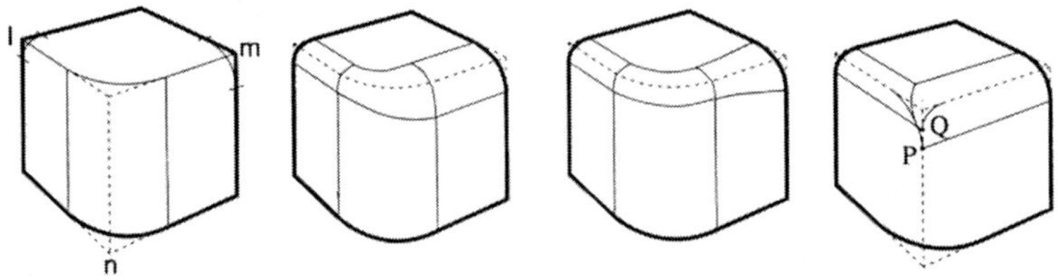

(a) (b) (c) (d)

그림 2.33 3개의 R이 모두 다른 경우의 R 만들기

형의 R을 만들 수도 있으나 조르기형 R 만들기는 큰 R 구간 내까지의 쪽이 산뜻해 보인다.

3개의 R 크기가 모두 다를 때 R 만들기는 이 한 가지밖에 없다. **그림 2.33** (d)와 같이 작은 R을 만들고 다음에 중간(中) R을 만들려고 해도(이 반대도 같음) R 시작선은 일치하지 않는다. 따라서 능선은 비틀어져 버려 거기에 따라 큰 R을 만들 수 없다.

2.5.6 R 만들기 전 면의 종류와 R 만드는 방법

(1) 모든 능선에 R을 만들 때

R 만들기를 한 다음에 미리 검토해 두는 쪽이 좋다고 생각되는 주요한 R 만들기 전의 면 종류를 6가지를 들고 각각의 R 만들기 방법을 **그림 2.34**에 나타냈다. 그림에 나타낸 R 만들기 방법은 기본으로 되는 것만을 나타냈다. 예를 들면 모든 R이 다를 때 바리에이션은 생략하였다.

볼록형(凸型) R 만들기 방법에 대해서는 이제까지 기술해 온 바와 같으나 이들 모든 방법은 오목형(凹型)의 R 만들기에 적용할 수 있다. 그래서 **그림 2.34**에는 오목형의 경우를 나타냈다. ①은 **그림 2.32** (b)의 순서, ②는 **그림 2.27**의 순서이다.

오목·블록형 R 만들기에는 2가지가 있다. n(그림 중 능선 기호 참조)의 R이 l, m의 R보다 클 때(①)와 작을 때(②)이며, 전자에서는 l, m, n 모두 등폭형의 R 만들기로 되고 후자에서는 n부분은 수렴형이 된다.

T형의 R 만들기는 하나뿐이다. 등폭형 또는 조르기형으로 l의 R 만들기를 하고 다음에 n의 R 만들기를 한다. n의 R 만들기를 먼저 하면 l의 R 만들기를 할 수 없게 된다. 이제까지 대부분의 R 만들기에서는 큰 R부터 R 만들기를 해도 문제가 없었으나 이 경우는 예외가 된다.

F형에는 n_1, n_2의 R이 l, m의 R보다 클 때(①)와 작을 때(②)의 2가지가 있다. 어느 쪽이든 큰 R부터 R 만들기 하고 거기에 따라온 능선에 따라 R 만들기를 하면 된다.

면수	R만들기전의 면 종류		R만드는 방법
3	凸형 (凹형)	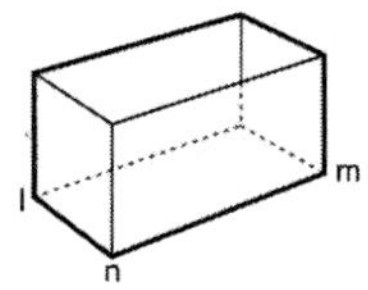	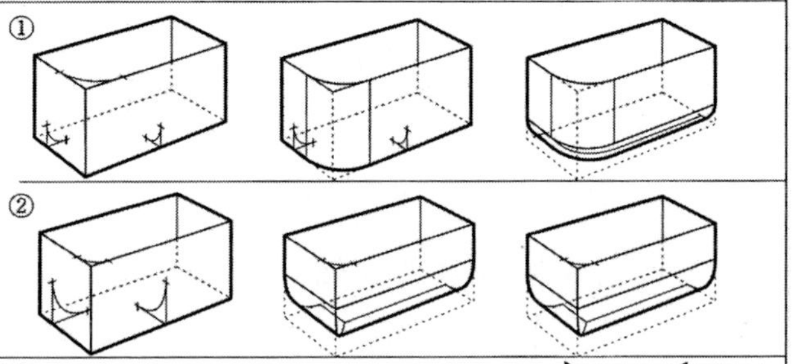
	凸凹형	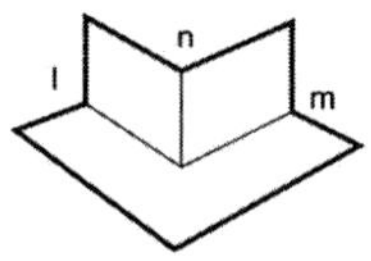	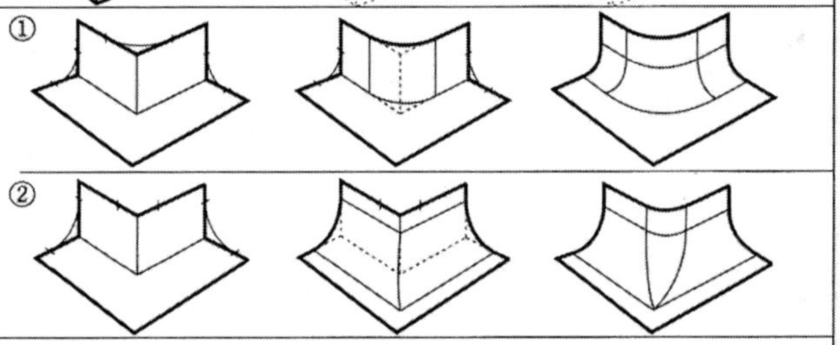
	T형	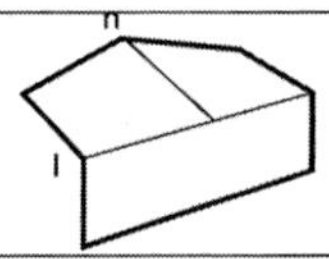	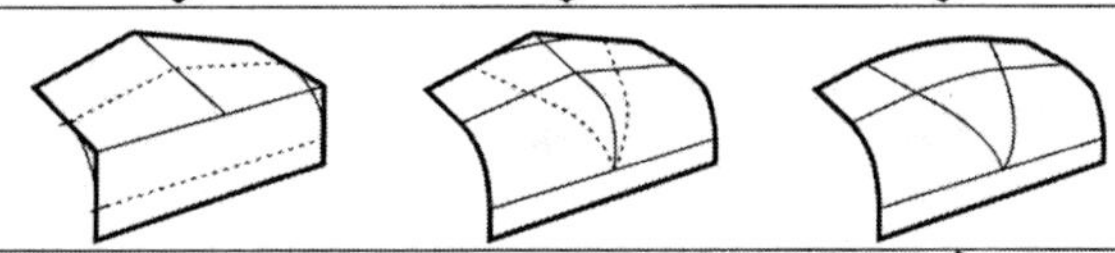
	F형	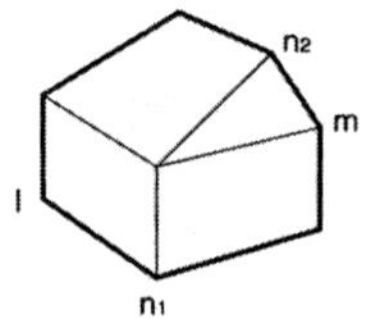	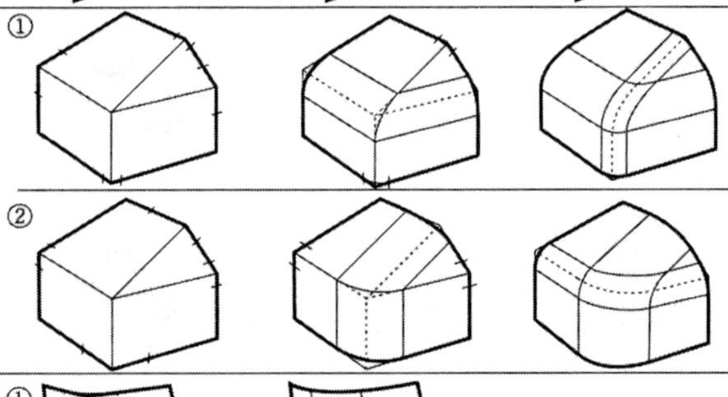
4	X형	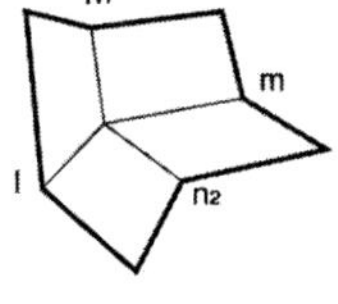	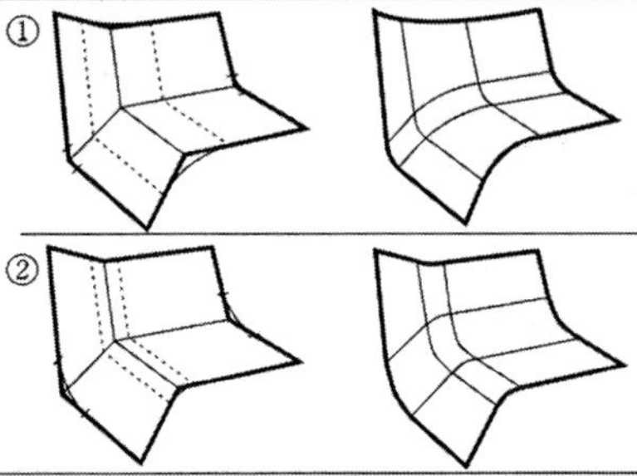
	K형	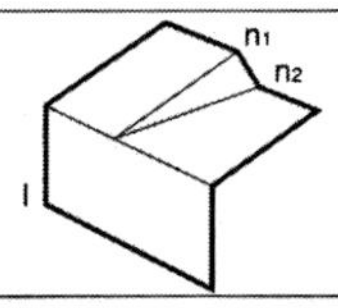	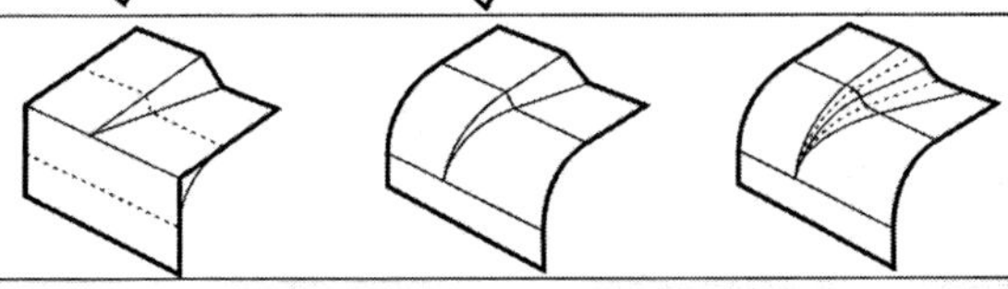

그림 2.34 R 만들기 전의 면 종류와 R 만드는 방법

X형 R 만들기도 n_1, n_2의 R이 l, m의 R보다 클 때(①)와 작을 때(②)의 2가지이다. 이 경우도 큰 R부터 R 만들기를 하고 거기에 따라 작은 R을 만들면 된다.

K형 R 만들기는 1가지뿐이다. 등폭형 또는 조르기형 n의 R 만들기를 하고 다음에 l, m의 R 만들기를 수렴형으로 하면 된다. 역시 등폭형일 때 경사면에 접하는 R과 수평면에 접하는 R의 크기는 다르다는 것을 알아 두어야 한다.

(2) 일부 능선에만 R을 만들 때

(i) R 만들기하지 않는 곳을 남길 때

앞 항까지는 모든 능선에 R을 만들 때에 대해 설명해 왔는데 물론 모든 능선에 R을 만들 필요는 없다. R 만들기는 각(角)이 실종되거나 오목해지기 쉬운 것을 방지하는 등 기능적인 측면도 있으나 기분이 상쾌한 인상을 주는 형상을 만드는 것을 목표로 하여 R 만들기를 하는 경우도 많다. 따라서 실제 형상을 만들 때는 모든 능선에 R을 만들기보다 R 만들기를 하지 않고 능선을 남겨 부드러운 느낌과 샤프한 인상을 함께 주는 쪽이 좋은 경우도 많다. 또, 형상 그 자체도 독특한 것이 될 때가 있다. 여기에 앞에서 6가지 면의 종류에 대해서 R 만들기를 하지 않고 능선을 남긴 예를 그림 2.35에 나타낸다.

(ii) 분수형 R 만들기

분수형(噴水型) R 만들기란 능선의 교점에만 R을 만들어 모든 능선이 하나의 능선의 1점

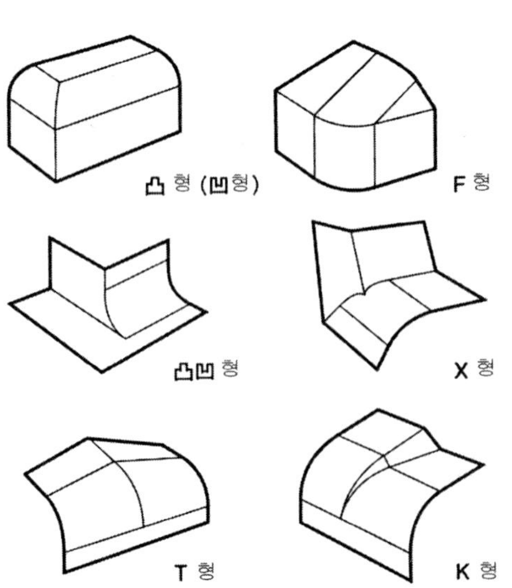

그림 2.35 R 만들기하지 않는 곳을 남긴 예

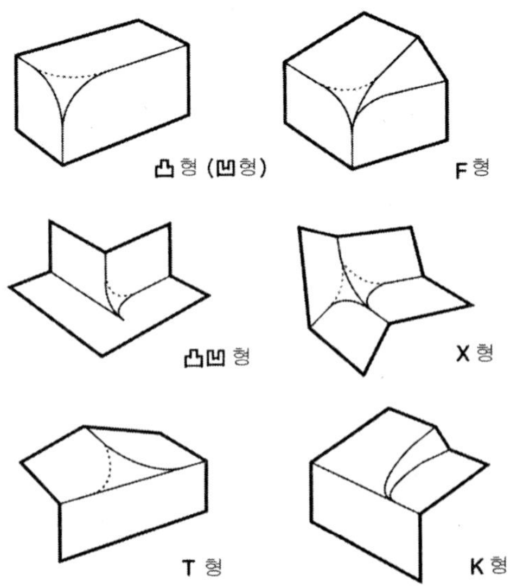

그림 2.36 분수형의 R 만들기 예

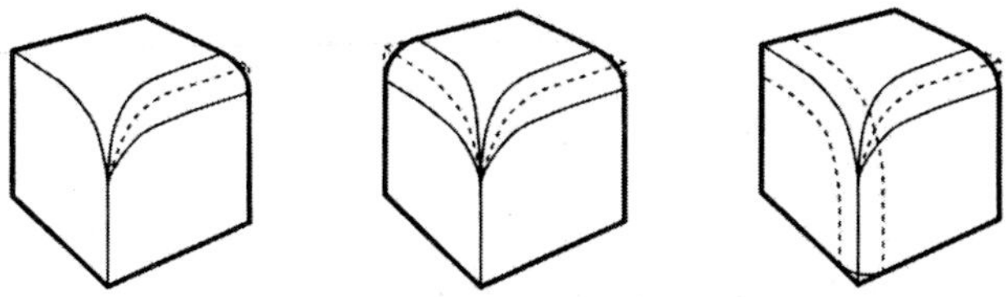

(a) (b) (c)

그림 2.37 분수형 R 만들기에 다시 R 만들기를 할 때

에 수렴하는 그런 R 만들기 방법이다. 앞 항과 마찬가지로 6종류의 면에 대해서 분수형 R 만들기 예를 **그림 2.36**에 나타낸다. 그림 중 파선은 R 시작선을 나타낸다.

분수형 R 만들기를 한 후에 다시 그 능선에 R을 만들 때는 **그림 2.37** (a), (b)와 같이 수렴형 R 만들기는 가능하지만, **그림 2.37** (c)와 같이 등폭형 또는 조르기형 R 만들기는 불가능하므로 주의해야 한다.

2.5.7 R 만들기의 법칙

이상, 중요한 점을 R 만들기의 법칙으로써 정리하면 다음과 같다.

① R 만들기에는 등폭형, 조르기형, 수렴형의 3종류가 있다.

② 능선 1개씩 순번으로 R을 만들어 나간다.

③ 반드시 능선에 대해서 R 만들기를 한다.

④ 2개의 능선 R이 같고 그 크기가 다른 하나보다 클 때는 반드시 큰 R부터 R 만들기를 해야 한다.

⑤ 2개의 능선 R이 같고 그 크기가 다른 하나보다 약간 작은 경우는 어느 쪽으로도 R 만들기를 할 수 있다.

⑥ 2개의 능선 R이 같고 그 크기가 다른 하나보다 분명히 작은 경우는 큰 R부터 만든다.

⑦ 3개의 R 크기가 모두 다를 때는 큰 R부터 만든다.

2.6 부재 간격의 단계적 변화 방법

3경간 또는 5경간 연속 거더교 등에서는 교각 간격은 중앙 경간부터 측경간으로 향하여 서서히 작게 해나간다. 여기서는 어떤 상태가 서서히 변화하는 그런 점차적 이행을 “단계적 변화"라고 부르기로 하고(영어는 Gradation), 이 절(節)에서는 교각 간격을 비롯한 교량 부재 간격의 단계적 변화 방법에 대해서 의론한다.

2.6.1 간격의 단계적 변화로서 쓰이는 급수

부재 간격을 단계적 변화로 하는 방법으로서는 급수가 사용되고 있는데 잘 알려져 있는 급수로써 기본적인 등차 급수(等差 級數), 등비 급수(等比 級數) 및 황금비(黃金比)를 포함한 피보너치(Fibonacci) 급수, 다이내믹 시매트리(Dynamic Symmetry)의 4종류이다. 급수란 어떤 수열(數列)의 각 항의 합(和)을 가리키지만 단계적 변화 방법으로써 급수가 쓰인다는 의미는 물론 그 합 자체가 아니고 수열 각 항을 부재 간격에 적용하여 사용한다는 뜻이다. 따라서 여기서도 ~급수라고 할 때는 그 급수의 수열을 가리키는 것이다. 각각을 간단히 설명하면 다음과 같다(표 2.1).

등차 급수란 서로 이웃한 2수의 차이가 항상 일정할 때의 급수이고 그 차이를 공차라고 한다. 따라서 제n항 a_n의 등차 급수는 공차를 d라고 하면,

$a_n = a_{n-1} + d$ 로 나타낸다.

등차 급수는 서로 이웃한 2수의 비가 일정할 때에 그 비(공비)를 r이라고 하면 제n항 a_n은,

$a_n = a_{n-1} r$ 로 나타낸다.

피보너치 급수는 서로 이웃한 2수의 합이 다음 항으로 되는 것으로 제n항 a_n은,

$a_n = a_{n-1} + a_{n-2}$ 가 된다.

다이내믹 시매트리란 정수(整數)의 제곱근으로 되는 급수로 제n항 a_n은,

$a_n = \sqrt{a_{n-1} + d}$ 이다.

표 2.1 대표적인 급수

등차 급수 : $a_n = a_{n-1} + d$	
	a, (a+d), (a+2d), (a+3d), …
등비 급수 : $a_n = a_{n-1} r$	
	a, ar, ar^2, ar^3, ar^4, …
피보너치 급수 : $a_n = a_{n-1} + a_{n-2}$	
	1, 2, 3, 5, 8, …
다이내믹 시매트리 : $a_n = \sqrt{a_{n-1} + d}$	
	1, $\sqrt{2}$, $\sqrt{3}$, $\sqrt{4}$, $\sqrt{5}$, …

2.6.2 급수 보는 법

급수를 사용한 단계적 변화는 사실 서서히 간격이 넓어지고 있는 것(작아지고 있는 것)과 같이 볼 수 있다. **그림 2.38**은 교각 간격의 단계적 변화를 각 급수의 제1항을 같은 길이로 설정하여 나타낸 것이다.

이것을 보면 각 급수는 변화가 격심한 것은 격심하게, 온화한 것은 온화하게 매끄럽게 변화하고 있는 것처럼 보인다. 특히 간격이 넓으면 넓을수록 변화의 매끄러운 판단은 둔하게 되는 것처럼 생각된다.

그래서 **그림 2.39**에 나타낸 바와 같이 각 교각 간격을 종축에 취하고 변화 모습을 막대 그래프로 나타내 본다(① 등차 급수, ④ 등비 급수의 그림은 생략). 막대 그래프의 정점을 잇는 선(이하, 단계적 변화선)을 그려 보면 등차 급수는 직선을 그리고 등비 급수는 오목형, 피보너치 급수는 급격한 오목형, 다이내믹 시메트리는 볼록형 곡선을 그리고 있다. 각각 순조롭게 변화하고 있는 것처럼 보이는 곳을 보면 단계적 변화선이 순조롭게 이어져 있으면 순조로운 것이라고 생각할 수 있다. 다만 피보너치 급수는 제3항까지는 직선, 제3항 이하는 곡선이 되어 순조로움의 성질이 달라지고 있다. 그림을 보면 그다지 위화감은 없으나 피보너치 급수는

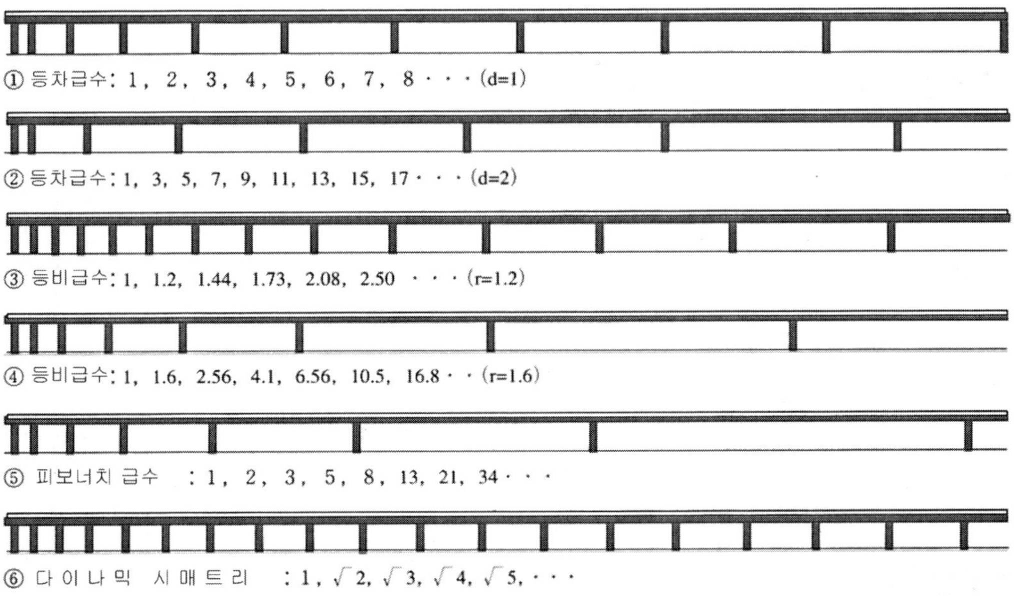

그림 2.38 여러 가지 급수를 이용한 간격의 단계적 변화

최초의 2항을 자유롭게 설정할 수 있으므로 서로 이웃한 2수의 합이 다음 항으로 된다는 성질이 명확하게 나타나는 제3항 이하를 사용하는 쪽이 좋은 듯이 생각된다. 한편, ②의 등차 급수의 단계적 변화선은 직선이고 변화는 순조롭지만 그림을 보면 제1항과 제2항의 변화는 너무 급격하다. 이것은 제1항의 간격이 1, 급수 공차가 2이므로 공차보다도 작은 간격으로 되기 때문에 급격하게 간격이 작아지게 되는 느낌이 드는 것이다. 따라서 등차 급수의 경우에는 공차보다도 작은 간격은 사용하지 않는 편이 좋다는 것을 알 수 있다.

변화의 완급(緩急)은 피보너치 급수만은 최초의 2항을 어떻게 설정해도 변화는 급격해지지만 등차 급수, 등비 급수에서는 공차, 공비를 작게 설명하면 변화는 완만하게, 크게 되면 급격하게 된다.

이상과 같이 각 급수는 부분적으로 적용할 수 없는 곳이 있지만 그 밖에는 순조롭게 변화하고 있어 급수간에 순조로움의 우열은 없다고 할 수 있다. 상황에 따라서 적합하고 다루기 쉬운 급수를 선택하면 된다.

2.6.3 새로운 급수의 작성

그림 2.39에 나타낸 단계적 변화선을 사용하면 기존 급수에 의존하지 않아도 순조롭게 변화하는 새로운 급수를 만들 수 있다. 그림 2.40 (a)는 그림 2.40 (b)와 같이 처음에 그래프 위에 단계적 변화선을 그리고 그 곡선에 따라 간격을 서서히 변화시키는 것이다. 그림 2.40 (a)를 봐도 변화는 순조롭다. 급수에 따르지 않고 다른 조건으로 간격을 구하는 경우

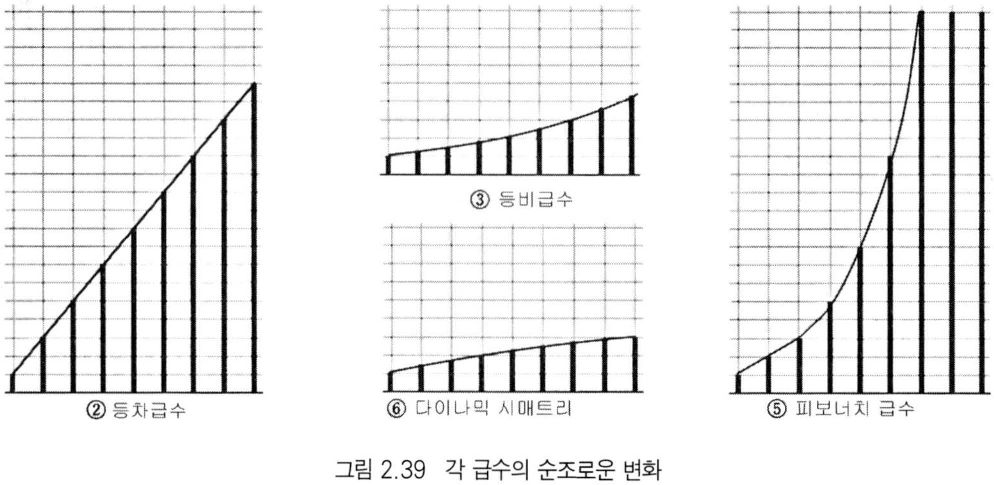

그림 2.39 각 급수의 순조로운 변화

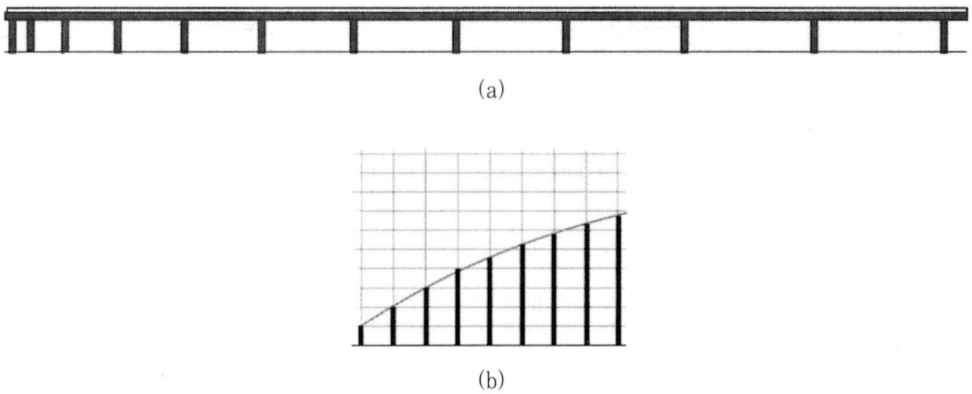

그림 2.40 그래프의 곡선에 따라 간격을 단계적 변화시킨 예

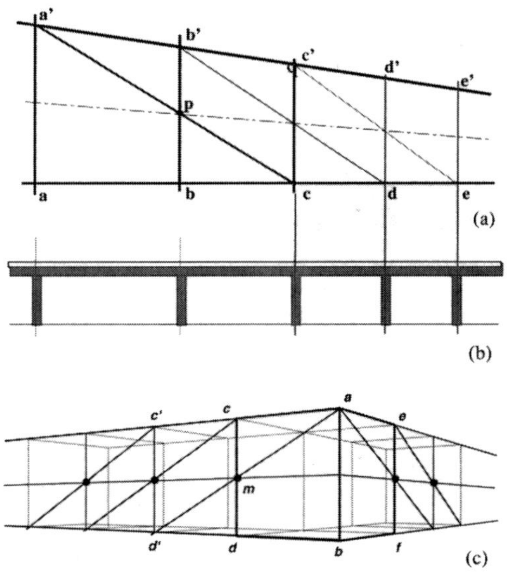

그림 2.41 작도법을 이용한 부재 간격의 단계적 변화

도 단번에 이 단계적 변화선을 그리고 변화의 순조로움을 체크하고 수정하는 방법으로써도 이용할 수 있다.

또 하나 기존 급수에 의지하지 않고 순조로운 새로운 급수를 만드는 방법은 「아름다운 교량의 디자인 매뉴얼 제2집」[8]에 소개하고 있는 작도법이 있다. 이것은 **그림 2.41** (a)에 나타낸 바와 같이 선분(線分) a－e와 그것과 경사를 가진 또 하나의 선분 a′－e′를 긋고 거기에 교차하는 방향에 주경간 길이에 해당하는 간격의 평행선 a－a′, b－b′를 긋는다. a′를 지나 b−b′의 중점 p를 지나는 직선이 분선 a−e와 교차하는 점을 c라고 하면 ab : bc는 a′e′의 경사에 따른 비례 관계로 되고 있다는 것을 이용하는 것으로 b′를 지나 c−c′의 중점 q를 지나는 직선이 a−e′와 교차하는 점을 d로 하고 c, d 위치에 교각을 배치하면 주경간 길이는 점차 짧은 간격으로 이행한다.

이것은 2점 투시도 작성으로 정육면체를 증식시킬 경우의 방법이 아주 같다. 정사각형 정점과 그 반대측 변의 중점을 지나는 선분은 1 : 2의 정육면체의 대각선이라는 성질을 이용한 것으로 **그림 2.41** (a)(비례도라고 한다)는 등간격 격자(grid) 투시도라고 이해하면 알기 쉽다.

그리고 단지 새로운 급수만을 구하는 것이라면 **그림 2.39**에 나타낸 방법이 간단할지도 모른다. 그러나 예를 들면 교량 전체 길이가 정해져 있는 경우에는 **그림 2.39**의 방법은 적용하기 어렵고 이 작도법이 효과적이다. 이 작도법을 이용하면 교량 길이뿐만 아니라 주경간 길이, 경간수가 정해져 있어도 주경간 길이에 비례적인 단계적 변화 간격을 구할 수 있다. **그림 2.42**는 그 방법을 나타낸 것으로 주경간 길이, 교량 길이, 경간수=5가 정해져 있는 것으로써 주경간을 포함한 오른쪽 절반을 그리고 있다.

먼저 주경간 좌측 위치에 임의 길이 a−a′를 긋는다. a′와 우단 교각 위치의 d를 잇고 주

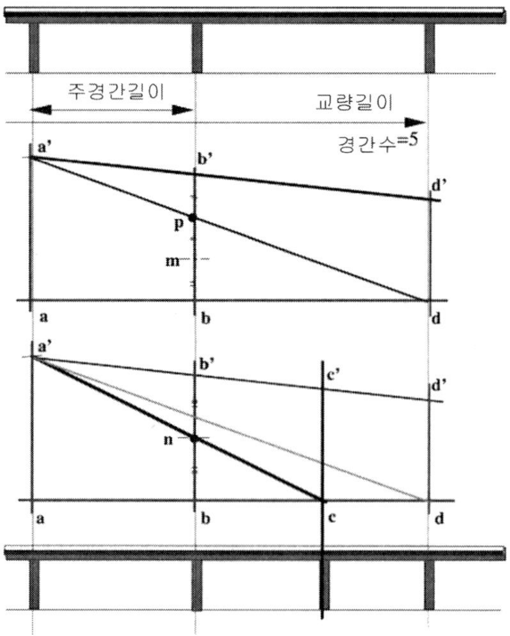

그림 2.42 교량 길이, 주경간 길이, 경간수가 고정일 때 간격의 단계적 변화 방법

경간 우측 교각 위치 b에 세운 수선(垂線)과의 교점을 p로 한다. p−b의 1/2을 p의 바깥쪽에 잡고 b′로 한다. a′와 b−b′의 중점 n을 지나는 직선이 a−d와 교차하는 점 c는 구하는 교각 위치이다.

bd 사이에 또 1기(1基) 교각이 필요하면 p−b의 1/3을 추가하여 b′를 구하고 a′−d가 b−b′의 1/4(주경간을 포함한 오른쪽 절반 몫의 경간수는 4이므로)의 곳을 지나도록 비례도를 작성하면 된다.

이와 같이 단계적 변화선이나 비례도를 사용하는 방법은 시각적으로 확인하면서 간격의 단계적 변화를 행하는 것이 유리한 점이며 기존 급수보다도 자유도가 높으므로 많이 활용하기 바란다.

2.6.4 실제 교량에서 보게 되는 간격의 단계적 변화

그럼 실제 교량에서는 어떤 급수가 사용되고 있을까? 그럼 일본의 대표적인 교량에서 보게 되는 간격의 단계적 변화 상태를 살펴보자. 그림 2.43은 위로부터 하마나 대교(浜名 大橋), 우라도 대교(浦戶 大橋), 이와 대교(岩 大橋), 오카야 고가교(岡谷 高架橋)[11]이다. 교량의 경간 길이를 종축에 잡은 그래프를 각각 오른쪽에 나타낸다. 이것을 보면 하마나 대교, 우라도 대교는 거의 같은 스팬 비례로 되어 있다. 단계적 변화선은 거의 직선으로 되어 있으며 등차 급수에 가까운 수열이 쓰이고 있다. 따라서 간격은 순조롭게 변화하고 있지만 그래프를 보면 단계적 변화선의 제1항(그래프상에서 가장 왼쪽의 간격 : 이하 같음)과 제2항의 차는 너무 격심하다. 이것은 앞에서 기술한 바와 같이 제1항의 간격에 등차 급수의 공차보다도 작은 값이 쓰여져 있기 때문이다. 제1항의 간격을 좀더 넓게 함과 동시에 제2항을 좁혀 단계적 변화선이 등비 급수적인 오목형(凹形)의 곡선을 그리듯이 한 쪽이 변화가 순조롭게 되어 설치 교량과의 접속도 원활하게 되는 것 같다.

이와 대교, 오카야 고가교의 단계적 변화선은 같은 볼록형(凸形)이지만 이와 대교의 제1항과 제2항의 차는 너무 격심하다. 노면이 경사져 있으므로 만약 가능하게 된다면 좌우 대칭(양끝의 간격은 좀 다르지만)의 스팬 비례로 하지 않고 왼쪽에서 서서히 간격을 넓혀 나가는 비례도 생각할 수 있겠다. 오카야 고가교의 단계적 변화선은 다이내믹 시매트리의 단계적 변화와 비슷하며 간격의 변화가 순조롭다.

그림 2.44는 일본 도쿄만 횡단도로 앞바다 부분(東京湾 橫斷道 沖合部)의 원안(原案)과

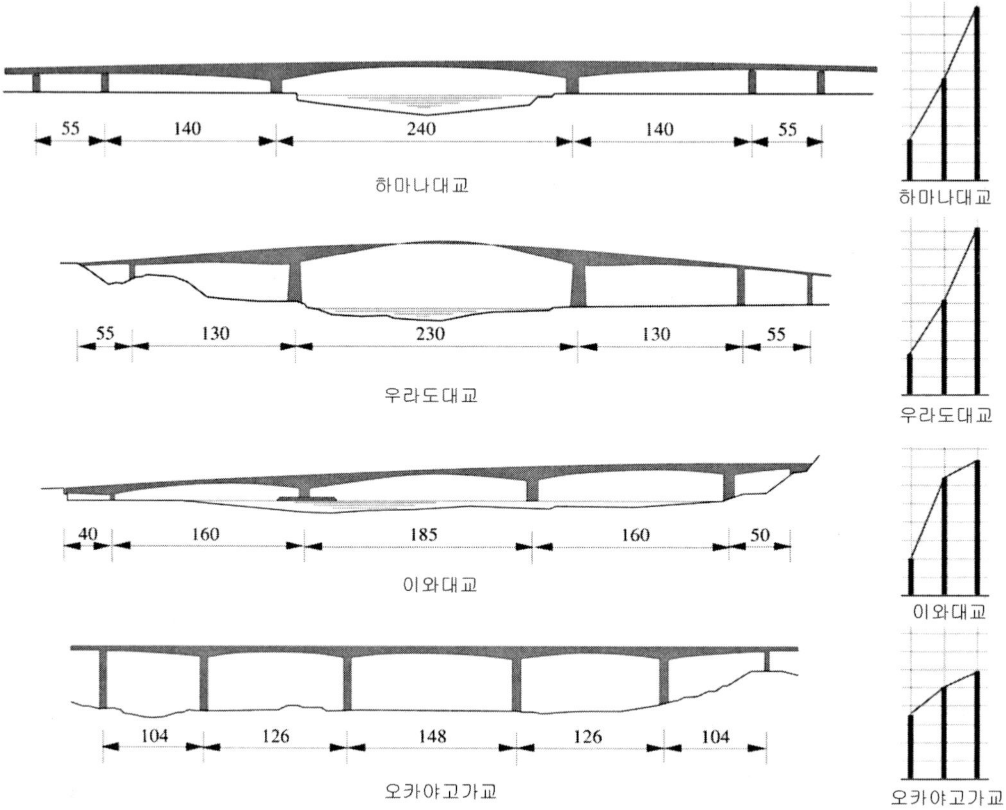

그림 2.43 실제 교량에서 보게 되는 경간 길이의 단계적 변화

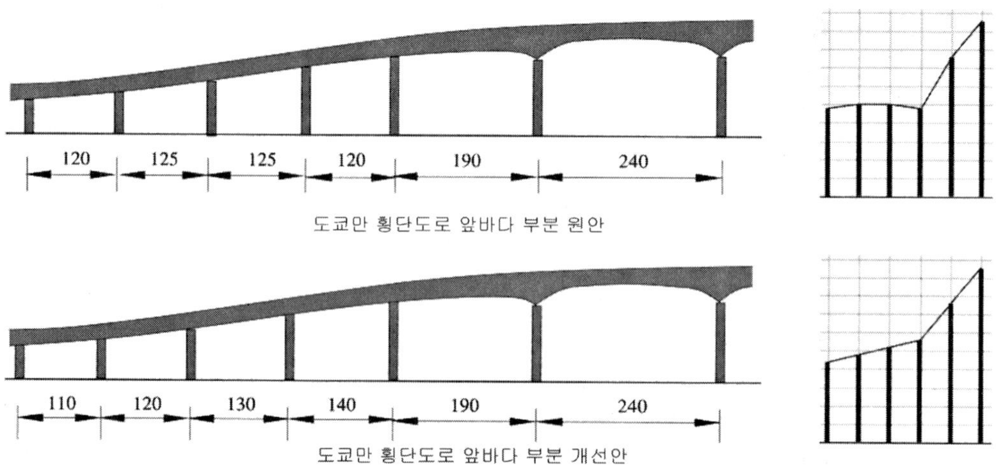

그림 2.44 일본 도쿄만 횡단도로 앞바다 부분의 원안과 개선안

개선안[12)]이다. 원안은 단계적 변화선이 나타낸 대로 변화가 뒤섞여 있다. 개선안은 글자 그대로 이것을 개선한 것으로 2종류의 등차 급수를 사용하여 변화를 순조롭게 하고 있다. 개선안에서도 순조로움을 볼 수 있으나 뒤에 기술하는 바와 같이 단계적 변화선이 한 점(一點)에서 구부러지게 하지 말고 제4항의 간격을 좀 넓게 하든지 또는 제1항에서 제3항까지의 간격을 일률적으로 좀 좁히든지 하여 2종류의 등차 급수를 원만하게 접속하는 것도 생각할 수 있는 것이다.

그림 2.45는 Golden Gate교의 주탑이다. 수평재는 주탑의 높이를 강조하는 것처럼 위로 향하여 서서히 간격을 좁혀서 배치하고 있다. 이러한 경우에도 이제까지 기술해 온 단계적 변

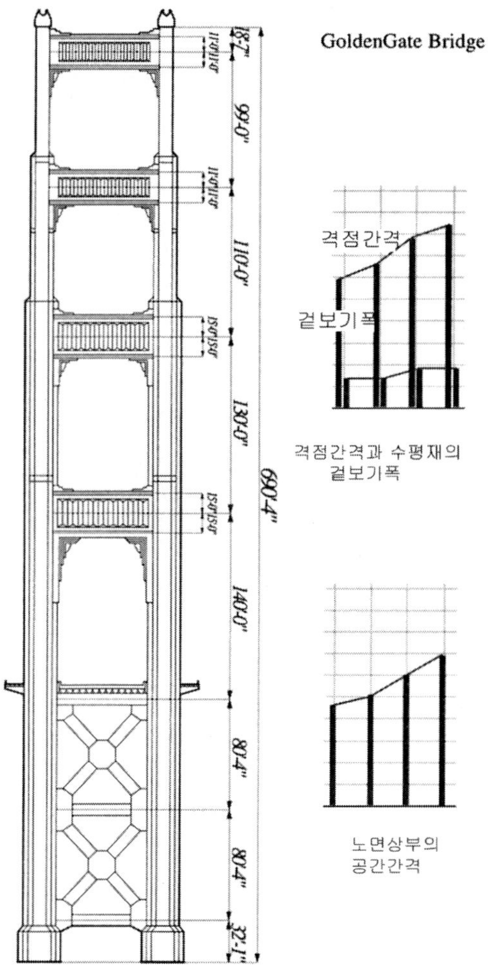

그림 2.45 현수교 주탑의 수평재 간격

화 방법을 적용할 수 있다. 먼저 격점(格點) 간격의 단계적 변화선을 보면 변화는 그다지 순조롭다고 할 수는 없다. 그러나 수평재의 겉보기 폭도 위 2개, 아래 2개는 각각 같은 치수이지만 위쪽이 가늘게 되어 있어 그 때문에 노면 상부 공간 간격은 그 단계적 변화선이 나타낸 바와 같이 순조롭게 변화하여 위로 향하여 작게 되어 있다. 다른 보기를 보면 공간 간격의 단계적 변화가 순조롭기 때문에 수평재의 겉보기 폭은 상하 2개씩 같게 하고 있음에도 불구하고 위로 감에 따라 작아지는 것처럼 보인다. 잘 생각한 디자인이라고 할 수 있다.

2.6.5 단계적 변화 구간과 등간격 구간의 단계적 변화선

주경간에서 서서히 간격을 좁혀 가다 거기에서 등간격으로 교각을 병행하는 경우에는 단계적 변화 구간과 등간격 구간의 접속에 반드시 주의해야 한다. **그림 2.46**은 (a) 등차 급수와 (b) 등비 급수로 만든 단계적 변화 구간에 등간격 구간을 접속시킨 것이다. (a)−1, (b)−1은 왼쪽에서 4번째 교각까지가 단계적 변화 구간이고 등간격 구간 간격은 각각 급수상에서 4번에서 5번째의 교각 간격으로 해야 할 간격보다도 작은 값을 사용한 것이다. (a)−2, (b)−2는 그렇게 해야 할 간격 구간의 간격으로써 사용한 것이다. (a)−3, (b)−3은 그렇게 해야 할 간격의 다음부터 그보다 좀 작은 간격을 등간격 구간에 사용한 것이다. 따라서 5번째가 단계적 변화 구간이다. 이들을 보면 (a)−1은 분명히 연결(관계)이 나쁘다. 공차를 초과하여 간격을 작게 하면 불연속으로 보여 그러한 간격을 직접 서로 이웃하게 할 수 없는 것을 알 수 있다. (a)−2는 거기에 비하면 연결(관계)은 좀 좋게 되어 있다. (b)−1의 경우는 단계적 변화선을 봐도 알 수 있듯이 등간격 구간의 간격은 단계적 변화 구간의 일부로써 볼 수 있으므로 (b)−2와 마찬가지로 그런 대로 연결한 것으로 볼 수 있다.

그러나 가장 순조롭게 연결하고 있는 것은 (a)−3, (b)−3이다. 둘 다 단계적 변화선은 1점에서 구부리지 않고 2개의 직선 또는 곡선 교점에 R을 만든 것처럼 급격한 변화를 완화시키게끔 연결하고 있다. 즉, 2종류의 다른 계열의 간격을 연결할 때에는 각각의 단계적 변화선이 R로 연결되는 그런 형상으로 하면 좋다는 것을 알 수 있다.

따라서 (a)−2도 **그림 2.47**에 나타낸 바와 같이 4번째의 간격을 넓게 하여 변화를 완화시키면 연결(관계)은 좀더 순조롭게 된다.

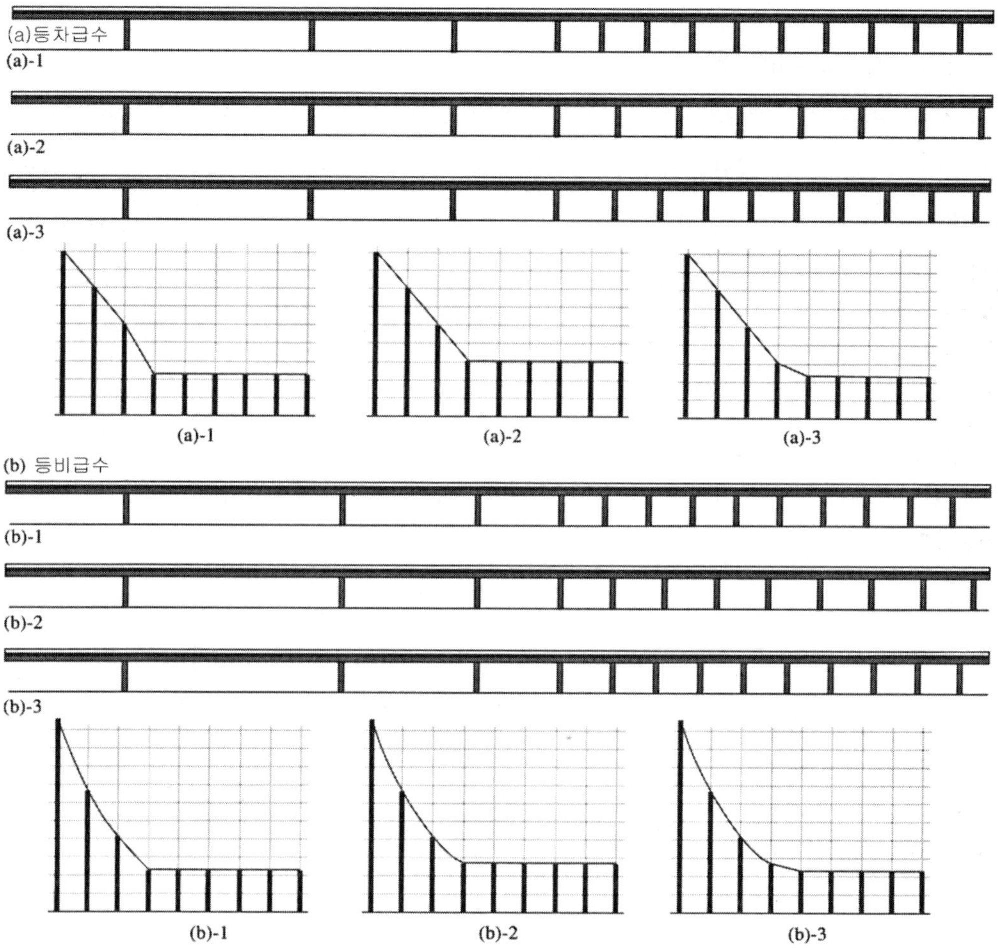

그림 2.46 등차 급수 (a)와 등비 급수 (b)로 만든 단계적 변화 구간에 등간격 구간을 접속시킨 예

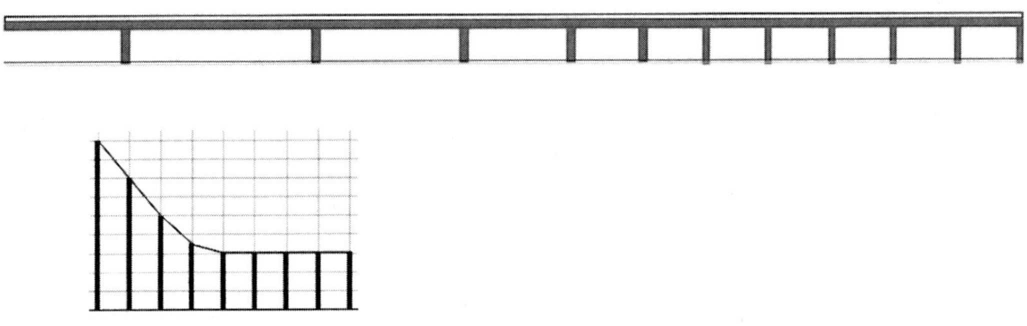

그림 2.47 그림 2.46 (a)−2를 순조롭게 한 예

2.6.6 착시에 대한 대응

그럼 2종류의 다른 계열의 간격을 연결할 때에는 각각 단계적 변화선이 R로 연결한 형상으로 하면 좋다는 것을 알았는데 (a)−3, (b)−3도 잘 보면 등간격 구간의 최초 간격은 다른 것보다도 좁게 보이고 있다. 특히 중앙 경간측에서 눈을 옮겨 보면 그런 경향이 강하게 나타난다. (a)−1에서 (b)−2까지의 연결(관계)도 똑같다. 이것은 게슈탈트 요인 중 최초에 어떤 정리로 지각된 것은 다른 계열 중에서도 정리하기 쉽다는 "객관적 구조 요인"으로 착시가 생겨 좁게 보인다고 생각된다. 즉, 간격이 서서히 작아진다는 지각을 등간격 속으로도 가지고 들어오는 경향이 있기 때문일 것이다. 따라서 단계적 변화 구간과 등간격 구간을 부드럽게 연결하는 데는 상기한 것에 더한 등간격 구간의 최초 간격을 약간 넓게 하여 착시에 대응해야 한다.

간격 넓히는 방법에도 각 급수를 적용할 수 있다. 즉, 단계적 구간의 최후 경간 길이, 넓히려고 하는 경간 길이 및 등간격 구간의 경간 길이의 3간격에 대해서 급수를 적용하는 것을 생각할 수 있다. 다만, 단계적 변화 구간에 직선이나 오목형의 급수가 사용되고 있는 경우는 물론 볼록형의 다이내믹 시메트리가 사용되고 있는 경우에도 등간격 구간과 연결하는 데는 이 부분의 급수는 직선이 오목형이어야 한다. 그래서 여기서는 등차 급수와 등비 급수 또는 단계적 변화선에 따라 만든 급수에 대해서 검토한다.

그림 2.48 (a)는 등차 급수로 간격을 넓힌 예이다. 넓히는 간격 d_s는 단계적 변화 구간의 최후 경간 길이를 m, 등간격 구간의 경간 길이를 n이라고 하면,

$$d_s=(m-n)/2$$

이다. 한편 등비 급수로 넓힐 때에는 넓히는 간격을 d_h라고 하면,

$$d_n=n(\sqrt{m/n}-1)$$

으로 구할 수 있다. 이제 m을 60m, n을 45m로 하면 d_s는 7.5m, d_h는 6.96m로 양자에는 그다지 차이가 없다. 그래서 **그림 2.48** (b)에서는 급수를 사용하지 않고 단계적 변화 구간의 최후 경간 길이와 등간격 구간이 R로 연결한 그런 단계적 변화선을 그리고 거기에서 넓혀야 하는 간격 4m를 구하고 있다. 이것을 보면 양자 모두 착시는 해소되고 있다. 양자를 비교하면 미묘하지만 **그림 2.48** (b)의 단계적 변화선이 커브를 그리는 그런 넓히는 방법이 순조롭게 보인다.

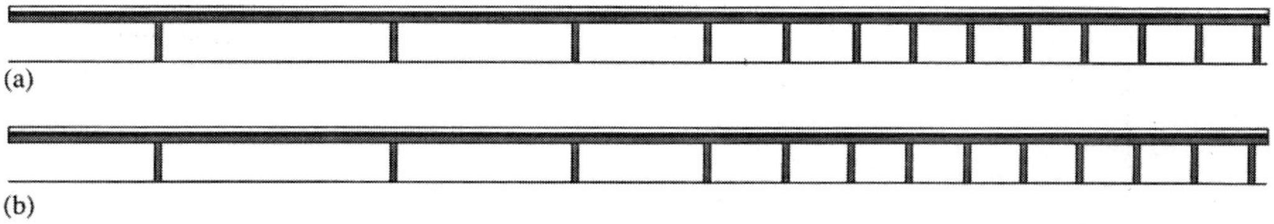

그림 2.48 착시에 대한 대응 I

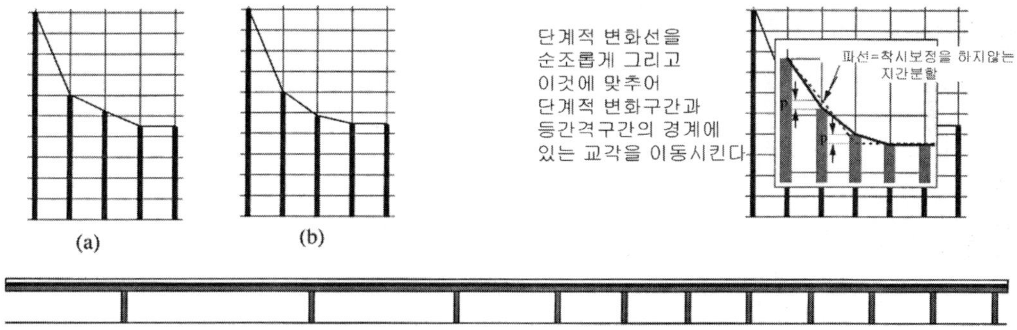

그림 2.49 착시에 대한 대응 Ⅱ

그리고 **그림 2.48**은 등간격 구간의 최초 간격을 넓게 함으로써 다른 등간격 구간의 교각 위치가 이동하는 경우이다. 이것을 등간격 구간과 단계적 변화 구간의 경계에 있는 교각 위치를 이동하는 것만으로 다른 교각 위치는 이동하지 말고 착시에 대응하는 경우도 기본적으로는 단계적 변화선이 커브를 그리는 것과 같이 간격을 구하면 된다. **그림 2.49**에 그 예를 나타낸다.

2.6.7 실제 교량에서 보게 되는 단계적 변화 구간과 등간격 구간의 접속

그럼 실제 교량에서는 어떻게 접속하고 있을까? **그림 2.50**은 일본의 히로시마 오타가와교(廣島 太田川橋)의 스팬 분할[11]이다. 단계적 변화선은 중앙 경간에서 오른쪽만을 나타내고 있다. 간격을 서서히 좁혀 경사진 지형에 조화되게 하고 있는 점은 참고할 만하다. 그러나 착시에 대한 대응은 되어 있지 않다. 65m와 45m 경간 사이에 있는 교각을 왼쪽으로 붙여 대는 쪽이 순조롭게 접속된 것으로 생각할 수 있다.

그림 2.51은 일본의 타타라 대교(多多羅 大橋) 오미시마측(大三島側)의 케이블 배치 원안과 그 개선안이다[13]. 케이블 바깥쪽과 안쪽에 각각 간격이 다른 등간격 구간이 있다. 원안

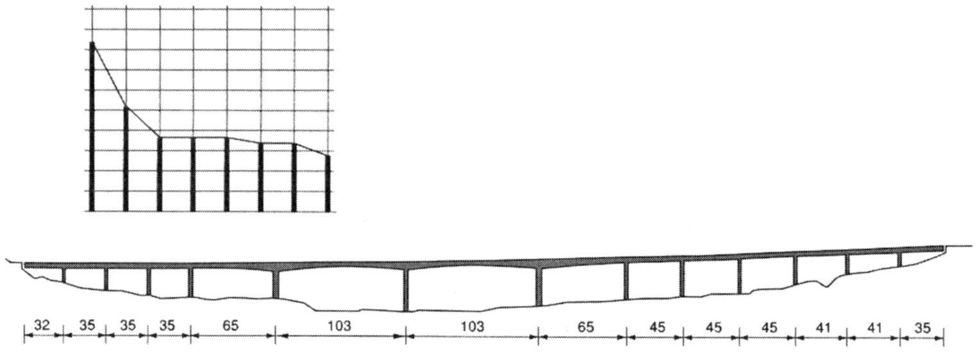

그림 2.50 히로시마 오타가와교(일본)의 스팬 분할(나누기)

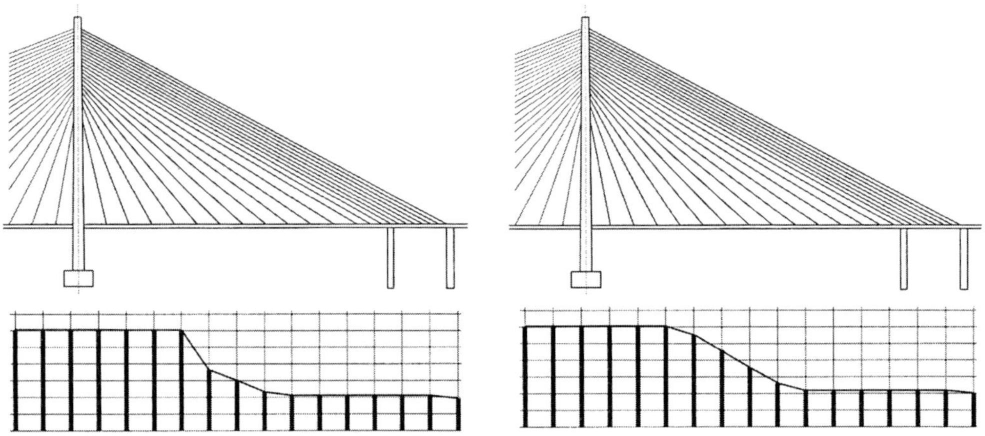

원안 개선안

그림 2.51 타타라 대교 오미시마측(일본)의 케이블 배치

은 바깥쪽의 빽빽한 간격이 서서히 간격을 넓혀 안쪽의 성근 등간격 구간에 연결하듯이 계획되어 있다. 등간격 구간에서 단계적 변화 구간으로 연결할 때는 이것으로 만족하지만 중앙 경간에 해당하는 간격이 다시 등간격에 병행할 때는 그림에서 볼 수 있듯이 순조롭게 연결되지 않는다. 성근 등간격 구간 오른쪽에 이웃한 간격이 너무 좁기 때문에 그래서 단차가 생겨 빽빽한 간격 구간이 띠상(帶狀)으로 보이고 있다. 이것을 개선안에서는 양 등간격 구간을 연결하여 단계적 변화선이 S자를 그리듯이 간격 배치함으로써 양자를 순조롭게 연결하여 띠상으로 보이는 것을 피하고 있다. 다른 간격의 등간격 구간을 연결할 때의 방법으로써 참고할 만하다.

결론

아름다운 형상, 정리된 어떤 형상은 먼저 그 형상의 구성 요소를 명쾌하게 하는 것이 전제이다. 이제까지 형상을 인상이나 속성으로밖에 말하지 않았다고 하면 이제부터는 형상의 구성 요소를 보게 되도록 해야 한다. 형상에 관계되는 설계를 인상이나 속성만 가지고 추진하려고 하면 주위의 큰소리 의견에 어쩔 수 없이 우왕좌왕하게 되어 설계자도 자신을 갖고 이것은 이런 형상으로 해야 한다고 주장할 수 없다. 그러나 형상의 구성 요소를 검토, 음미할 경우는 설계자도 자신을 가지고 형상을 만들 수 있으며 주변의 의견도 도움이 된다.

그리고 교량 제작을 그저 쉽게 또는 시공하기 쉽게 하면 이런 형상의 구성 요소가 조화하지 않는 경우가 있다. 제작·시공하기 쉬운 형상이 형상 구성 요소의 명쾌함을 가져다준다고는 할 수 없다. 따라서 형상 만들기를 할 때는 그것들과 조화하면서 명쾌한 형상 구성 요소를 고안하는 것이 중요하지만 한편 제작·시공하기 쉽다는 이유로 형상의 구성 요소를 선명하게 하지 않는 가공도 피해야 한다. 형상의 구성 요소는 아주 사소한 요철(凹凸)이나 선(線)의 혼입(混入)에 따라 무너져 버린다. 현재 교량 형상에는 형상의 구성 요소가 선명하지 않은 것이 많다고 생각된다. 구조 또는 시공상의 요청과 형상의 구성 요소를 솜씨 좋게 조화시킨 형상 만들기를 목표로 하기 바란다.

R 만들기에 대해서는 R 만들기만으로 이렇게까지 고찰할 수가 있다고는 상상하지 못했을 것이다. 그러나 R 만들기를 연구함으로써 형상 그 자체도, 또 형상이 주는 인상도 많이 바뀐다는 것을 이해할 수 있을 것이다. 같은 R을 등폭형으로 R 만들기를 하는 것만이 R 만들기가 아니다. 좋은 형상의 구성 요소를 얻는 것과 마찬가지로 R에도 강약을 주어 가락이 있는 형상을 만드는데 명심하기 바란다.

부재 간격의 단계적 변화 방법은 이 장에 나타낸 바와 같이 단계적 변화선을 그림으로써 간단히 순조롭게 관계가 이어지고 있는지 여부를 체크할 수 있다. 경간 길이를 단계적으로 변화시키거나 등간격 구간과 연결할 때에는 단계적 변화 방법, 연결 방법에 유의하기 바란다. 또, 3경간 연속교 간격의 단계적 변화에 대해서는 미적 형식 원리와 매력 창조의 장(제6장)에서 논하고 있으므로 참고하기 바란다.

연습 문제

① 그림 2.7과는 반대로 윗면이 원, 아랫면이 정사각형일 때에 두 면을 단조로운 관계로 연결하는 입체를 비례법, 스위프법, 감산법, 가산법의 4종류로 고안한다.

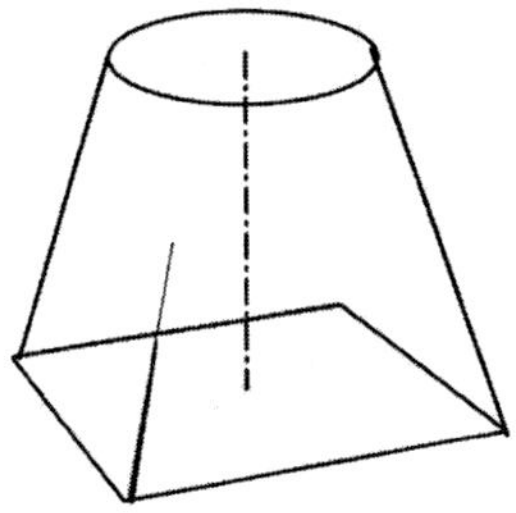

② 십자형 단면의 형상 구성을 5案 이상, 본문에 나타낸 것 이외의 것을 고안한다.

③ T자형 교각의 형상 구성을 10案 이상, 본문에 나타낸 것 이외의 것을 고안한다.

④ 문형(門型) 라멘 교각의 형상 구성을 12案 이상 고안한다.

⑤ 주변에 있는 교량을 1개 선정하고 형상의 구성을 해석해 본다. 구성의 선명하지 않은 곳이 있으면 그것을 어떻게 수정하면 좋을지 대안(代案)을 스케치해 본다.

⑥ 농구공 모양의 하로(下路) 아치교는 통상적으로 가산법에 의해 형상 만드기를 하는 경우가 많지만 감산법으로 형상 만들기를 생각해 본다.

⑦ 그림 2.14에 나타낸 지정된 R의 크기로 아래 그림에 나타낸 입체 R 만들기를 한다.

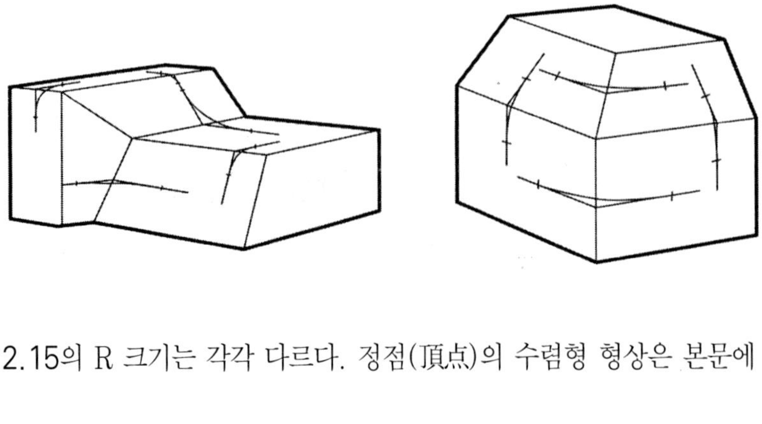

⑧ 그림 2.15의 R 크기는 각각 다르다. 정점(頂点)의 수렴형 형상은 본문에 나타낸 R 만

들기를 한 면이 아니다(단면은 R이 없다). 그 이유를 고찰한다.

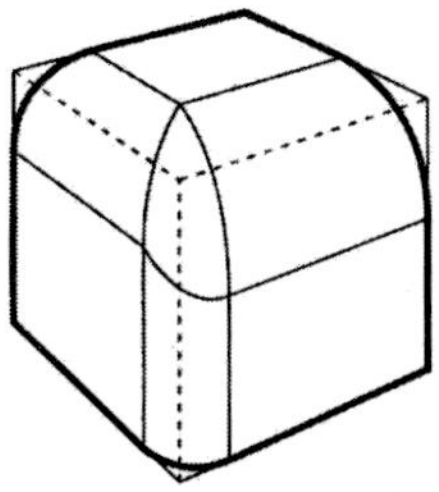

⑨ 5경간 연속 거더의 스팬 분할을 검토해 보자.

⑩ 7경간 연속 거더의 중앙 경간 길이가 200m, 등간격 설치 교량의 경간 길이가 45m일 때의 스팬 분할을 검토해 보자.

참고 문헌

1) Kurt Rowland : Looking and Seeing 2 "The Development of Shape" Ginn and Company Ltd., London (1964)

2) 杉山 : 橋の構造と美(上, 下), 橋梁と基礎, 1982-11, 12

3) 松田 : 視知覺, 培風館 (1995)

4) 柿崎 : 心理學的知覺論序說, 培風館 (1995)

5) 杉山 : 圖學および工業製圖演習・表示論および演習, 千葉大學工學部工業意匠學科テキスト (1976)

6) 原田 : 自動車デザインにおける視覺言語と統語法システムの開發研究, 千葉大學大學院自然科學研究科 博士論文 (1996)

7) 首都高速道路公團神奈川建設局 : MEX-WAY横浜2橋物語－21世紀へ架ける橋－ パンフレット

8) 土木學會出版委員會, 美しい橋のデザインマニュアル編集小委員會編 : 美しい橋のデザインマニュアル 第2集, 土木學會 (1993)

9) 伊藤 : アールがけの方法, 千葉大學工學部工業意匠學科 立体デザイン演習テキスト (1994)

10) 福井 : デザイン小辭典, ダヴィッド社 (1978)

11) 日本道路公團監修 : 高速道路の橋, (財)高速道路調査會 (1986)

12) 東京灣横斷道路株式會社：東京灣横斷道路景觀檢討委員會橋梁專門部會報告書 (1990)

13) 本州四國連結橋公團：多多羅大橋の景觀設計 (1996)

제3장

색채의 사고 방식

Color Planning

서론

교량 재료로서는 주로 강과 콘크리트가 쓰이고 있는데 색채는 강교 특유의 속성이다. 교량 색채는 시각적 인상을 크게 좌우하므로 충분한 검토가 필요한 조형 과제이다.

색채에 대해서 많은 서적이 출판되어 있어 새삼스럽게 논할 필요가 없다고 생각되지만 교량의 색채 계획으로서 정리해 둘 필요가 있다고 생각되어 하나의 장(章)을 마련하였다.

현상태에서 본격적인 색채 계획을 세우려고 하면 그 나름의 비용이 든다. 반면에 교량의 형상 그 자체는 붕괴되지 않는 한 영구적으로 변하지 않지만 색채는 거의 10년마다 재도장해야 하므로 다소 문제가 있어도 재도장할 때에 수정하면 된다는 안이함도 있어(실제는 그리 간단하지도 않지만) 계획이 안이하게 흐르거나 등한시되는 경우도 있다. 또, 색의 선정은 구조 선정만큼 결정적 변수가 아니기 때문에 좋은 색을 전면으로 나오게 하고, 색채 선정이 특정인 의향에 좌우되는 경우도 있다. 그러나 색은 구조 형상의 인상에 많은 영향을 주므로 이들에 주의 깊게 대처하면서 적절한 색채 계획을 세워야 한다. 이 책에서는 특히 색채의 3가지 속성 중 우선해야 할 속성에 초점을 맞춰 색채 계획의 이상적인 상태를 정리하였다.

3.1 색채 표시법

3.1.1 먼셀 표색계 : 3속성에 따른 색 표시

주지한 바와 같이 우리들이 물체의 표면 색(Surface Color)을 지각할 때의 요소는 색상, 명도, 채도의 3가지 속성으로 나타낼 수 있다.

색상 : 빨강, 노랑 등의 채색을 특성짓는 속성

명도 : 색의 밝음, 어두움을 나타내는 속성

채도 : 색의 선명함 정도를 나타내는 속성

표색계란 색채를 표시하는 체계로서 일종의 지도 위에 개개의 색 위치, 번지를 부여하는 것을 목적으로 한 것이다. 먼셀 표색계는 그 대표적인 것의 하나로 여러 가지의 개량, 수정이 가해진 수정 먼셀 표색계(이하, 예고가 없으면 먼셀 표색계는 수정 먼셀 표색계를 나타낸다)는 한국산업규격(KS A 0062 : 색의 3속성에 의한 표시 방법)에 받아들여져 있다. 교량 색채 계획에서도 먼셀 표색계에 따른 표시가 일반적이다. 도장용에는 그 목적에 알맞은 표색계가 쓰이고 있는데 색채에 대한 공통 이해 때문인지 먼셀 표색계에 따른 표시도 병기되어 있는 경우가 많다.

먼셀 표색계는 종축에 명도(Value)를 잡고 이와 직교하는 평면에는 원주상에 색상(Hue), 중심에서의 거리를 채도(Chroma)로 하는 공간을 구성하고, 각각을 시각적으로 등간격에는 10진법에 의거하여 분할하고 개개의 색채를 표시하는 것이다. **그림 3.1**은 이것을 입체로 표현한 것으로 먼셀의 색입체라고 한다.

색상 : 맨 처음에 적색(R : Red), 황색(Y : Yellow), 녹색(G : Green), 청색(B : Blue), 자색(P : Purple)의 5색이 등간격으로 배열되고, 각각의 중간에 등색(오렌지색)(YR), 황록색(GY), 청록색(BG), 청자색(PB), 적자색(RP)의 5색을 두어 10색상을 기본 색상으로 하고 있다. 기본 색상을 다시 10분할하고 각 색상의 중심을 5로 하고 1~10의 번호를 매겨 표기하고 있다(**그림 3.2**). 따라서 색상은 합계 100으로 세분화되어 있으나 다시 세분화할 때에는 각각을 다시 한 번 10분할하고 소수점을 사용하여 표시하게 되어 있다.

명도 : 명도도 완전한 백색에서 완전한 흑색까지를 10분할하고 완전한 백색(빛을 100% 반사)을 10, 완전한 흑색(빛을 100% 흡수)을 0으로 하여 표시한다. 다만, 완전한 백색과 흑색

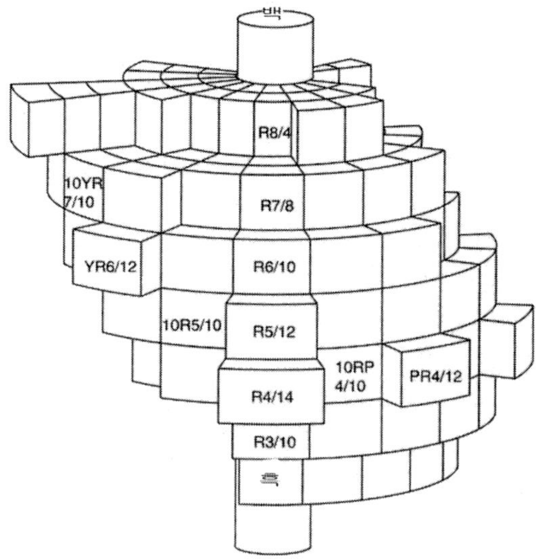

그림 3.1 먼셀 색입체

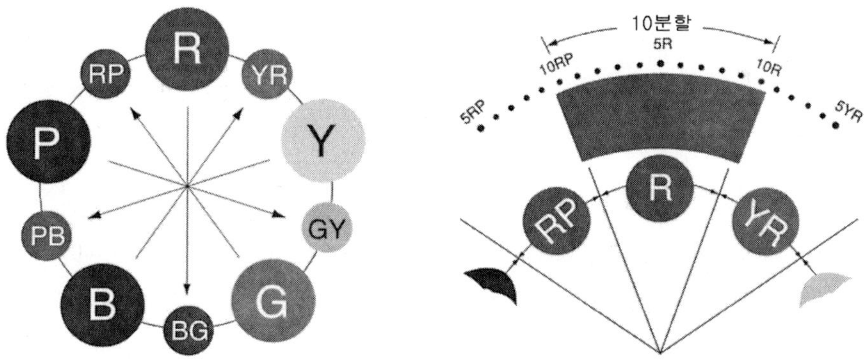

그림 3.2 먼셀 색상계

은 현실적으로는 얻을 수 없으므로 실제로는 9에서 9.5를 백색으로 하고, 흑색을 1로 하고 있다. 9.5의 표시에 볼 수 있듯이 각각을 다시 10분할하고 소수점을 사용하여 표시할 수 있다. 이 명도의 축은 색상을 갖지 않는 무채색의 축에도 있으므로 Neutral의 머리글자를 딴 N을 숫자 앞에 붙여 N 9.5와 같이 표시한다.

채도 : 무채색을 0으로 하고 선명함이 증가함에 따라 높은 숫자를 붙이고 있다. **그림 3.1**에서 볼 수 있듯이 색상에 따라 각각의 가장 채도가 높은 값은 다르며 그 명도 위치도 달라지고 있다. 5Y, 5R은 채도 14까지이지만 5G, 5B에서는 채도 8~10까지밖에 없다. 또, 그 때의 명도는 8~3으로 크게 달라지고 있다. 따라서 먼셀의 색입체는 대개 주판알 모양을 하고

있는데 다소 찌그러져 요철(凹凸)이 있는 형상으로 되어 있다.

표기법 : 색채 표기는 색상, 명도, 채도의 순서로 기입하고, 명도와 채도 사이에 빗금(/)을 그어 다음과 같이 표기한다.

5R 4/14

(색상=5R, 명도=4, 채도=14)

덧붙여 말하면 상기한 색은 적색의 가장 채도가 높은 색이다.

3.1.2 P.C.C.S. 표색계 : 색상과 색조(Tone)에 따른 색 표시[4)]

먼셀 표색계와 병행하여 일본(日本)에서 많이 쓰이고 있는 것이 P.C.C.S. 표색계이다. 이것은 Practical Color Coodinate System의 약어로 1964년에 일본 색채 연구소가 개발한 것이다.

색상 : 먼셀 표색계에서는 10색상이었지만 P.C.C.S.에서는 색상을 12분할하고 그것을 다시 세분화하여 24색상으로 하고 있다. 이 색환상(色環上)에서는 사람의 색 지각이 황색, 녹색, 청색, 적색의 심리(心理) 4원색을 기초로 하고, 이것을 반영하여 그들이 등간격이 되도록 배치하고 동시에 색광의 3원색인 적색, 녹색, 청색(R, G, B), 색재(色材)의 3원색인 시안(Cyan), 마젠타(Magenta), 옐로(Yellow)(C, M, Y)가 정연하고 균등하게 배치되도록 되어 있다. 또한 어떤 색의 보색은 대부분 그 대향(對向)으로 위치하도록 되어 있다.

색상 표기에는 색상명, 색상 기호(알파벳의 머리글자와 조합) 이외에 "자색을 띤 적색=pR"을 1로 하고 색상환을 시계 방향으로 24번까지 매긴 색상 번호도 쓰이고 있다.

명도 : 먼셀 표색계와 완전히 같은 척도가 쓰이고 있다.

채도 : 각 색상의 이상적인 순색과 무채색까지의 거리를 같게 설정하고 그 거리를 시각적으로 등간격이 되도록 10분할하고 있다. 다만, 현실적으로 본 가장 높은 채도는 9로 하고 있다. 먼셀 표색계의 채도(Chroma)와 구별하기 위해 S(Saturation)를 붙여 나타낸다.

표기법 : 색채 표기는 먼셀 표색계와 마찬가지로 색상, 명도, 채도의 순서로 기입하고 다음과 같이 각각을 하나로 연결한다.

17・B−4.0−9S

(색상환 위 17번째에 있는 B, 명도=4, 채도=9)

색조(Tone) : 이 표색계의 큰 특징은 종축을 명도, 횡축을 채도로 하는 평면(P.C.C.S.의

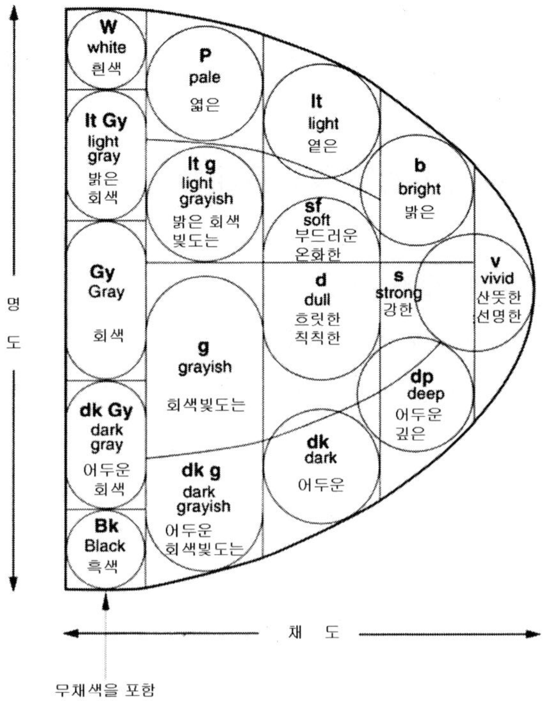

그림 3.3 색조(Tone) 그림

색입체에 대한 등색상(等色相)의 단면)을 **그림 3.3**과 같이 유채색부(有彩色部)를 12개의 구획으로, 무채색부를 5개의 구획으로 나누고 그들을 톤(Tone)이라고 부르고 색을 분류하고 있는 것이다. 즉, 색의 농담, 명암, 강약 등 색의 가락, 즉 색조(Tone)가 거의 같은 범위의 것을 구획하여 정리하고 동시에 각 구획에는 비빗(Vivid－선명한)이나 브라이트(Bright－밝은) 같은 형용사에 따른 색조 이름을 붙여 그 머리글자를 따고(v, b, dp 등) 색상 번호를 조합한 색조 기호(v1, b2, dp3 등)에 따라서도 색을 표시할 수 있도록 하고 있다. 이것은 색의 가락을 나타내는 말은 색상이 달라도 같게 보인다고 하는 일반 사람들에 대한 조사결과에 기초를 두고 체계화한 것이다.

이상과 같이 P.C.C.S. 표색계에서는 먼셀 표색계와 마찬가지로 색상, 명도, 채도에 따른 색 표시에 더하여 명도와 채도의 복합 개념인 색조(Tone)와 색상에 따라 색을 표시할 수 있다. 그러나 P.C.C.S. 표색계는 색채를 표시하기 위해 사용하고 있다기보다 색채 계획에 많이 활용되고 있다. 그것은 색상이 달라도 색에 대한 정감(情感)이 공통하고 있는 색조(Tone) 체계가 디자인 발상이나 배색의 전개, 유행하는 색의 파악 등에 효과적이기 때문이다. 교량 디자인에서도 색조 체계 중에서 색채 계획을 세워 적절한 색채 선정을 하는 데 활용하고 있다. 그리고 그 색채의 표시 자체는 먼셀 표색계에 따라 하는 경우가 많은 듯하다.

3.2 후보색 선정시에 고려해야 할 사항과 유의점

3.2.1 교량 색채 계획의 절차

(1) 넓은 범위의 색에서 서서히 좁혀 나간다

여러 가지 교량에서 볼 수 있는 색채 계획의 절차를 색채 좁히기 방법에 주목하여 정리해 보면 대개 그림 3.4와 같다. 다른 디자인의 경우와 마찬가지로 넓은 범위에서 서서히 좁혀 나간다는 과정을 채용하고 있다.

즉, 먼저 후보로 되는 색을 될 수 있는 한 넓은 관점에서 추출하고 서로 비슷한 색을 정리하여 20~30색을 제1차 후보색으로서 선정한다. 그리고 나서 좀더 많은 관점에서 적합한 색 선정 또는 이용자를 상대로 한 앙케이트 조사 등에 따라 5~6색을 제2차 후보색으로 선정한다. 이 중에는 제1차 후보색에 없던 색이 추가되는 경우나 중심이 되는 색은 2~3색으로 하되 그 명도가 다른 변화가 포함되는 경우가 많다. 이 5~6색 중에서 최종색을 선정한다는 과정으로 되어 있다. 물론 교량에 따라 제1차 후보색, 제2차 후보색의 색수(色數)에는 차이가 있고 동시에 2단계가 아니라 3단계의 좁히기를 거쳐 최종색을 결정하는 경우도 있다. 어느 쪽이든

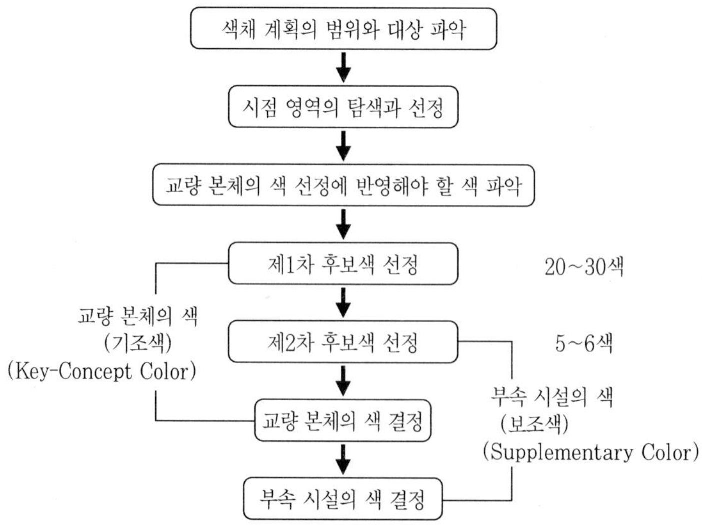

그림 3.4 색채 계획의 순서도

넓은 범위의 후보색에서 서서히 좁혀 나간다는 과정을 거쳐 최종색을 선정하고 있다.

(2) 색채 계획 범위와 대상은 넓을수록 좋다

그림 3.4에 나타낸 바와 같이 색채 계획의 최소 단계는 색채 계획을 하는 범위와 대상을 명확하게 하는 것이다. 경관 설계에서 설계 대상은 넓으면 넓을수록 좋은 결과를 얻기 쉬우므로 색채 계획에서도 범위, 대상은 될 수 있는 한 넓은 쪽이 바람직하다. 이 책은 교량만의 색채 계획을 논하지만 실제 계획에서는 교량뿐만 아니라 관련 여러 시설 모두를 대상으로 하기 바란다. 이 장에서는 교량 본체의 색, 보도의 포장이나 난간, 가드레일, 조명주(照明柱)와 같은 부속 시설의 색을 예로 들었다.

(3) 교량 본체의 색을 결정하고 나서 부속 시설의 색을 결정한다

색채 계획이 교량만의 경우라도 교량 본체와 부속 시설의 색채를 병행하여 동시에 계획하기는 곤란하다. 그래서 계획 절차상에서는 교량을 크게 교량 본체와 부속 시설로 구분하고, 먼저 교량 본체의 색채 선정을 하고 나서 부속 시설은 본체에 어울리는 색체로 선정하고 있다.

이것을 색의 주역, 조역이라는 관점에서 보면 설계 대상 전체 색의 인상을 지배하는 주역으로서의 색은 기조색(Key-Concept Color), 기조색에 조합하여 쓰이고 있는 색은 보조색(Supplementary Color)이라고 한다. 교량 본체의 색은 도장 면적이 가장 크고, 시야에 들어오는 비율도 크기 때문에 대부분의 경우 기조색이란 교량 본체의 색을 가리키며, 보조색은 부속 시설의 색을 가리킨다. 그러나 시점 영역의 관계에서 교량 본체의 색보다도 부속 시설의 색이 중시되는 경우는 부속 시설의 색을 기조색으로 하고 기조색에 맞춰 보조색, 즉 교량 본체의 색을 선정하는 경우도 있다.

이하에 교량의 보조색을 선정할 때 고려해야 할 시점과 그 유의점에 대해서 고찰한다.

3.2.2 시점 영역과 후보색

(1) 교량이 아름답게 보이는 시점 영역과 빈도

교량이 아름답게 보이는 장소와 교량을 바라보는 빈도가 높은 장소가 일치한다고는 할 수 없다. 교량이 아름답게 보이는 장소는 경우에 따르면 풀을 헤치고 길이 없는 길을 걷지 않으면 다다를 수 없는 곳에 있는 경우도 있다. 특별히 배를 준비해야 비로소 볼 수 있는 앵글도 있다. 이러한 주시(注視) 빈도가 적은 장소도 교량이 아름답게 보이는 시점 영역으로서 빈도

가 높은 시점 영역과 똑같이 중요하다. 그러므로 색을 보는 방법에 대해서 충분히 검토해야 한다. 그것은 사람들의 기억에 있는 교량 모습은 예를 들면 한 번밖에 간 적이 없는 장소에서 바라보더라도 정리가 잘되어 교량이 아름답게 보이는 구도인 것이 많기 때문이다. 또, 어떤 교량을 실제로 본 사람도, 실제로는 아직 보지 않은 사람도 아름답게 촬영된 사진을 마치 자기의 이미지로서 유지하는 경우가 있는 것 같이 사람들은 복제된 시각 자료에 따라서도 교량의 이미지를 기억에 새기는 경우가 있다. 따라서 컴퓨터 그래픽 등에 따른 완성 예상도를 그리고 검토 자료로 할 때에는 주시 빈도가 높은 시점 영역에서 그림에 더하여 교량이 아름답게 보이는 각도에서 본 그림도 그려야 한다.

(2) 원거리에서 색보기

매우 작은 면적의 색은 황색이나 녹색은 백색 또는 회색으로 보이고, 청색이나 청록은 녹색으로, 주황색이나 자주색은 핑크로 착각해 버린다. 이런 현상은 작은 면적 제3색각 이상(小面積 第3色覺 異常)[1), 5)]이라고 부르는데 건강한 눈을 가진 사람도 작은 색을 볼 때는 제3색각 이상적 색지각의 혼란을 나타내는 것이다. 따라서 원거리에서의 색보기는 상당히 달라진다는 것을 자각하고 색채 계획을 세워야 한다. 특히 트러스교와 같이 부재가 가는 경우에는 주의해야 한다. 이런 현상은 시각(視角) 10분 이상에서 나타나게 되는 것이므로 5cm 각(角)의 색을 10m 떨어져 보면 확인할 수 있다.

3.2.3 배경색

배경색이란 교량의 전경(前景)을 포함한 주변의 배경색으로 환경색이라고도 한다. 배경색 중에 교량의 색을 간직할 수 있으므로 후보색 선정시에는 먼저 배경색을 고려해야 한다. 가교 지점이 도시부일 때에는 계절에 따른 색의 변화는 그다지 없을지 모르지만 자연이 많은 곳에서는 사계절마다 색을 채취해야 한다.

배경색의 색채 계획을 하기 위해서는 배경색을 알기 쉬운 형상으로 정리하고 그 특성을 파악해야 한다. 그 방법은 몇 가지 있으나 배경색의 특성을 어느 정도 양적으로 파악하는 것이 공통적 경향이다. 그 중에서 경관 컬러 격자(Color Mesh)법[6)]이 가장 주의 깊게 순서를 좇은 것이라고 할 수 있다. 이것은 시점에서 본 시야를 10×10 정도의 격자로 자르고 각 격자에서 가장 큰 면적을 차지하는 대상의 색을 집계하고 그 시야에 어떠한 색이 어떤 비율을 차지하고 있는가를 파악하는 것이다(그림 3.5). 중요하다고 생각되는 시점 영역에서

그림 3.5 경관 컬러 격자

경관 컬러 격자를 이용한 집계를 중첩하면 배경색을 구성하고 있는 주요한 또는 대표적인 색이 어떤 것인지를 파악할 수 있다.

시야를 잘게 격자로 자르지 않아도 배경을 지배하고 있는 색의 추출이 용이한 경우는 사진의 가로에 그 색의 색견본을 첨부하여 파악하는 것도 흔히 행해지고 있다. 또, 조사자의 감성에 의존하는 경우도 있는데 경관 컬러 격자법에서는 파묻히는 경향이 있다. 면적에는 지배적이 아니더라도 인상적으로는 상당히 비중을 차지하는 색에도 주목하고 아울러 첨부하는 것도 행해지고 있다.

(2) 지역 색 · 사람들의 색에 대한 기호

교량은 그 지역의 문화를 표상하는 성격과 파워를 가지고 있다. 따라서 낡은 집, 상점이 즐비한 곳에서 볼 수 있는 색표기법, 전통적인 행사나 특산물에 쓰이고 있는 색 등 가교 지점을 포함한 지역에 특유의 색 또는 색표기법이 있으면 그것을 후보색에 반영하는 편이 좋다. 그 색은 바로 그 자리에서~지방이다 하고 알 수 있는 것이 아닐 수도 있다. 그러나 그 지역에 위화감 없게 융화하는 것이 중요하다. 배경색과는 조화하고 있으나 그 지역에는 친숙하지 않는 색이라는 것도 존재하는 것이다.

한편, Oscar Fabar[7)]가 말한 바와 같이 교량은 "그 지역의 인격을 반영한다"라고 하면 그 지역에 살고 있는 사람들의 색에 대한 기호도 후보색에 반영시켜야 한다. 원래 그러한 색에 대한 기호가 지역에 특유한 색 또는 색 쓰는 법을 만들었다고 볼 수 있다.

3.2.4 루트로서의 색과 상위 계획으로의 색

교량은 도로의 일부로서 건설되는 것이므로 도로 전체에 색채 계획이나 경관 설계의 목적이 있으면 그것과 교량 색의 관계를 명확하게 해야 한다. 계속하여 변화하는 도로 경관이 심적으로 여러 겹으로 쌓이는 것 같은 연속되는(Sequential) 경관의 일체성과 교량 부분의 상태(말하자면, Tune) 변화 또는 풍경으로서 단념해야 하는 것 등을 잘 계산하여 교량의 색채 계획을 해야 한다.

또, 그 도로(경우에 따라서는 교량 자체)는 도시 계획이나 거리의 종합 계획 중에 자리매김하고 있는 것이 일반적이므로 그러한 상위 계획과 정합성(整合性)을 가지고 색채 계획을 세워야 한다.

3.2.5 경관 설계의 목적과 색채

(1) 경관 설계 목적과 정합성

교량의 경관 설계에서는 자주 개념(Concept)이 입안(立案)된다(제9장 : 디자인 개념 참조). 개념이라는 말은 여러 가지로 혼동하여 쓰이고 있으므로 여기서는 "목적"이라고 해둔다. 교량의 색은 이 경관 설계의 목적과 정합(整合)해야 한다. 안정된 분위기의 교량을 목적으로 하고 있다면 색이 그것을 저해할 것 같지 않다.

(2) 목적 분담

경관 설계의 목적이 몇 가지 있을 때 일반적으로는 각기 목적을 만족하게 하는 색을 선택하는데 분담형(分擔型)의 색 선택도 자주 행해진다. 즉, (가)의 목적은 교량 본체이고, (나)의 목적은 보도(인도) 포장색으로 실현하는 것 같이 교량의 각 부분에 목적을 분담시켜 표현할 수도 있다. 또, 목적을 형상(形)과 색(色)으로 분담하는 경우도 있다. 교량에 거리의 상징(Symbol)으로서 역할과 동시에 안정된 분위기의 교량을 바라고자 한 경우 구조 형상만으로 2가지 목적을 동시에 구현하기가 곤란한 경우가 있다. 이럴 때 예를 들면 거리의 상징으로서 하는 역할은 구조 형상으로, 안정된 분위기는 색으로 하는 것처럼(그 반대도 좋지만) 형상과 색으로 분담하는 경우도 생각할 수 있다. 교량의 형상 자체는 가교 지점의 여러 가지 특성을 살리는 것에 주안점을 두어 설계하고 색에 따라 루트나 상위 설계와의 정합성을 도모할 수 있는 경우도 일종의 분담형의 색채 계획일 것이다.

경관 설계의 목적과 색 : 경관 설계의 목적에는 루트로서의 성격이나 상위 계획을 근거로 한 그들과의 관계 중에서 입안하는 목적도 있으나 예를 들면 "사람에게 뛰어난 교량"이라든지 "서로 통하는 교량"과 같은 교량과 사람, 사용하기 편리한 생활과의 관계를 좀더 직접적으로 언급하는 내용도 많다. 이들은 그 모두가 색으로 바뀌지는 것은 아니지만, 잘 음미하여 색에 반영할 수 있는 것은 반영해야 한다.

(3) 언어와 색

경관 설계의 목적은 언어로 기술하고 있다. 이 언어와 색을 연결하는 방법으로서 미리 조사한 언어와 색의 연결을 나타내는 도면(Chart)을 참조하고 거기에 있는 언어로부터 색을 선정하는 것이 자주 행해지고 있다. 여기서 주의해야 하는 것은 미리 조사하여 구한 언어와 색의 대응 관계는 색을 보고 그 인상(언어)을 더듬어 찾든지 또는 언어로 촉발된 색을 찾든지 또는 그 양자에서 구한다는 것이다. 예를 들면 직선적인 형상을 보고 도시적인 인상을 얻었다고 해도 "도시적"임을 표현하는 것은 직선적인 형상만이 아니라는 것과 마찬가지로 신록(新綠)이나 새싹의 색에 화려함을 느꼈다고 해도 화려함을 연출하는 색은 새싹의 색이 아니기 때문이다. 일반적으로 언어에서 촉발되는 색은 색을 보고 받은 인상보다도 폭이 넓은 것이 일반적이다. 따라서 언어와 색의 연결을 나타내는 도면이나 색을 보고 그 인상을 찾아낸 결과에서 정리된 것이면 그것을 참조하는 정도로 그치는 편이 낫다. 경관 설계의 목표가 화려함이고 도면에서의 화려함은 새싹의 색과 대응짓게 할 수 있으므로 새싹의 색을 사용하면 좋다는 것은 본질을 무시하고 너무 간단히 관련지은 것이다. 새싹의 색은 화려한 하나의 색에 지나지 않는다는 것을 이해해 두어야 한다.

3.2.6 교량의 구조 형상과 색

세상에는 빨갛게 칠한 아치교가 있는가 하면 파랗게 칠한 아치교도 있다. 백색 사장교가 있는가 하면 청색 사장교도 있다. 따라서 아치교에 적색이 어울리고, 현수교에는 백색이 어울린다고 하는 구조 형식과 색의 직접적인 관계는 없다고 생각해도 된다. 구조 형상과 색의 관계는 이들을 연결짓는 대응적 관계에 있는 것이 아니고 구조 형상의 특성을 잘 살리고 싶을 경우나 구조 형상이 시각적 적합성을 약간 결여하고 있는 경우에 색채의 효과에 따라 그것을 조장하거나 보충하거나 구조의 이해를 알기 쉽게 하거나 하는데 있다. 예를 들면 개방적인 가교 지점에 대해서 경간 수가 많은 리드미컬한 구성의 교량에서는 높은 명도 영역의 색을 사용하면 경쾌한 인상을 준다. 또한 거더층이 얇으므로 안정되어 보이는 두툼한 느낌으로 하고 싶은 경우에는 낮은 명도 영역의 색을 사용하면 그런 느낌이 나오기 쉽다. 또 그림 3.6 트러스교의 경우 모두를 같은 색으로 할 것이 아니라 현재(弦材)와 슬래브와 난간의 명도 차이를 명확하게 하는 쪽이 시각적으로도 산뜻하고, 구조를 이해하는 데도 효과가 있을 것이다[8]. 이처럼 구조 형상을 좀더 좋게 보이게 하기 위해 색채를 효과 있게 활용할 수 있다.

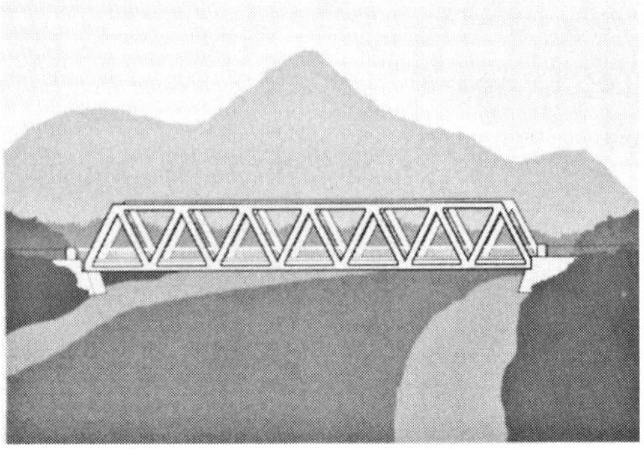

모두 같은 색으로 하였을 때 : 트러스 형상이 난간 등의 색과 뒤섞여 버림.

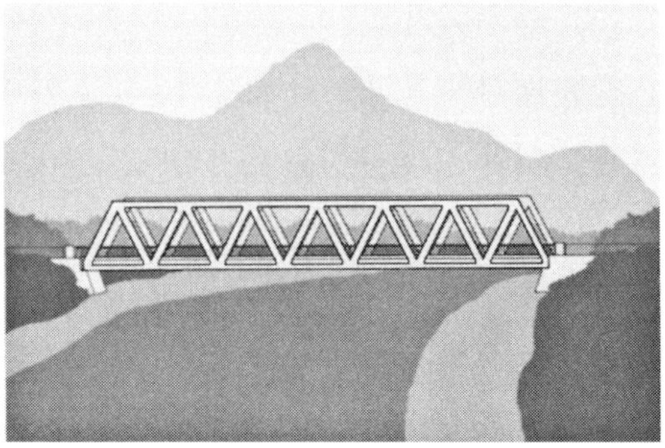

부속 시설의 색을 어둡게 하였을 때 : 트러스 형상이 똑똑히 보임.

그림 3.6 색에 따른 구조 형상의 선명화

3.2.7 교량의 기능에서 본 색

교량의 기능면에서 본 색의 검토도 후보색 선정에 반영시켜야 한다. 교량의 기능면으로서는 교통의 안전성과 유지 보수에 대한 배려를 들 수 있다. 먼저 교통의 안전성에 대하여 알아보자. 교량의 색이 운전자에게 너무 자극적이거나 너무 눈부시거나 압박감을 주지 않아야 한다는 것은 논할 여지도 없다. 따라서 넓은 면적에 채도가 높은 색을 사용하여 부적절하게 자극을 주는 것이나 반사광이 직접 눈에 들어오는 위치에 높은 명도 영역의 색을 사용하는 것, 노면 상부 구조 형상에 낮은 명도 영역의 색을 사용하여 압박감을 조장하는 것 등은 피하는 쪽이 좋다. 한편, 이전에는 조명주나 난간, 기타 부속 시설을 확실히 보이게 하여 안전한 통행이 보장되게끔 색채 조절하는 것이 바람직하다고 되어 있다. 그러나 요즘은 도로 자체가 조명주 등을 눈에 띄게 하지 않더라도 안전하고 원활한 교통이 행해지는 설계로 되어 있기 때문인지 일본의 수도(首都) 고속도로 공단에서도 "조명주, 등기구(燈具)는 하늘의 색에 서로 어울리게 하든지 어두운 색으로 하여 눈에 띄지 않게 하고 거더, 교각과의 조화를 도모한다"라고 하고 있다[9]. 이렇게 사고 방식이 바뀌고 있는 부분도 있다. 근래는 배경색과 조화 등으로 선정된 색채에 교통 안전을 저해하는 색채가 포함되어 있지 않기 때문인지 그다지 논의되고 있지 않은 듯한데 교통 안전과 색 관계를 다시 한 번 확인하는 것도 중요할 것이다.

유지 보수에 관해서는 도장의 다시 칠하기(재칠) 간격도 관련되기 때문에 변색(색상, 채도, 명도 중 어느 쪽이든 1 또는 2 이상 변하는 것), 퇴색(채도가 작거나 명도가 경우에 따라서 높아지는 것)이 잘 안되는 색을 선정해야 한다. 일반적으로는 담색(명도가 높고 채도가

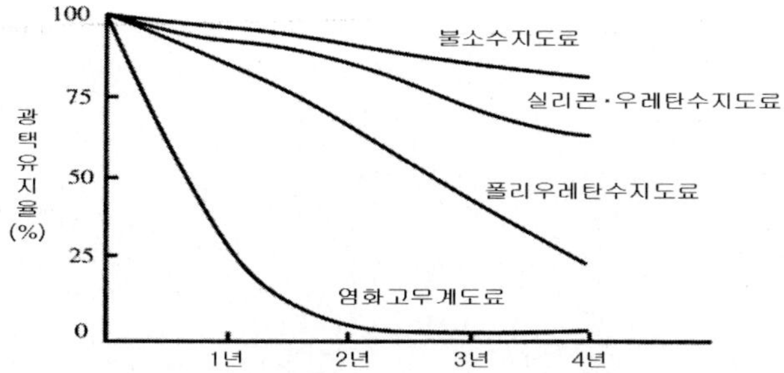

그림 3.7 비이클의 종류에 따른 내후성 폭로 시험에 대한 광택 유지율

낮은 색)은 짙은 색에 비하여 변퇴색하기 쉬운 경향이 있어 색상면에서는 난색(적색, 등색, 황색)은 한색, 중간색, 무채색에 비해 변퇴색하기 쉽다고 한다. 그러나 도막의 주된 구성 요소는 착색 안료와 비이클(Vehicle)(수지 등)이며, 변퇴색의 정도는 이 안료와 비이클의 종류에 따라서도 달라진다. **그림 3.7**은 비이클의 종류에 따른 내후성 폭로 시험에 대한 광택 유지율을 나타낸 것으로 불소수지 도료가 좋은 성적을 남기고 있다[10]. 이와 같이 도료에 따라서도 변퇴색은 상당히 피할 수 있게 되어 있으나 안전을 기할 수는 없다. 그러므로 변퇴색이 잘 되지 않는 색을 선정하도록 항상 주의해야 한다.

3.2.8 교량에 요망되는 것과 색, 교량 색채의 동향

장대 교량은 그 크기 때문에 대개 표상(表象) 기능을 발휘하는 힘을 가지고 있다. 그래서 그런 교량에는 랜드마크(Landmark)로서의 기능과 게이트(Gate)로서의 기능을 기대하거나 지역의 활력이나 활기를 표상하는 것이 요구되는 경우가 많다. 특히 그 지역이 더욱 발전하려고 하고 있는 경우에는 교량의 색에서도 그 지역의 에너지를 상징적으로 나타내어 선도적 역할을 하는 것이 요구된다.

그럼 일본의 예를 들어 보자. 일본 와카토 대교(若戶 大橋)(**사진 3.1**)[11]는 1962년 기타큐슈(北九州) 중공업지대 가운데에 도우카이완(洞海灣)을 가로질러 가교되어 있다. 이 교량의 "적색"에 대해서 야마모토(山本)[12]는 그들 자신도 "활기에 찬 중공업지대에 가로지르는 교량으로서 활기, 남성적, 에너지를 상징하고, 경관의 중심이 되는 색은 무엇인가?"를 생각하면 "〈적색〉이라고 하는 색이 떠올려지는 것이다"라고 기술하고 색채 결정에 관계한 심미위원회(審美委員會)의 생각도 "웅대하고 강력한 느낌을 주는 색, 도우카이완을 뚫어 구멍을 낼 만한 에너지가 넘치는 색"이라는 것으로 결정했다고 하는 경위를 소개하고 있다. 또한 와카

사진 3.1 와카토 대교

토 대교의 색으로는 지역의 에너지를 상징적으로 나타내는 것이 요구된 것이다.

골든 게이트교의 적색은 관리사무소에서는 "인터내셔널 오렌지"라고 부르고 있다. 이러한 조어(造語)의 색명(色名)에는 건설 당시 이 교량을 "세계로 통하는 다리"이다라고 하는 기세가 등등한 것 같다.

경제가 안정 성장으로 향해 가고 사회 자본도 충분하여 그런대로 충실하게 되면 교량에 활력의 상징을 보는 것보다도 인프라스트럭처(Infrastructure, 경제 활동의 기반이 되는 시설, 즉 도로 ,항만, 철도, 전신 설비 등)로서 우리들의 생활을 단단히 지탱해 주는 존재로서의 교량을 요구하는 경향이 강하게 된 것처럼 생각된다. 말하자면 "그림"으로서의 교량에서 "땅"으로서의 교량이 요구되게 되었다. 그에 따라 교량의 색도 활력 등의 상징적 의미를 등에 진 색의 선정으로 주변 환경에 어떻게 친숙하게 되는지를 과제로 한 색의 선정이 더욱 중시된 것같이 되었다. 수도(首都) 고속도로의 교량도 이전에는 산호초 같은 붉은색이 많이 쓰여 도시의 동맥으로서 상징적 기능을 담당하고 있었으나 지금은 수도 고속도로로서 통일감을 유지하면서 "주위 경관에 조화된 색채를 선정한다[9]"라고 하는 것처럼 변화해 가고 있다.

이와 같이 교량에 요구되고 있는 것이 변화함으로써 후보색의 선정도 크게 변화한다. 현재

와카토 대교나 골든 게이트교의 색채 계획을 하려고 하면 반드시 "적색"이 된다고는 할 수 없다. 따라서 해당하는 교량에 요구되고 있는 것이 무엇인가를 확실히 파악하고 색채 계획을 세워야 한다.

그리고 자주색의 교량은 일본 큐슈(九州)에서 가끔 본적이 있는데 그다지 교량에는 쓰이지 않는다. 수도 고속도로 공단의 색채 설계 매뉴얼에서는 경관을 유형별로 분류하고 각기에 색채의 출현 경향을 조사하며 어떤 유형에서도 산뜻한 보랏빛(Violet), 자줏빛(Purple), 불그스름한 자줏빛의 출현 경향은 매우 낮아졌다고 하는 조사 결과에 의거하여 "자연계에 그다지 존재하지 않는 이들의 색은 교량, 건축물 등 구조물의 색으로서 부적당하다고 보고 대상 외로 하였다[9)]"라고 하고 있다. 자주색은 일본인들에게는 혐오색의 제1위라고도 한다. 많은 사람들 눈에 들어오는 교량에 고의로 사람이 불쾌하게 느끼는 색을 선정하는 일이 없다고 하면 공공 건축물에는 적합하지 않는 색이 있다는 것도 이해해 둘 필요가 있다.

이상과 같이 기조색 선정에는 여러 가지 시점에서 고찰을 하고 그것을 반영해야 한다.

3.3 후보색 좁히기와 보조색의 선정

3.3.1 교량에 요구되는 역할의 다름과 색 좁혀 나가기

(1) 교량에 표상적 역할을 요구할 때

앞에서 기술한 "활기, 남성적, 에너지를 상징하고, 경관의 중심이 되는 색은 무엇인가"를 생각하면 "〈적색〉이라는 색어가 떠오르게 될 것이다"라고 하는 야마모토(山本)의 말이 나타내고 있듯이 교량에 활기 등의 표상적 역할을 요구할 때의 색 좁히기는 색상, 명도, 채도의 3속성에서 말하면 색상이 중심이 된다. 사실 이제까지의 색채 계획에서는 교량에 표상적 역할을 갖게 할 때가 많았던 것과 교량 기술자에게도 색채라고 말하면 적색, 황색, 녹색과 같은 색상이 바로 떠오른다고 하여 색상을 중심으로 색 좁히기가 행해져 왔다. 따라서 일반 시민에게 바람직한 교량 색의 앙케트 조사를 하는 경우도 여러 가지 색상의 교량 그림을 보여주고 바람직한 색상을 추출하는 경우가 많아졌다.

이렇게 하여 좁힌 1, 2의 색상을 후보로서 남기고, 다음 단계에서는 그것을 기초로 채도와 명도에 따른 변화를 작성하여 제2차 후보색으로 하고 그 중에서 최종색을 선택하는 방법이 채용된다.

(2) "땅"으로서 교량이 요구될 때

"땅"으로서 교량이 요구될 때의 색 좁히기는 3속성에서 말하면 명도가 중심이 된다.

시야 내에 2개의 영역이 있고 그들의 밝기가 같든지 또는 근사한 경우에는 설사 그들의 색상이 다르더라도 그림과 땅의 분화(分化)가 잘 생기지 않고, 윤곽이 선명하지 않게 되어 때로는 소실된다. 이 현상은 리프만(Liebmann)효과[1]로서 알려져 있는데 교량을 배경에 어울리게 하는 데에는 배경과 명도차를 영(0)으로 하면 되는 것이다. 물론 실제 장면에서는 배경이나 교량에도 요철(凹凸)에 따른 명도차가 있으므로 배경과 교량의 명도차를 완전히 없게 해버릴 수는 없지만 아주 가깝게 되면 교량 모습은 인지(認知)되기 어렵다. 반대로 교량을 눈에 잘 띄게 하고 싶을 때에는 배경과 명도차를 충분하게 취하면 된다. 명도차가 너무 나면 교량이 떠오르는 것 같아 바람직하지 않지만 융화해 버리는 것이 어떨까 하고 생각될 때에는 약간의 명도차를 취하면 된다. 이와 같이 배경과 명도차를 조절(Control)하는 것으로 교량 모습은 그림(圖)도 되고 땅(地)도 된다. 그렇다면 교량에 표상적 역할을 요구할 때를 포함해 색 좁히기는 명도에 따라 하는 쪽이 알기 쉽다고 할 수 있다. 말하자면 모노크롬(Monochrome) 사진을 상정(想定)하고 사진 위에 교량 모습을 어느 정도 또렷하게 보이게 하고 싶다든지 또는 보이게 해야 하는가를 검토하고 명도를 설정한 다음에 채도, 색상 좁히기를 한다.

일본 군마현(群馬縣)의 교량 색채 계획 매뉴얼〔案〕[8]에서는 명도에 채도를 조합시킨 색조(3.1.2 항 참조)의 차이에 주목하고 있다. 즉, 배경과 교량에 색조차가 없으면 교량은 배경에 친숙하고 색조 차가 있으면 교량이 강조되는, 즉 눈에 띈다는 것을 기초로 후보색 좁히기를 하고 있다. 확실히 리프만 효과는 채도가 낮을 때 더욱 그 효과가 크게 된다고 하고 있다. 채도가 높은 영역에서는 명도가 같아도 그림과 땅의 분화는 볼 수 있으므로 색조 차이로 생각하는 것은 좀더 엄밀하다고 할 수 있다. 즉, 같은 명도에서도 채도에 차이가 있으면 교량의 두드러진 영역이 있다는 점이 명도에만 주목하는 경우와의 차이이다.

이와 같이 교량의 상징적 역할보다도 주위 경관과의 조화가 좀더 중시되는 경우에는 명도차 또는 색조차에 따라 색 좁히기를 하는 편이 좋다. 따라서 배경색 조사에서도 명도, 채도를 확실히 조사해 두어야 한다. 주위 배경과의 조화라고 하면 바로 문과 스펜서(Moon and Spencer)나 오스트발트(Ostwald)의 색채 조화 이론을 떠올리고 그들에 따른 색 좁히기를 생각하는 경향이다. 그러나 저드(Judd)에 따르면 색채 조화 이론은 여러 가지가 어우러지면 200가지 가깝게 있다고 한다. 바꿔 말하면 "조화" 그 자체에는 여러 가지 생각이 있으나 아직 안정된 이론으로 되어 있지 않다는 것이다. 따라서 색채 조화 이론에 의지하기보다도 명도차 또는 색조차에 주목하고, 조화를 운운하기 보다도 교량을 두드러지게 하든지 그렇게 하지 않든지, 강조하든지 친숙하게 하든지 하는 좀더 조작하기 쉬운 언어 수준으로 색 좁히기를 하는 쪽이 좋을 것이다.

3.3.2 현지에서 평가 실험에 따른 기조색의 결정

후보색 좁히기를 하고 거기에 2, 3의 변화를 가한 제2차 후보색이 선정되면 그 중에서 최종색을 결정하는 작업이 시작된다. 아카시(明石)해협 대교, 도쿄만 횡단 도로, 시로토리(白島) 대교(모두 일본)에서는 이 작업을 현지에서 실험에 따라 행하고 있다(**그림 3.9**). 즉 합판 1장 또는 2장의 크기에 실제 교량과 같이 광택이 나는 제2차 후보색을 도장(칠)하고 현지에서 실제로 바다나 산, 하늘을 배경으로 그들을 늘어놓고 평가하여 결정하고 있다. 필자도 거기에 참가해 보았는데 가까이에서 바라보거나 멀리서 바라보거나 빛을 받았을 때, 그늘이 졌을 때와 여러 가지 각도에서 색의 평가를 하게 되었다. 후보색이 트러스 거더의 경사재(斜材)에 칠하였을 때 어떻게 보일까하는 작은 연적 제3색각 이상(第三色覺 異常) 체크도 어느새 행해졌다. 특히 이들 교량에서는 조화라는 관점에서 배경색과 명도차가 너무 나는 것은 아닌지, 주변 환경을 리드하는 교량으로서 너무 융화하고 있지는 않는지 등 명도차에 주목하여 평가하고 있는 것 같이 보인다.

사진 3.2 아카시 해협 대교에서의 기조색 후보의 현지 평가

이와 같이 최종색을 결정하는 데는 큼직한 도장판을 이용한 현지에서 평가가 가장 바람직하다는 것은 누구라도 이해할 수 있다. 그러나 예산의 관계로 이제까지 평가 실험이 곤란하다고 공장 현장 사무소 벽면에 후보색을 칠하고 평가하는 것도 하나의 좋은 안(案)일 것이다. 어느 것이나 작은 색 견본만으로는 평가할 수 없다. 큰 면적에 칠해진 색은 작은 견본에서 보는 것보다도 화려하고 박력이 더해진 인상을 주지만 그것을 잘 알고 있어도 색 견본에서 그것을 예측하여 평가하기는 곤란하다. 더구나 그것을 형광등 아래에서 평가한다는 것은 피해야 한다. 적어도 A4나 B4 사이즈의 견본색을 태양 아래에서 평가하기 바란다.

3.3.3 부속 시설의 색(후보색) 선정

부속 시설의 색 선정에서도 명도차, 색조차를 중심으로 생각하는 쪽이 좋다. 교량 본체의 색이 청색이므로 거기에 조화하는 것은 무슨 색일까? 녹색일까? 청록색일까? 이렇게 색상을

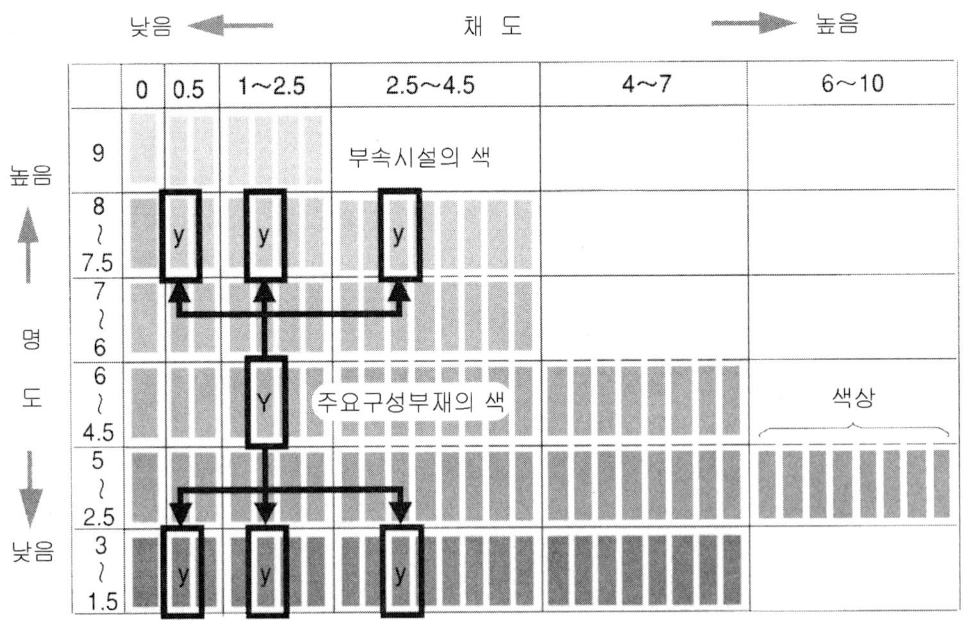

군마현 교량 색채 계획 매뉴얼(안)에서는 배경색, 지역의 색 등 여러 가지 관점에서 검토하고 교량에 사용하는 색으로서 114색을 선정하고 있다. 이들을 위 그림과 같이 21색조(Tone)로 분류하고 각 색조마다 색상을 정리한 색채 일람표를 작성하고 있다. 부속 시설의 색도 이 일람표에서 선정된다. 주요구성 부재 색으로써 Y가 선정되면 부속 시설의 색은 상하 단계로 떼고 양 사이드를 포함한 색조(Tone) 중에서 같은 계열의 색상 y를 선정하도록 하고 있다.

그림 3.8 색채 일람표(Chart)를 이용한 부속 시설의 색 선정

중심으로 하면 자신을 가지고 선정하기가 곤란하게 된다.

부속 시설의 색은 교량 본체의 색과는 명도차, 색조차가 나는 쪽이 좋은 것과 나지 않는 쪽이 좋은 것이 있다. 그림 3.6은 명도차를 나게 하는 쪽이 좋은 경우이다. 만약 난간이나 슬래브 끝부분에 명도차가 없으면 리프만 효과로 트러스 윤곽선이 모호하게 되어 명쾌한 구조형의 파악이 저해되어 버린다. 한편, 외부에 노출된 배수관은 그것을 적극적으로 보이게 하는 조형을 할 때는 다르지만 그렇지 않을 때는 명도차를 없애고 교량 본체에 잠입하게 하여 두드러지지 않도록 하는 쪽이 좋은 예이다. 이와 같이 부속 시설의 색도 교량 본체 색과는 명도차, 색조차가 있는 쪽이 좋은지, 없는 쪽이 좋은지를 판단함으로써 상당히 좁힐 수 있다.

그럼 차이를 나게 할 때 어느 정도의 차이를 나게 하면 좋을까? 앞에서 기술한 군마현(群馬縣) 교량 색채 계획 매뉴얼 〔案〕에서는 채도는 같아도 좋으나(다르더라도 채도 그 이내의 차이) 명도는 2에서 3(3.1.2 항 참조) 떼도록 설정하고 있다(그림 3.8). 즉, 교량 본체의 색이 명도 5라면 부속 시설의 색에는 명도 7~8 또는 명도 2~3의 색을 선정하도록 하고 있다. 이것은 명도차가 1 정도에서는 충분하지 않지만 3 이상 떼면 콘트라스트(Contrast)가 너무 강하게 된다는 판단에 따른 것이다. 다만, 교량 본체의 색이 낮은 명도일 때는 부속 시설의 색을 다시 2, 3단계 낮은 명도의 색을 선정하면 아주 까맣게 되어 버린다. 이 경우에는 2, 3단계 밝은 명도의 쪽을 선정하게 된다. 색상에 대해서도 주위 환경에 친숙하게 하는 교량에서는 같은 계열의 색상을 사용하여 교량 전체가 잘 정리되게 한다. 이와 같이 명도차, 채도차를 결정해 두면, 기조색이 결정되면 보조색은 거의 자동적으로 선정할 수 있다.

결론

앞에서 기술한 바와 같이 색입체는 주판알과 같은 형상을 하고 있다. 즉, 색채 계획이란 이 주판알에서 여러 가지 관점과 대조하여 적절한 위치를 2, 3 찾아내는 행위라고 할 수 있다. 이제까지는 먼저 원주상(圓周上)의 위치를 찾아 같은 색상 평면을 추출하고 거기에서 적절한 위치를 구했다(그림 3.9 (a)). 그러나 최초에 명도로 둥글게 자르고 중심에서 거리(채도)를 구하여 고리 모양(Ring 狀)으로 색을 좁히고 나서 적절한 위치(색상)를 찾는 쪽이 더 간편하며 현대적인 교량 역할과 조화된다(그림 3.9 (b)).

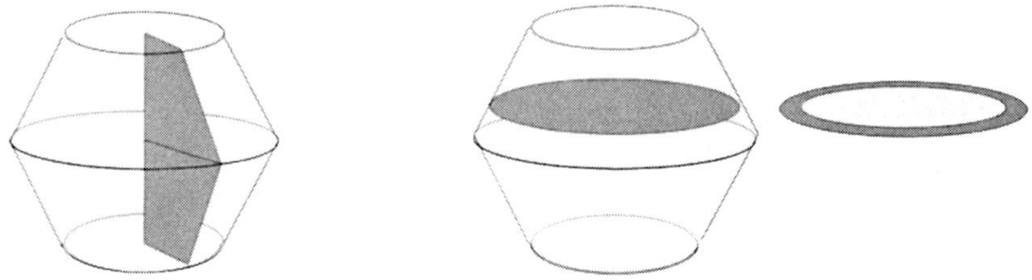

(a) (b)

그림 3.9 명도, 채도를 결정하고 나서 색상을 결정한다

색은 자신이 없다. 색의 센스가 없다고 하여 체념할 필요는 없다. 두드러지게 할 것인가 친숙하게 할 것인가의 판단만 하면 명도를 기준으로 하여 색은 잘 좁힐 수 있다. 자신을 가지고 색채 계획을 세우기 바란다.

연습 문제

① 먼셀 기호에 대응하는 색 이름을 선으로 연결해 보자.

5GY 3.5/4.5	초콜릿색
N9.5	흑색
8YR 2/1.5	고동색이 섞인 연두빛
10YR 8/2	흰색
N1	베이지색

② 리프만 효과를 시험해 보자. 색 견본 중에서 명도가 같고 색상이 다른 2색을 선정하고 빈틈없이 늘어놓은 밝은 방, 약간 어두운 방에서 조망해 보자. 어두운 방에서는 리프만 효과는 좀더 크게 된다는 것을 알 수 있다.

참고 문헌

1) 日本色彩學會 : 色彩科學ハンドブック, 東京大學出版會 (1980)
2) 日本工業規格 : (2)色に關する用語 Z8105 (1982)

3) 北畠編 : 色彩演出事典, Sekisui Interriior (1990)

4) (財) 日本色彩研究所 : 新基本色票シリーズ (1987)

5) 川添, 千千岩編著 : 色彩計畫ハンドブック, 視覺デザイン研究所 (1980)

6) (財) 高速道路調査會 : 鋼橋の色彩計畫 (1979)

7) O. Fabar : The Aesthetic Aspect of Civil Engineering Design, The Institution of Civil Engineers, London(1945)

8) 群馬縣土木部 : 群馬縣橋梁色彩計畫マニュアル〔案〕(1995)

9) 首都高速道路公團 : 色彩設計マニュアル (1993)

10) 日本鋼橋塗裝專門會 : 鋼橋塗裝 (1987)

11) (財) 日本橋梁建設協會編 : 日本の橋, 朝倉書店 (1984)

12) 山本 : 橋梁の色彩, 土木學會誌 (1978)

제4장

질감의 사고 방식

Texture

서론

질감이란 물체 표면의 감촉(또는 결), 성질, 질감을 말한다. 철, 수목, 피혁, 직물에는 각각 소재 특유의 질감이 있다. 콘크리트에도 소재 특유의 질감이 있는데 소재를 거푸집에 흘려 넣어 성형하는 콘크리트나 수지의 경우에는 거푸집 표면의 요철(凹凸)이 그대로 성형 후 형상으로 나타나므로 거푸집 표면에 여러 가지 요철을 만듦으로써 여러 가지 질감을 얻을 수 있다. 색채가 강교의 특유한 속성이라고 하면 콘크리트교의 특유한 속성은 이 질감이다. 질감을 효과 있게 사용함으로써 교량을 매력있게 하는데 이바지할 수 있다. 이 장에서는 이 질감에 대해서 고찰한다. 역시 물체의 광택(윤기)도 이 책에서는 질감으로 다루고, 이 장에서 고찰하기로 한다.

4.1 질감의 구성

4.1.1 디자인 소재로서의 질감

골형(물결 모양)의 거더 아래 단면 형상을 한 독일의 얀베름프러츠교(사진 4.1)에서는

사진 4.1 얀베름프러츠교의 콘크리트 표면

사진 4.2 산 쿠르교의 세로 홈이 있는 교각

거푸집에 사용한 촘촘한 나무 자국이 콘크리트 표면에 드러나 그 질감이 골형 단면 형상과 반곡된 도로선 형상에 잘 조화하여 이 교량을 아름다운 구조물로 하는데 기여하고 있다. 만약 이 거푸집에 어떤 면적을 가진 금속이나 합판을 연결하여 사용하였다면 연결부의 자국이나 파형 때문에 곡면에 자국이나 골형 곡면이 갖는 매력을 단번에 반감시켜 버릴 것이다. 이 교량은 질감이 형상을 만드는데 있어서 경시할 수 없는 디자인 소재임을 단적으로 나타내고 있다.

산 쿠르교(**사진 4.2**)[1]에서는 교각에 촘촘한 가로로 패인 홈의 질감으로 되어 있다. CG로

사진 4.3 산 쿠르교의 세로 홈을 없앤 교각

사진 4.4 아리아케(有明)고가교 교각의 질감

사진 4.5 거더, 교각에 돌붙이기 무늬를 한 예

이 질감을 없애 보면(사진 4.3) 교량에는 우아함이나 부드러움이 없어져 단숨에 재미없는 것이 되어 버린다는 것을 알 수 있다. 사진 4.4[1]도 마찬가지로 교각 중앙 V자 부분의 질감이 액센트로 되어 형상을 안정되게 하고 있다.

이와 같이 질감은 콘크리트 교량에 대한 디자인 소재로써 교량을 매력있게 하는데 크게 이바지할 수 있다. 그러나 이것은 반대로 부적절한 질감 사용이 교량의 매력을 반감시키거나 때로는 불쾌한 것으로 되어버리는 경우가 있다고 한다.

사진 4.5는 치장 거푸집을 사용하여 거더, 교각 기초에 돌붙이기 무늬를 만든 예이다. 만약 이러한 돌붙이기 또는 돌쌓기가 현실적이었다고 하면 돌은 바로 떨어져 버릴 것이 틀림없다. 질감의 잘못된 사용 방법일 뿐만 아니라 질감으로써 그다지 기분 좋다고는 할 수 없다. 질감을 디자인 소재로써 잘 인식하는 것이 중요하다.

4.1.2 질감에 관한 언어의 빈약함

질감은 교량을 매력있게 하는데 크게 이바지할 수 있으나 유감스럽게도 질감에는 색채의 표색계와 같은 일종의 지도 위에 개개 질감의 위치, 번지를 부여하는 체계가 없다. 우리들의 질감에 관한 언어도 세로 홈, 벽돌쌓기 무늬, 돌나누기한 표면이라는 말밖에 없는 듯하다. 또는 ○○의 맨 살갗(자연 그대로의 표면)을 좀더 거칠게 한 질감이라고 하는 것처럼 기존 질감을 기초로 한 전달밖에는 할 수 없다. 이것은 교량 조형에서 질감은 그 범위로밖에 생각할 수 없다는 것을 의미한다. 우리들 지각의 대부분은 언어 또는 개념에 지배되고 있어 어떤 대상에 대한 언어와 개념이 있으면 그것을 지각할 수 있게 하고, 그렇지 않으면 그 대상을 지각하기가 곤란하다[2]라고 하면 질감에 대한 언어의 빈약함은 지각의 빈약함을 의미하고, 질감을 디자인 소재로써 충분히 활용하는 데는 이르지 못한다는 것을 의미한다. 본문에서도 색채 표색계에 필적할 만한 체계를 나타낼 수 없다. 그러나 그 구상의 일단을 나타냄으로써 질감에 관한 연구가 진행되고 질감을 디자인 소재로써 활용할 수 있도록 되었으면 한다.

4.1.3 질감의 구성

질감이란 서론에서 기술한 바와 같이 물체 표면의 감촉(또는 결), 성질이라고 기술하였는데 자세히 보면 질감은 물리적인 표면 형상을 가리키는 경우와 그 표면 형상을 보거나 만지거나 하였을 때의 지각을 가리키는 경우의 2가지로 나눌 수 있다. 즉, "거친 느낌을 준다(울

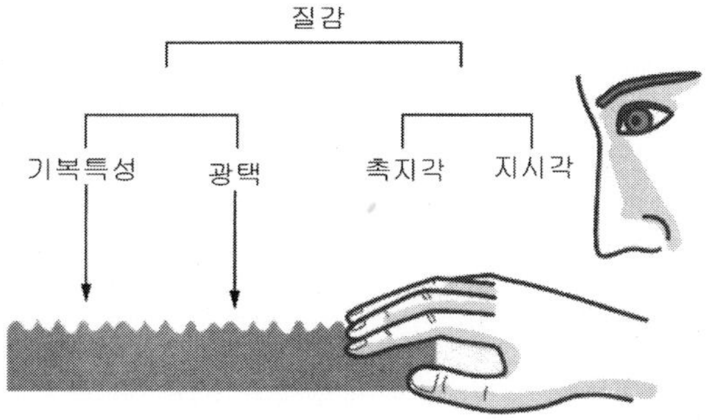

그림 4.1 질감 구성

통불퉁하고 딱딱하다)"라고 하는 질감을 나타내는 언어는 표면 형상 자체를 가리키는 경우와 그것을 본 인상을 가리키는 경우의 2가지라는 것이다. 표면 형상에는 다시 기복 형상과 기복에 딸린 광택(윤기)으로 나눌 수 있다. 여기서는 질감을 **그림 4.1**과 같이 나누어 고찰한다. 다만, 토목 구조물에서는 촉지각(觸知覺)이 디자인의 큰 과제가 되는 경우는 적다고 보고 이 촉지각에 대해서는 책[3])을 참고하기 바라며 여기서는 생략한다.

4.2 광택(윤기)

4.2.1 광택의 지표

한국산업규격(KS)에서는 광택을 굴절률 1.5의 유리에 어떤 광량(光量)의 빛을 60° 각도에서 조사(照射)하여 반사해 온 광량을 100으로써 기준화하고, 거기에 대한 비율로 표시하고 있다(**그림 4.2**). 따라서 알루미늄판의 광택은 100을 넘는 값을 취한다. 자동차의 차체에서는 빛이 한 번 굴절하고 나서 튀어서 되돌아 온 그런 "깊이가 있는 광택"을 목표로 하는 경

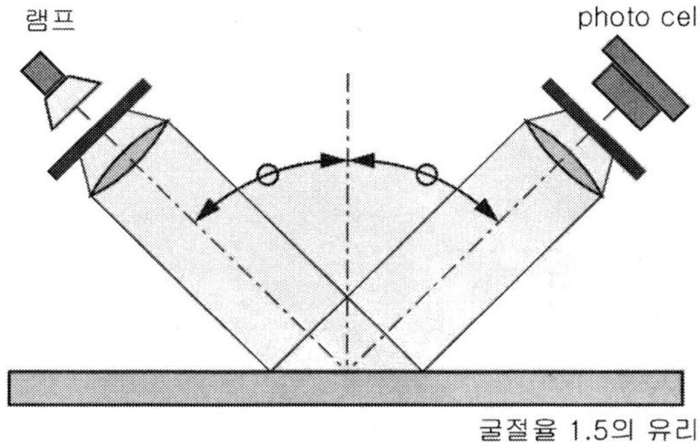

그림 4.2 광택계

우가 있는데 이러한 경우에는 좀더 복잡한 계측을 하고 있으나 일반적으로 광택을 의논할 때는 이 지표도 충분할 것이다. 다만, 이 지표는 평판면의 광택을 측정할 때에는 문제없지만 다소 요철이 있는 면의 광택을 측정하는 데는 요철면이 입사광에 대해서 60°의 각도가 아니므로 여러 가지 방향에서 계측하고 그 평균을 구해야 한다. 또, 표면의 기복차가 클 때에는 현재 상태의 계측기로는 계측할 수 없다.

4.2.2 여러 가지 물체의 광택

이상을 근거로 한 다음에 신변에 있는 여러 가지 물체의 광택을 계측해 본 것이 **그림 4.3**이다. 세차한 번쩍번쩍한 차체가 84.5인데 대해 강교는 공용 전(供用前)이 21.7, 7~8년 지난 강교에서는 광택이 6.3까지 떨어졌다. 콘크리트교는 강제 거푸집을 이용한 대단히 반들반들한 면에서 4 정도, 비를 맞게 내버려 두어 좀 까칠까칠한 면은 1 이하이었다. 필자의 연구실 가구나 퍼스널 컴퓨터의 광택을 재어 보았다. 오래된 구형 회색 스틸 서가가 34로 광택이 있으나 최근 구입한 스틸 서가는 8, 퍼스널 컴퓨터나 복사기는 5, 천으로 싼 의자나 칸막이(Partition)는 4.5 이하로 이전보다도 전반적으로 낮은 광택 제품이 늘어나 연구실 전체가 8 이하의 광택으로 갖추어져 있어 차분한 분위기로 되어 있는 것을 깨달았다. 그 중에 회색

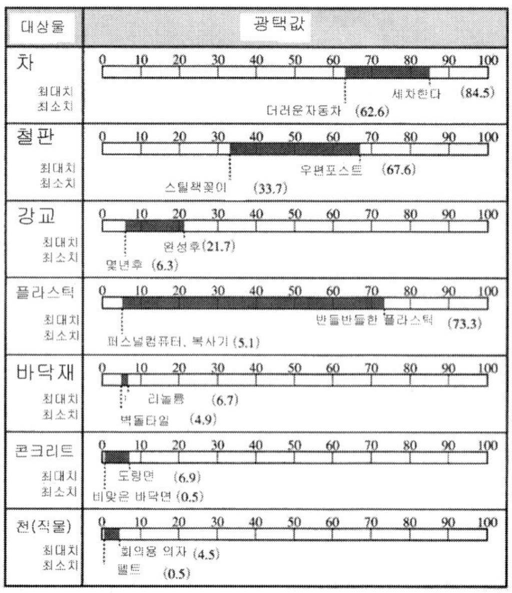

그림 4.3 여러 가지 물체의 광택값

사진 4.6 함프톤코트교와 그 주변의 건물

스틸 서가는 형상이 오래된 것도 있어 연구실에서는 소문난 존재로 되어 있다. 따라서 어떤 공간이 어떤 광택으로 갖춰져 있게 되면 하나만 광택이 다른 것이 있어도 그것은 대단히 눈에 띄는 것이다. 템즈 강 상류에 있는 햄프톤코트교(**사진 4.6**)는 콘크리트 아치의 표면에 벽돌을 붙인 교량이다. 그 벽돌은 주변 건물에 쓰인 것과 아주 같은 것이므로 교량의 어떤 공간 전체가 침착하고 차분한 분위기를 자아내고 있다.

4.2.3 광택 계획

이들을 부연하면 교량의 "광택 계획"을 구상할 수 있다. 즉, 꼭 색채 계획에서 배경색을 조사하고 교량을 배경색에 친숙하게 할 경우에는 명도차 또는 색조차를 없애고, 두드러지게 하고 싶을 때는 차이가 나도록 가교 지점 주변의 광택 분포를 조사하고 교량의 광택을 조정하는 것이다. 교량을 주변 환경에 친숙하게 하고 싶으면 교량의 광택을 주변 환경 광택 영역 내에 받아들이고 두드러지게 하고 싶으면 그 광택 영역을 벗어나면 된다.

학쵸(白鳥) 대교(강현수교)(**사진 4.7**)에서는 가교 지점 주변의 광택을 조사하고(**그림 4.4**) 교량 광택이 주변 환경의 것과 어떤 관계에 있는지를 확인하고 있다[4]. 가교 지점은 마치 스타디움과 같은 지형이고, 교량을 가로지르는 필드의 가까운 부분에는 오피스 빌딩이나

사진 4.7 학쵸 대교(白鳥大橋)

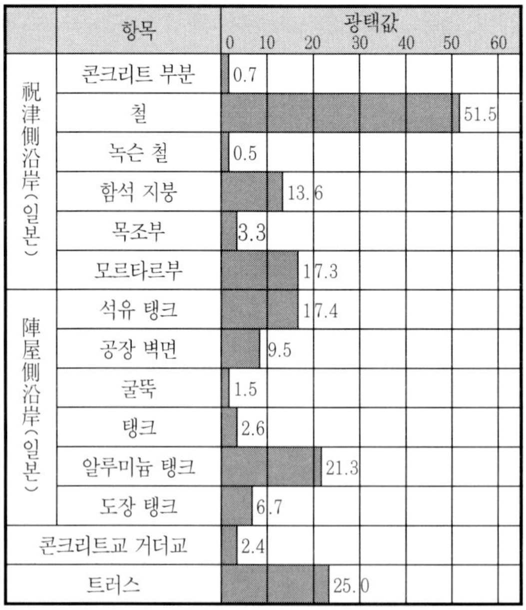

그림 4.4 학쵸 대교(白鳥大橋) 주변의 광택

주택가, 석유 비축 탱크 등 광택값이 높은 인공물이 에워싸고 있고, 스타디움 상단에 접한 구릉지에는 자연이 짙게 남아 있다. 주변 경관을 리드해 가는 역할을 맡게 되는 장대교로서 주

사진 4.8 광택이 있는 난간

변의 인공물에 잠입되지 않는 광택값을 채용한다고 하면 30 가까운 광택을 필요로 한다는 것을 알 수 있다.

일반적으로 말하면 자연의 광택은 수면(水面)을 제외하고 0에 가깝다고 생각된다. 반들반들한 나뭇잎도 서로 포개져 반사를 차단하고 있다. 만약 콘크리트교가 자연이 짙은 곳에서 잘 조화된다고 하면 그것은 서로의 광택이 가깝기 때문이라고 생각된다. 따라서 시공의 양호함을 자랑하듯이 콘크리트의 표면을 매끈매끈하게 마무리하는 것은 애써 자연과 가까운 광택의 소재를 사용하면서 자연과는 거리가 멀어진다는 것을 인식해야 한다. 오히려 좀더 까칠까칠한 표면이 되도록 연구해야 할 것이다.

한편, 도시에서는 빌딩의 외벽, 유리면 등 광택값이 높은 것이 많다. 물론 낮은 광택값의 건축물도 있어 평균을 내면 현재 강교가 가지고 있는 광택(20 전후)은 주변 환경에 친숙하다고 볼 수 있다. 그러나 장소에 따라서는 건축의 외벽, 유리면에 지지 않는 광택이 요망되는 곳도 있다. 교량 본체의 도장은 자동차 차체와 같이 베이킹(Baking) 도장이 곤란하므로 지금 이상의 광택은 기대할 수 없다고 하면 난간이나 조명주 등 부속물에 높은 광택의 소재, 도장면을 사용하는 것도 생각할 수 있다. 임해부(臨海部) 도심의 국제전시장 부근 보도교에는 스테인리스의 난간이 많이 쓰이고 있는데(사진 4.8) 주변의 광택과는 잘 조화되어 있다.

광택 계획이라는 귀에 익지 않은 언어를 사용하고는 있지만 이러한 계획은 무의식중에 행해지고 있다고 할 수 있다. 그것을 의식 전면(前面)으로 밀어내 광택을 조정하는 것을 항상 명심하기 바란다.

4.3 기복의 형상

4.3.1 질감 입체

먼셀 색입체 같은 질감을 대상으로 한 질감 입체라는 것은 구축할 수 없을까? 더구나 색입체와 마찬가지로 3차원으로 표현할 수 있으면 알기 쉽다. 만약 구축할 수 있게 되면 질감은 디자인 사고에 확실히 한 구석을 차지할 수 있고 새로운 질감을 계속하여 새로 만들어 낼 수 있다.

컴퓨터 그래픽의 소프트에는 여러 가지 질감을 창조해 낼 수 있는 것이 몇 가지가 있다. 이들은 법선(法線) 벡터(Vector)를 제어함으로써 색과 음영으로 질감을 화면 위에 표현하는 것이다. 그러나 기복의 수치 데이터를 떠맡고 있는 것이 아니므로 화면 위에 표현된다고 해도 그것을 수치 데이터 등의 실제 요철을 필요로 하는 형(型)으로 옮길 수 없다. 또, 질감 전반을 창출해 내게끔 체계적으로 되어 있는 것도 아니다. 따라서 질감에 대한 사고 방식은 참고가 되어도 질감 창성(創成) 소프트의 파라미터를 3차원으로 압축하면 질감 입체의 방향이 보이는 것도 아니다.

그래서 일본인 나카나시(高梨)들[5), 6)]은 여러 가지 기복 특성을 검토하고 그림 4.5에 나타낸 3가지 속성을 이용한 기복 특성의 표현을 제안하고 있다. 즉, 먼저 어떤 평면을 격자로 분할하고, 질감의 기복은 격자 교점(交點) 위에 표현하기로 한다. 어떤 방향의 단면이 그림 4.5 (a)와 같이 얻어졌다고 하면 격자 위의 각 점끼리가 어떤 관계에 있는가를 하나의 속성을 형성한다고 생각하고 제1속성을 "기복 특징"이라고 하고 있다. 기복 특징을 함수로 나타낸 것은 기복 특징 함수라고 한다. 다음에 같은 기복 특징을 갖더라도 토목 레벨의 큰 사이즈에서 공업 제품의 표면 질감과 같은 작은 사이즈에까지 표현할 수 있으므로 제2속성을 질감의 크기, 기복 깊이를 나타내는 "진폭(振幅)"으로 하고 있다(그림 4.5 (b)). 진폭이 0이면 평평한 평면이다. 제3속성은 하나의 기복 특징으로 구성된 질감에 별도로 기복 특징에 따른 가공을 하여 새로운 질감을 창성하는 "가공"이라고 하고 있다(그림 4.5 (c)). 이상의 3속성을 축(軸)(그림 4.6)으로 하는 입체에 따라 기복 특성의 표현을 시도한 것이다.

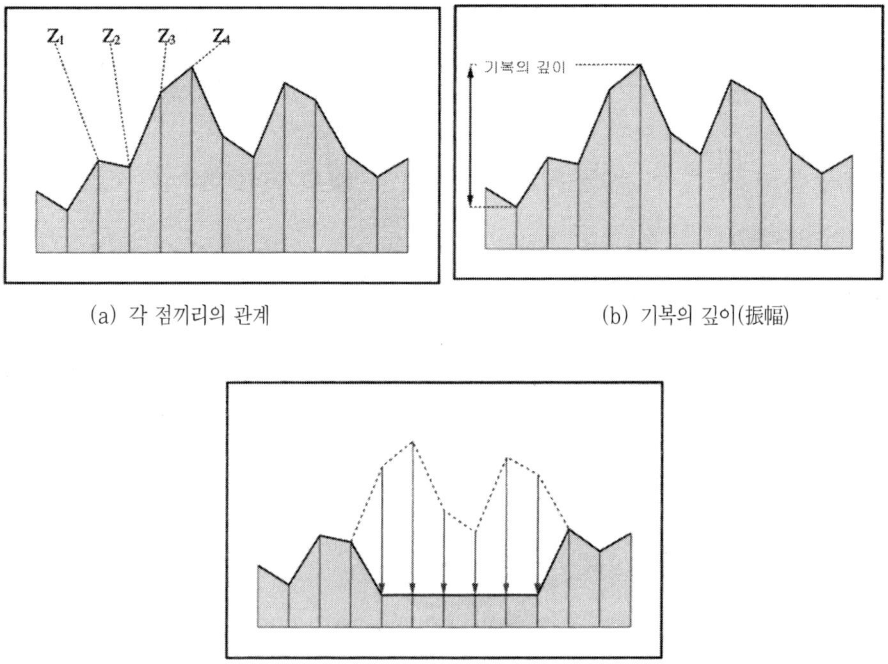

(a) 각 점끼리의 관계

(b) 기복의 깊이(振幅)

(c) 별도의 기복 특징에 따른 가공

그림 4.5 3가지 속성에 따른 기복 특성의 표현

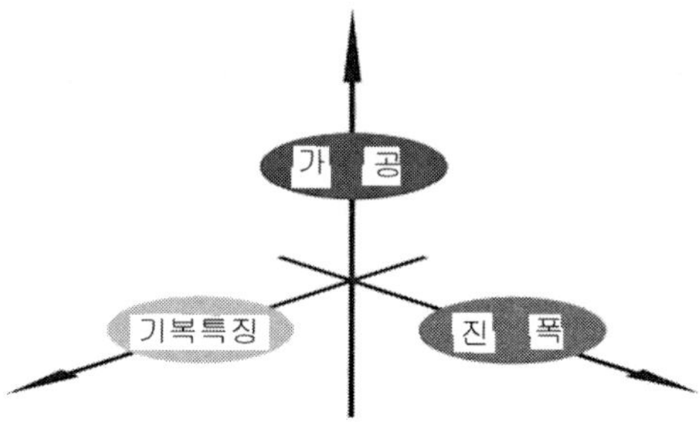

그림 4.6 3속성을 축으로 한 질감 입체

4.3.2 기복 특징

기복 특징은 단순한 정현파(正弦波)로 구성되는 규칙적인 단면을 시계의 12시 위치에, 전혀 규칙성이 없는 랜덤(Random)한 단면 형상을 6시 위치에 놓아 기복 특징의 양극(兩極)을 구성하고 있다. 단순한 정현파에 주기(周期)가 다른 정현파가 합성되면 단면은 서서히 복잡하게 되어 간다. 몇 개의 주기가 다른 정현파가 합성된 형상은 주기성은 있지만 복잡한 단면 구성이 된다. 이것을 9시 위치에 놓는다. 이 형상에서 서서히 주기성이 없어지면 맨 나중에는 랜덤한 형상이 된다. 구체적으로는 장주기의 성분이 서서히 없어지고 각각 주기가 다른 정현파의 합성이 많아지게 됨과 동시에 각 정현파의 위상이 조금씩 어긋나가는 형상이 된다.

한편, 정현파의 산(山)과 곡(谷)의 높이를 불규칙적으로 하면 순조롭기는 하지만 주기성이 없는 형상이 얻어진다. 다른 주기의 정현파에 같은 조작을 가해 그들을 합성하면 순조롭기는 하지만 주기성이 전혀 없는 형상이 얻어진다. 이것을 3시 위치에 놓는다. 이 형상에서 서서히 장주기에 상당하는 단위 길이의 성분이 없어지고 단주기에 상당하는 길이 성분의 합성이 많게 되어 최종적으로는 랜덤한 형상이 된다. 이상을 **그림 4.7**에 나타낸다. 색환(色環)과 마찬가지로 기복 특징을 환상(環狀)으로 나타내고 있다.

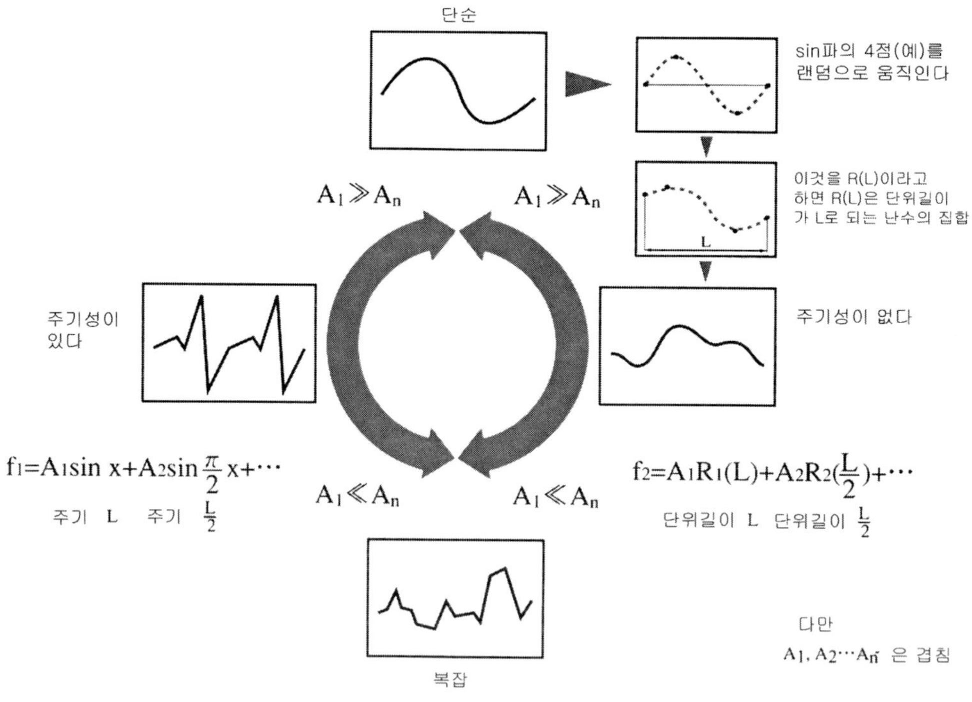

그림 4.7 질감 고리(環)의 개념

4.3.3 진폭

앞에서 기술한 바와 같이 진폭은 기복의 깊이를 나타낸다. 따라서 기복의 최대값과 최소의 차이로 진폭을 정의(定義)할 수 있다. 일본인 다무라(田村)들의 정의에 따르면 토목 스케일의 진폭이 큰 경우의 질감을 매크로 오더(Macro Order), 아주 가까이에서 효과 있는 진폭이 작은 경우의 질감을 마이크로 오더(Micro Order)라고 할 수 있다.

진폭은 고리 모양(環狀)으로 배치된 기복 특징의 중심에서 거리로 나타낸다. 중심을 진폭 0, 즉 평평한 평면으로써 중점에서 떨어지면 떨어질수록 진폭이 크게 되고 있다.

4.3.4 가공

가공은 하나의 기복 특징으로 구성된 질감에 따로 기복 특징을 합성하여 새로운 질감을 창성하는 것이다. 이 가공이 다른 주기 정현파의 합성과 다른 점은 합성이 부분적이며 각각 기복 특징을 그대로 남기고 있다는 점에 있다. 정현파의 합성일 때는 색으로 말하면 적색과 청색을 혼색하여 자주색을 만드는 그런 경우이지만 여기서 말하는 가공은 적색 위에 혼색하지 않고 다만 청색이 칠해져 있는 경우이다. 따라서 정현파의 합성은 특정 영역에 한정되는 것이 아니고 면 전체에 미치는데 대해 가공은 영역을 한정하여 별도로 기복 특성을 합성하는 경우를 가리킨다. **사진 4.9**와 같이 랜덤한 기복 특징을 가진 면에 줄눈(홈)을 넣은 질감은 가공의 전형적인 예이다. **사진 4.10**의 돌이 깨어진 표면 언어 그대로 어떤 기복 특징을 가진 돌을 쪼갠 것 같은 가공을 한 것이라고 받아들일 수 있다.

가공의 종류는 여러 가지 관점에서 분류할 수 있다고 생각되지만 위상기하학적(Topological)으로 보면 대상이 되는 평면에 대해서 가공부가 폐쇄된 경계를 하고 있는지의 여부로 알 수 있다. **사진 4.11**의 돌쌓기 무늬는 폐쇄된 경계를 한 가공이며, **사진 4.12**의 부식면(腐蝕面)(평평한 면을 부식이라는 가공을 시공한 면 또는 랜덤한 기복 특징을 가진 면을 어떤 높

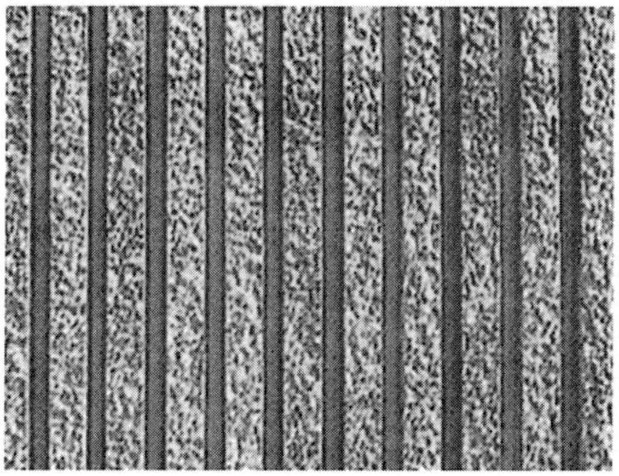

사진 4.9 줄눈

사진 4.10 돌이 깨어진 표면

사진 4.11 돌쌓기 무늬

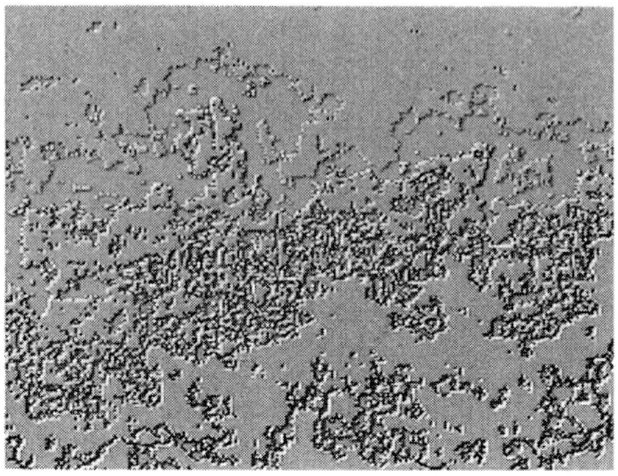

사진 4.12 부식한 면

사진 4.13 컴퓨터 화면 위에 창성(創成)한 질감

이로 잘라낸다고 생각해도 된다)은 부분적으로는 폐쇄된 경계를 하고 있으나 전체적으로는 폐쇄된 경계를 하지 않은 가공이다. 각각 단순한 형상에서 복잡한 형상까지 상정할 수 있는 단순한 형상을 원점으로 하면 각각을 정부(正負) 양극으로 나누어 생각할 수 있다.

이상과 같은 생각을 기초로 컴퓨터 화면 위에 질감을 표현한 것(입체적 수치 데이터도 아울러 안고 있다)이 **사진 4.13**이다.

4.3.5 질감 입체와 기존 질감과의 대응

먼저, 기복 특징과 진폭으로 평면을 구성하고 이에 직교하는 종축을 가공하려고 하면 색입체에 상당하는 질감 입체가 구성된다. 색입체에서는 예를 들어 명도라면 백색에서 흑색까지를 시각적으로 등보도(等步度)가 되도록 10분할하여 기준을 정하고 있으나 질감 입체에 대한 기준화의 연구는 이 때문이다. 따라서 기존의 질감을 이 질감 입체에 정확하게 대응시킬 수는 없으나 개념적으로는 **그림 4.8**과 같이 된다고 생각할 수 있다.

이상의 질감 입체 사고 방식은 하나의 제안이며 다른 사고 방식도 있는 것이라고 생각된다. 많은 연구를 기대해 본다.

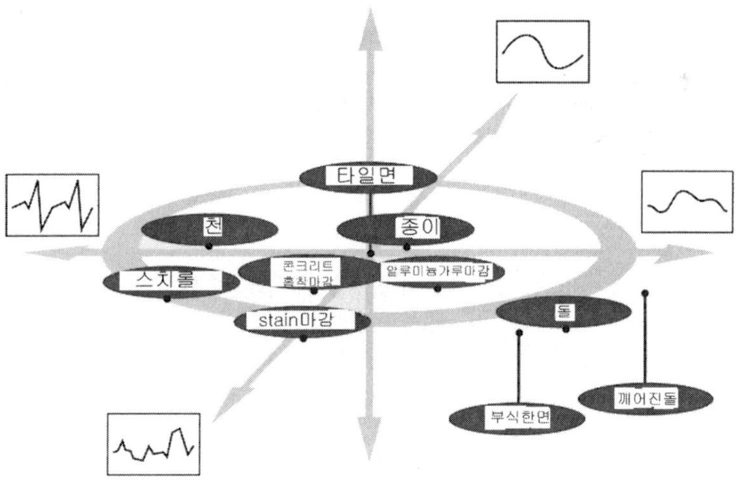

그림 4.8 질감 입체와 기존의 질감

4.4 질감의 인식

질감의 인식 특성 중에서 디자인에서 중요한 것은 기복 특성을 식별할 수 있는지 여부의 식별 거리와 기복 특성이 달라지는데 따른 인상이 달라짐에 대한 것이다.

4.4.1 랜덤한 기복 특징의 식별 거리

어떤 기복 특징의 진폭이 대단히 클 때에도 시거가 아주 멀면 그 기복 특징은 식별할 수 없고, 평면적인 무늬 또는 무늬조차도 식별되지 않는 평면으로밖에 보이지 않는다. 따라서 질감을 효과적으로 활용하기 위해서는 기복 특성의 식별 거리를 파악해야 한다.

그래서 랜덤한 기복 특징을 가진 진폭이 2~25mm까지의 6종류의 질감 샘플(백색으로 도장)을 작성하고 맑게 갠 날 실외에서 30인의 피험자(시력 1.2)에게 보이고 각각의 식별 거리를 재어 보았다[7]. 그 결과 랜덤한 기복 특징의 식별은 진폭과 시거가 달라짐에 따라 다음의 3가지 영역으로 나누었다.

제1영역 : 기복 특징을 식별할 수 있는 영역

제2영역 : 기복 특징이 평면의 무늬로 보이는 영역

제3영역 : 균일한 색을 칠한 평면으로 보이는 영역

그림 4.9는 횡축에 진폭, 종축에 샘플까지의 거리를 잡고, 각각의 영역을 구분하는 회귀곡선(回歸 曲線)을 구한 것이다. 진폭을 x, 샘플까지의 거리를 y라고 하면 제1, 제2의 영역을 구분하는 회귀식 (1)과 제2, 제3의 영역을 구분하는 회귀식 (2)는 각각 다음과 같게 된다.

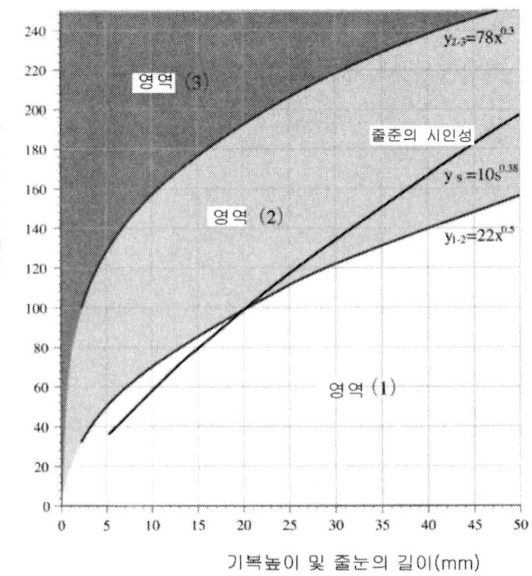

그림 4.9 기복 특징의 식별 거리

$$y_{1-2} = 22x^{0.5} \qquad (1)$$

$$y_{2-3} = 78x^{0.3} \qquad (2)$$

이것을 보면 진폭이 크게 됨에 따라 멀리에서도 식별할 수 있게 되지만 회귀식은 완만한 곡선을 그리므로 진폭을 크게 해도 거기에 비례하여 원거리에서 식별할 수 있는 것이 아니다. 25mm의 진폭에서도 그 기복 특징을 식별할 수 있는 거리는 110m 정도이고 그것을 넘으면 평면 무늬로 보이고 있다. 200m를 넘으면 무늬도 사라지고 평면으로 보이고 있다.

4.4.2 줄눈 가공한 기복 특징의 식별 거리

여러 가지 기복 특징 중 시각적으로 가장 규칙성을 가지고 있다고 느낄 수 있는 것은 직선적인 줄눈이 명확하게 된 것일 것이다. 그래서 앞 항에서 기술한 실험과 마찬가지로 진폭 0~2.3mm의 랜덤한 기복 특징에 깊이 10~30mm, 폭 14~50mm를 조합하여 줄눈을 만든 5종류의 질감 샘플(백색으로 도장)을 작성하고 맑게 갠 날 실외에서 30인의 피험자(시력 1.2)에게 보여 각각의 식별 거리를 재 보았다. 그 결과 줄눈의 식별은 줄눈을 만들기 전의 기복 특성에 관계없이 줄눈 폭과 줄눈 깊이의 크기, 즉 줄눈 부분의 단면적에 의존하여 식별되고 있다. 그래서 횡축에 단면적(줄눈 폭×줄눈 깊이), 종축에 샘플까지의 거리를 잡고 보면 기복 특징이 식별 가능하다. 이때 줄눈이 약간이나마 입체적으로 보일 때의 회귀 곡선을 구하면 식 (3)과 같이 된다.

$$y_s = 10s^{0.38} \qquad (3)$$

(다만, s는 단면적, y_s는 샘플까지의 거리)

그림 4.9에서는 줄눈 단면 형상을 정사각형이라고 가정하고, 이 회귀 곡선을 포개고 있다. 이것을 보면 회귀 곡선은 거의 식 (1)의 곡선에 포개져 있는데 진폭이 크게 되면 될수록 줄눈 식별 거리는 길어지고 있다. 역시 직선적인 줄눈은 게슈탈트 팩터(Gestalt Factor, 좋은 형상의 요인)로 도울 수 있기 때문인지 랜덤한 기복 특징보다도 식별 거리가 길어지고 있다. 즉, 시인성(視認性)이 좋아진다는 실험 결과가 된다.

4.4.3 식별 거리에서 본 진폭의 산출

주된 시점 영역이 정해지고 대상물과 거리가 분명하게 되면 회귀식 (1), (2), (3)에서 기복 특징의 진폭을 구할 수 있다. 예로 들면 터널 갱구에 질감을 넣고 싶다고 한다. 사진 4.14와

사진 4.14 터널 갱구의 질감

사진 4.15 바위 표면의 질감

같이 자동차가 터널 가까이에 있다. 설정 속도가 60km/h인 도로에서 운전자가 보이는 거리는 약 200m로 되어 있으므로 기복 특징을 식별하게 하려고 하면 식 (1)에서 진폭 약 80mm의 기복 특징이 필요하게 된다. 무늬로서 느끼면 된다는 정도이면 식 (2)에서 23mm 정도의 진폭이면 된다. 줄눈의 경우는 식 (3)에 적용시키면 단면적은 2,653mm^{2}가 필요하다. 정사각형 단면이면 약 50mm 각(角)의 줄눈을 만들면 된다는 것을 알 수 있다. 설정 속도가 80km/h인 도로에서 보이는 거리는 약 700m가 되므로 기복 특징을 무늬로써 느끼면 된다는 정도에서도 진폭은 1,500mm가 된다. 줄눈이라면 정사각형 단면 환산으로 270mm 각이 필요하게 된다.

사진 4.15의 갱구 질감은 뒤편에 보이는 바위 표면의 질감에 맞추려고 한 것일 것이다. 그러나 그 의도는 사진과 같은 거리(약 15m)에까지 접근해야 비로소 이해할 수 있다. 바위 표면의 무늬로써 보이면 된다는 정도로 하더라도 질감의 진폭을 좀더 크게 하여 떨어진 거리

사진 4.16 돋을새김을 한 터널 갱구

사진 4.17 컴퓨터 위에 돋을새김을 없앤 갱구

에서도 그 의도가 간파되도록 하기 바란다.

그리고 터널 갱구에 **사진 4.16**과 같이 지역의 특징이 있는 동식물이나 특산품, 역사적 사항이나 옛날 건축의 잔존물 등을 돋을새김(Relief)하여 내세운 예를 흔히 볼 수 있다. 그러나 터널 입구는 밝은 곳에서 갑자기 어두운 곳으로 들어가므로 운전자는 그렇지 않아도 주의를 해야 하는 곳이다. 거기에 일부러 눈길을 끌게 하려고 하는 돋을새김을 하여 선전이나 광고 효과를 노리는 것은 결코 바람직한 일이 아니다. **사진 4.17**과 같이 돋을새김이 없는 쪽이 훨씬 산뜻하여 달리는데 지장을 주지 않아 좋은 갱구가 된다.

현수교의 앵커리지(Anchorage)의 벽면은 20~30m 거리에서 바라볼 수 있는 경우도 있고 1km 떨어진 장소에서 바라볼 수도 있다. 20~30m 거리에 적합한 진폭의 기복 특징을 사용하면 1km 떨어진 장소에서는 벽면은 넓적한 평면으로밖에 보이지 않는다. 반대로 1km 거리에 적합한 진폭을 사용하면 20~30m의 거리에서는 진폭이 너무 크다. 이런 경우 20~30m의 거리에 적합한 진폭 2~3mm 이상의 기복 특징을 사용하여 벽면을 구성함과 동시에 1km 거리에 적합한 정사각형 단면 환산으로 400mm 각(角) 정도의 줄눈을 병용하여 원거리, 근거리 쌍방의 시점 영역에 대응하는 것을 생각할 수 있다. **그림 4.10**은 일본의 오오시마(大島) 대교의 줄눈 형상이다[8]. 단면을 정사각형으로 환산하면 약 400m 각이 되고 있어 1km 떨어진 곳에서도 줄눈을 식별할 수 있게 되어 있다. 일본인 마시하라(芦原)[9]는 식별거리와의 관계에서 1차 오더의 질감, 2차 오더의 질감이라는 개념을 사용하고 있는데 근거리에서는 진폭 2~3m 이상의 기복 특징이 인식되고, 원거리에서는 줄눈이 보인다는 질감은 다시 1차 오더와 2차 오더의 질감을 분간해서 쓴 것이라고 할 수 있다.

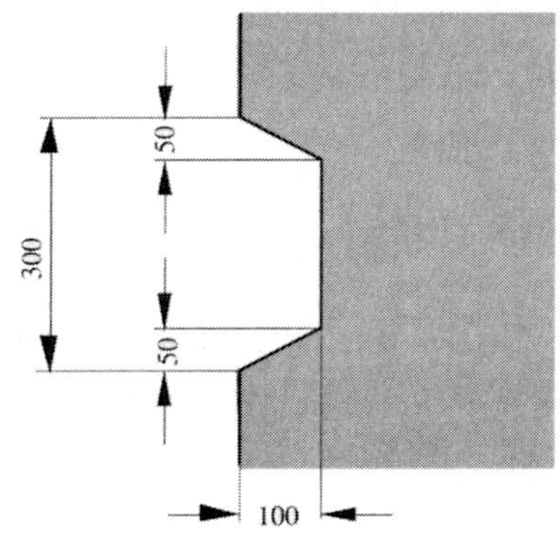

그림 4.10 오오시마 대교(大島大橋)의 줄눈

각 회귀식은 질감 샘플을 백색 도장한 것의 식별 실험으로 구하고 있으므로 콘크리트의 자연 그대로의 표면일 때에는 식별 거리는 좀더 짧아지는 것(視認性은 나빠진다)이라고 생각된다. 회귀식 적용시에는 반드시 주의해야 한다.

4.4.4 질감이 주는 인상

여러 가지 질감을 준비하여 실물을 보고 그 인상 평가를 하는 것은 여러 가지로 곤란을 동반한다. 아카시(明石) 해협 대교에서는 앵커리지의 질감 후보를 8안(案), 약 1.5m 각의 크기로 작성하여 현지에서 평가하고 있는데(사진 4.18) 이와 같이 후보 안의 질감을 실제로 작성하는 것 자체도 드물 것이다. 그러므로 질감과 인상을 대응하게 하는데 관한 종합적 연구는 충분하지 않다.

앞에서 기술한 바와 같이 기복 특징의 사고(思考)에 의거하여 컴퓨터 그래픽으로 그린 여러 가지 기복 특징에 대한 인상 평가에서는 이하의 세 가지 요인을 추출하고 있다. 평가 실험에 사용된 샘플은 28종류, 피실험자 수는 60인, 인상 평가는 15종류의 형용사에 대한 5단계 평가를 하고 그 결과를 요인별로 분석한 것이다.

제1요인 : "순조로움"의 요인

표면이 매끄러운지 꺼칠꺼칠한지를 판단하는 요인이다. 매끈매끈함을 말하자면 일목요연하지만 반들반들한 면 또는 까칠까칠한 면이라는 것은 사람이 어떤 질감을 보았을 때 가장 솔직한 반응이며 그것이 제1요인로 나타난다고 볼 수 있다.

제2요인 : "자연스러움"의 요인

사진 4.18 현장 평가를 위해 준비한 아카시(明石) 해협 대교 앵커리지의 질감 후보(候補)

기복 특징이 인공적인지 자연스러움을 느끼는지를 판단하는 요인이다. 단순한 규칙성을 느낄 수 있는 것은 정현파(正弦波)를 몇 개 합성시켜도 인공적으로 느끼고 있다. 줄눈은 인공적인 기복 특징의 전형이라고 해도 된다.

제3요인 : "흥미로움"의 요인

기복 특징이 흥미롭거나(색다른 데가 있거나) 억양(고저강약이 있는), 야무지고 힘찬 데가 있는지 또는 단조로운지를 판단하는 요인이다. 많은 예에서 "가공"은 흥미로움을 향상시키고 있다.

이 3가지 요인에 따른 기여율(寄與率)은 90% 가깝게 되어 있다. 즉, 사람들의 기복 특징에 대한 인상의 90% 가깝게는 이 3요인으로 설명할 수 있는 것이지만 실물 평가에서는 없는 것, 피험자 수가 적은 것 등을 생각하면 더욱 많은 실험을 거듭하여 한층 더 신뢰성을 갖게 해야 한다.

한편, 기복 특징의 다름이 형상의 인상(印象)을 어떻게 변화시키는가도 중요한 연구 과제이다. 일본인 다무라(田村) 외[7]는 줄눈에 대해서 줄눈 무늬가 전체 형상에 주는 인상(印象)에 대해서 조사하고 있다. **그림 4.11**과 같이 정사각형에 (a) 가로 줄무늬(Stripe)를 넣은 것과 (b) 세로 줄무늬를 넣은 것은 일반적으로 잘 알려져 있듯이 가로 줄무늬는 폭이 넓고 높이가 낮게 보이고 세로 줄무늬는 폭이 좁고 높이가 높게 보이는 것을 확인할 수가 있다. 또, 중앙에

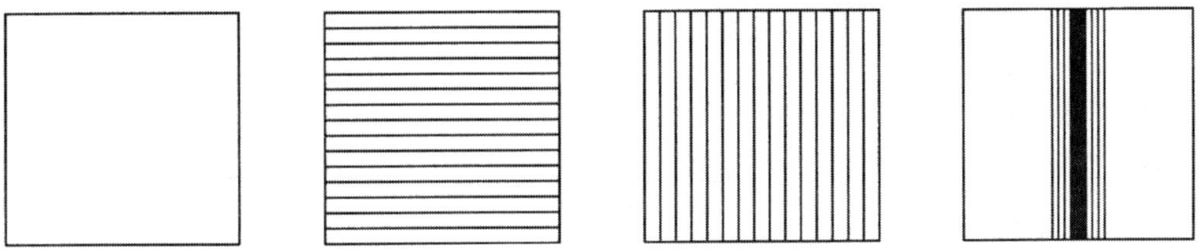

그림 4.11 줄무늬에 따른 정사각형의 인상(印象) 변화

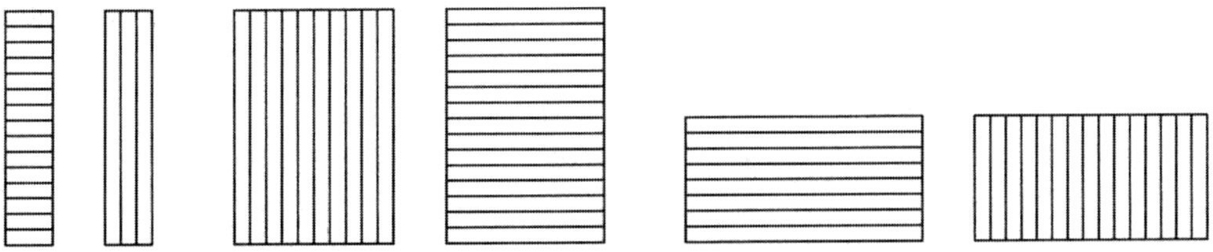

그림 4.12 줄무늬의 효과

굵은 선을 넣음으로써 정사각형의 면이 좌우로 분할되어 단일한 면에 비해 면의 크기를 작도록 느끼게 할 수 있다. 그림 4.12는 여러 가지 직사각형에 줄무늬를 넣어 그 효과를 본 것으로 세로로 긴 형상에서는 세로 줄무늬의 쪽이 세로로 긴 형상을 강조하고, 가로로 긴 형상에서는 가로 줄무늬 쪽이 가로로 긴 형상을 강조하고 있다.

이러한 연구를 여러 가지 기복 특징에 확장시켜 하는 것이 바람직할 것이다.

결론

앞에서 기술한 바와 같이 질감은 디자인 소재로써 교량을 매력있게 하는데 크게 이바지할 수 있다. 그러나 여러 가지 질감을 시험 제작하여 체계화하는 것은 그리 쉽지 않으므로 질감에 관한 연구는 불충분한 면이 많다. 본문에서 기술한 질감 입체의 구축, 질감의 식별 거리, 질감과 인상과의 대응짓기 등 어느 것이나 충분한 검토와 실험을 반복하여 신뢰성을 높여야 한다. 그때까지는 이 책을 참고하면서 개개의 설계에서 확인하는 것이 중요하다. 불충분한 면이 많으나 이 책이 질감에 대한 관심을 높이는데 일조가 되었으면 다행이다.

연습 문제

① 자기 사무실의 벽, 천장, 바닥, 사무실 가구, 퍼스널 컴퓨터 등 비품류의 광택을 7단계로 평가하고 분포도를 그려 보자. 그 밖의 광택과 차이가 많이 나는 것이 있으면 그것이 위화감을 주는지의 여부를 검토해 보자. 똑같은 평가를 회의실, 응접실에서도 하여 사무실과 비교해 보면 재미있을 것이다.

② 교대 벽면의 위압감을 경감하기 위해 벽면에 질감을 나타내고 싶다. 어느 정도 진폭의 질감을 사용하면 좋은지? 사람은 교대 가까이에도 접근하지만 200m보다 멀리에서 바라보는 일은 그다지 없다고 한다.

③ 콘크리트 거더교의 거더에 질감을 갖게 하려면 어떤 질감이 좋은지를 교량 가설 지점이 도시일 경우와 자연이 짙게 남아 있는 장소의 두 경우에서 생각해 본다.

참고 문헌

1) 日本道路協會道路橋景観便便覽分科會：橋の美Ⅲ 橋梁デザインノート, (社)日本道路協會 (1992)
2) Tahara, Nakamura：On the Manual for Aesthetic Design of Bridges, IABSE 11th Congress Final Report (1980)
3) 和田他：感覺・知覺ハンドブック, 誠信書房 (1969)
4) 北海道開發廳：白鳥大橋の景觀設計 (1995)
5) 高梨他：テクスチャー立体の構築の試み(1)－テクスチャーの言語表現に對するアプローチとしてのテクスチャー立体, 日本デザイン學會誌第41回研究發表大會概要集 (1994)
6) 高梨他：テクスチャー立体の構築の試み(2)－テクスチャーの言語表現に對するアプローチとしてのテクスチャー立体, 日本デザイン學會誌第42回研究發表大會概要集 (1995)
7) 土木工學体系編集委員會：土木工學体系13景觀論, 彰國社 (1977)
8) 寺島他：建築スケールのテクスチャーの視覺的印象に關する研究, 日本デザイン學會誌第42回研究發表大會概要集 (1995)
9) 土木學會編：土木工學ハンドブック, 技報堂出版 (1989)
10) 本州四國連絡橋公團：大島大橋實施設計
11) 芦原：外部空間の設計, 彰國社 (1962)
12) 本州四國連絡橋公團：明石海峽大橋の景觀設計 (1995)

제 5 장

교량의 주시 위치와 매력있게 하기

How People Look at Bridges

서론

형상, 색, 질감이라는 조형(造形)의 소재에 대해서 이것을 어떻게 받아들이면 알기 쉽고 디자인 대상으로써 검토하기 쉽게 되는지 또는 몇 개의 선택 폭(범위)중에서 최종안을 결정하기 쉽게 되는지에 대해서 고찰해 왔다. 그들을 기초로 한 다음에 교량의 형상을 더 매력적인 것으로 하기 위해서는 몇 가지 유의점이 있다. 이 책에서는 그들 중 특히 "교량의 주시 개소", 즉 "사람들은 교량의 어디를 보고 있는가?", "미적 형식 원리", "교량의 재료", 이 세 가지 문제와 매력있게 하기에 대해서 고찰한다.

교량의 주시(注視) 위치에 대해서는 사람들에게 주시점의 기록 장치[1](Eye Mark Recorder)를 장착하고 교량을 관조(觀照)할 때 다리의 어디를 보고 있는가를 기록한 결과와 특정 교량을 대상으로 하고 그 교량을 잘 이용하는 사람들이 어떻게 받아들이고 있는지의 조사 결과로 교량 조형에서 유의해야 할 점을 추출한다. 관조란 아름다움을 직접적으로 인식하는 것, 또는 미의식의 지적 측면 작용의 직감을 가리킨다. 평가를 목적으로 하여 교량을 바라보는(응시하는) 행위도 관조(Intuition)이다.

5.1 주시점에 대해서

5.1.1 안구 운동

우리들은 **사진 5.1**을 보는 순간 그것이 무엇인지를 인지할 수 있다. 교량 기술자라면 순간적으로 골든게이트교라는 것을 분명히 알 수 있다. 그러나 사진 가운데 어떤 대상을 정확하게 보려고 하면 우리들의 눈은 안구 운동(眼球 運動)을 동반하여 보려고 적극적으로 시선을 맞춰야 한다. 이것은 중심 구멍이라는 그물막(망막) 가운데에 시축(視軸)에 일치하는 부분만이 뛰어난 시각 해상력(解像力)을 가지며, 중심 구멍의 영역이 아니면 대상을 정확하게 볼 수 없기 때문이다[2]. 따라서 관조자의 중심 구멍 위치를 알 수 있으면 관조자가 교량을 어떻게 바라보며 어디에 관심을 나타내는가를 알 수 있다.

5.1.2 Saccades Movement와 주시점

그림 5.1은 어떤 피실험자가 아이 마크 레코더를 장착하고 **사진 5.1**을 보았을 때 눈의 움직임을 기록한 것(이것을 "주시 궤적"이라고 한다)이다. 다만, **사진 5.1**은 슬라이드 프로젝터(Slide Projector)로 시각이 좌우 28°, 상하 20°의 크기로 되도록 투영하여 관조 실험을 하고 있다.

피실험자의 시선은 이쪽저쪽으로 왔다갔다하면 Saccades Movement라고 하는 안구의 순

사진 5.1 골든 게이트교

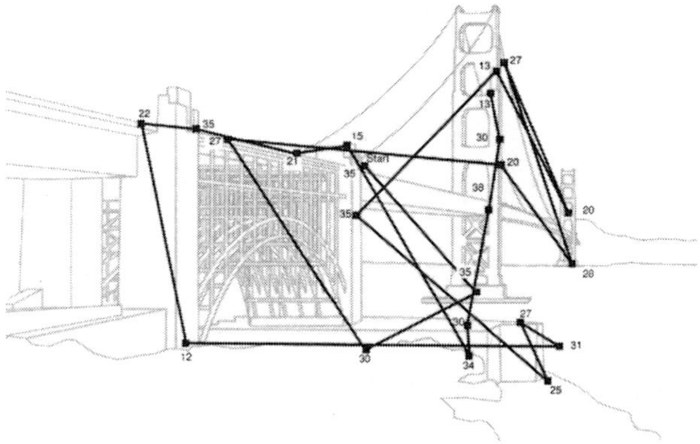

그림 5.1 피실험자의 사진 5.1에 대한 주시(注視) 궤적

간적 운동으로 경련에 가까운 운동을 하게 된다. 주목해야 할 점은 피실험자는 결코 화면 전체를 구석구석까지 빠짐없이 보고 있는 것이 아니라는 것이다. 시선은 그림 속의 특징 있는 개소로 끌어당기고 있어 시선으로는 집중과 분산을 볼 수 있다. 이 시점의 집중과 분산으로 우리들은 관조자의 관심이 어디에 있는지 또는 대상의 각 부분이 갖는 시선 유인력 등을 알 수 있다.

미술 평론가인 허버트 리드[3]는 형상이 우리들 눈을 어떻게 받아들이는가를 다음과 같이 기술하고 있다.

"아무 것도 그려져 있지 않은 벽이나 종이를 우리들이 바라보고 있다고 가정한다. 그러면 반드시 우리들은 바로 자기가 그 벽 또는 종이 위의 반점(Spot)을 직접 보고 있는 것으로 깨닫는다. 처음 그 반점을 마음에 두지 않았지만 그 사이 그것이 우리들 눈을 받아들여 버린 것이다. …어떤 항아리를 바라보고 있을 때 눈은 무의식적으로 유약(釉藥) 위의 어떤 하이라이트(Highlight) 지점 또는 색이 특히 강한 지점을 응시하게 될 것이다. 초점을 찾는 활동에 눈으로 보아 답답함을 느끼지 않는 정도로 확실한 쪽이 어쩌면 눈에 있어서 '즐거움'일 것이다. 그러나 너무 유달리 뛰어나 눈이 한 점과 항아리 전체의 양쪽을 동시에 '받아들이기'가 곤란할 때에는 육체적인 긴장감이 일어나 우리들의 미적 쾌감을 훼손하게 되는 것이 명백하다."

리드가 말한 바와 같은 형태상의 반점(특징)과 우리들 눈의 탐색 행동과의 관계 및 그에 따른 우리들의 미적 인식법과의 관계를 교량 형상을 대상으로 관찰하는 것은 교량 조형에 관계하는 사람들에게는 매우 기본적인 관심사일 것이다. 그림 속의 작은 숫자는 시선이 머무는 시간을 단위 1/10초로 나타낸 것으로 어떤 일정 시간 이상(여기서는 0.05초 이상) 머문 점을 주시점이라고 한다. 주시점에서 주시점으로 이동하는데 필요로 하는 시간은 아주 빨라 그것을 모두 만족해도 주시 시간 전체의 10%에도 차지 않는다. 사람이 정보를 받아들이는 것은 주시점부터이고, 도약하고 있을 때는 그다지 중요한 정보 섭취는 행해지지 않는다고 생각된다[4].

5.2 사람들은 교량의 어디를 보는가?

5.2.1 시거가 달라지므로 보는 법도 달라짐

그림 5.2는 역시 어떤 피실험자가 시거를 촬영한 앵글도 다른 7장의 골든게이트교의 사진을 슬라이드로 관조할 때의 주시 궤적을 주시점 경로에 주목하여 분류, 집계한 것이다.

주시점 경로란 어떤 주시점에서 다음 주시점으로 향한 경로의 것으로 경로를 **그림 5.3**과 같이 분류하고 있다. 예를 들면 **그림 5.3**의 〔③－1〕은 거더와 만난 주시점이 다음에는 맞은편 물가(岸)의 산으로 이동한 경로를 가리키고 있으며(반대로 맞은편 물가의 산과 만난 주시점이 거더로 이동하는 경우도 같다), 〔③－2〕는 맞은편 물가 내부의 이동을 가리키고 있다. **그림 5.2**에서는 그것을 다시 3경로로 집계하여 백분율로 나타낸 것이다.

사진 5.2는 **그림 5.2**에 대한 시각 자료 1이다. 부근 산 정상에서 교량을 찍은 것으로 상당히 멀리서 바라본 경치이다. 자료 번호가 늘어남(1에서 2, 3, 4 …로)과 동시에 교량에 가까워지고, 시각 자료 4는 **사진 5.1**에 나타낸 것이다. 시각 자료 7은 교량 위에서 현수교 주탑을 바라본 **사진 5.3**이다.

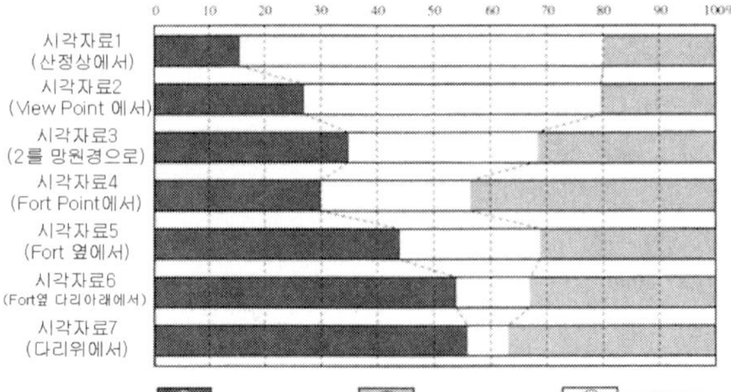

그림 5.2 7장의 사진(골든게이트교)에 대한 주시점 경로의 비율

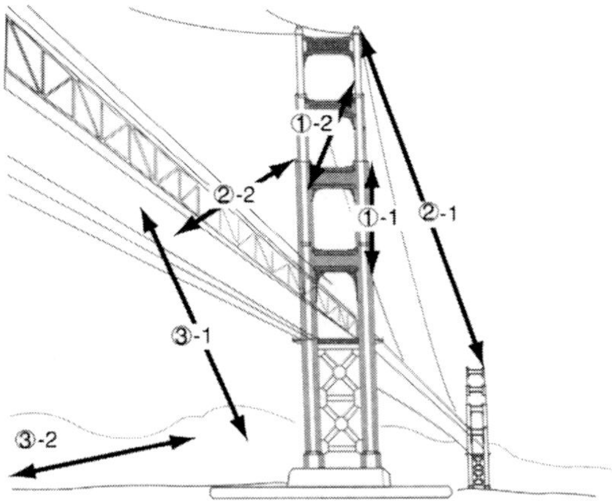

①	같은 구조부 내의 눈 움직임	①-1 같은 부재 내(예 : 같은 주탑 내의 이동) ①-2 다른 부재 (예 : 주탑 →수평재로 이동)
②	다른 구조부를 보는 눈의 움직임	②-1 같은 종류(예 : 자기 앞쪽 주탑→뒤쪽 주탑으로 이동) ②-2 다른 종류(예 : 주탑 →거더로 이동)
③	주변 환경을 포함한 눈의 움직임	③-1 교량⇔환경(예 : 거더 →건너편 안(岸)으로 이동) ③-2 환경 ⇔ 환경(예 : 건너편 안내(岸內)로 이동)

그림 5.3 주시점 경로의 분류

사진 5.2 시각 자료 1(산 정상에서)

사진 5.3 시각 자료 7(교량 위에서)

먼저, ①의 "같은 구조부 내의 눈 움직임"은 교량에 가까워질수록 증대하고 있다. 시각 자료 7(사진 5.3)과 같이 교량 위에서 주탑을 바라보는 장면에서는 주탑이라는 하나의 구조 요소가 큰 시각 형태를 형성하여 시야를 점유하고 있는 것, 거기에 동반한 부분 형상을 관조할 수 있을 정도로 잘 보이고 있는 것을 고려하면 자연스러운 결과라고 할 수 있다.

①과 아주 반대 관계에 있는 것이 ③의 "주변 환경을 포함한 눈의 움직임"이다. 시점 영역(장소)이 교량에서 떨어지면 떨어질수록 화면 중에서 주변 환경이 차지하는 비율은 많게 되고, 교량⇔주변 환경, 주변 환경 ⇔ 주변 환경과 같이 눈의 움직임이 많아지고 있다. 각 구조 요소는 작고, 보려고 해도 충분한 관찰은 할 수 없으므로 같은 구조부 내에서 작용하는 눈의 움직임은 당연하지만 적다.

②의 "다른 구조를 보는 눈의 움직임"은 옆 주탑이나 진입(Access) 교량이 보이고 있는 시각 자료 4(사진 5.1)가 가장 크고, 교량에 가까워져도, 교량에서 떨어져도 적게 되고 있다. 각기 다른 구조 요소가 적당한 크기로 균등하게 시야에 들어오고 있을 때에는 다른 구조를 보는 눈의 움직임이 빨라진다고 할 수 있다.

이상과 같이 시거가 다름에 따라 주시점 경로의 이어지는 대상이 달라지고 있어 주의 대상이 변하고 있다는 것을 알 수 있다. 그 경향은 각 피실험자에게 공통적이며 교량이 주변 환경 속에 자리매김하고 있는 원경(遠景)에서는 교량과 주변 환경 관계에 기울어지며 교량에 조금 근접해서 교량이 중간 정도 보이는 경치(이하, 중경(中景)이라 한다)로써 받아들여질 때는 각 구조 요소간의 관계에 주의가 기울어지고 있다. 교량에 가까이 다가간 근경(近景)으로써의 교량에서 주시는 부분적인 대상에 기울어져 하나의 구조 요소 내의 내적(內的) 관계에 기울어지고 있다고 할 수 있다. 바꿔 말하면 시거가 다름에 따라 원경에서는 경관적 구조 파악이, 중경에서는 교량의 전체적 구조 파악이, 근경에서는 부분적 구조 파악이 관조의 주제(主題)가 되

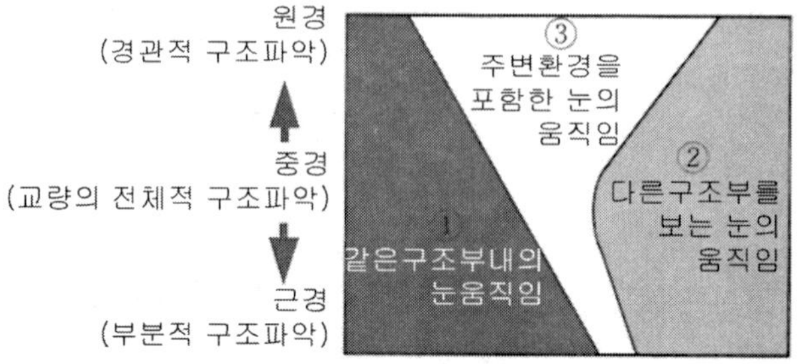

그림 5.4 시거의 차이에 따른 주시점 경로의 차이

고 있다고 할 수 있다. **그림 5.4**는 이상을 개념도로써 나타낸 것이다.

5.2.2 중경에 대한 시선 유인 위치

그림 5.5는 골든게이트교의 관조 실험과 같은 방법으로 3경간 강 박스형 거더교를 일반인 30인이 관조하였을 때의 주시 궤적으로 관찰된 모든 피실험자의 주시점 위치를 시각(視覺) 1°의 그리드(Grid)마다 집계한 것이다(총 주시점 개수=425개). 각 그리드의 주시점 수를 8단계로 나누어 수가 많은 그리드는 검게, 적은 그리드는 엷게 나타냈다.

주시점은 각 교각의 받침부 주위에 모여지고 있다. 중앙 경간의 헌치(Haunch) 중앙 부근에도 주시점의 집중을 볼 수 있다. 그러나 교각 아래쪽에는 주시점이 그다지 분포하고 있지 않다. 특히 수상 기초에는 주시점을 거의 볼 수 없다. 또, 자기 앞쪽의 교각과 뒤쪽의 교각에서는 뒤쪽 교각의 받침부쪽에 주시점이 집중하고 있다. 특별히 화면 왼쪽이 주시점을 모으기 쉬운 경향이 있는 것이 아니고, 화면 중앙에 가까이에서도 그렇다는 것이 아니다(전방 교각의 받침부쪽이 화면 중앙에는 좀더 가깝다). 이것은 똑같은 교각이 나란히 하고 있을 때는 자기 앞의 교각보다도 2 내지 3번째 교각쪽이 주시되는 경향이 있다고 보는 편이 좋을 것이다.

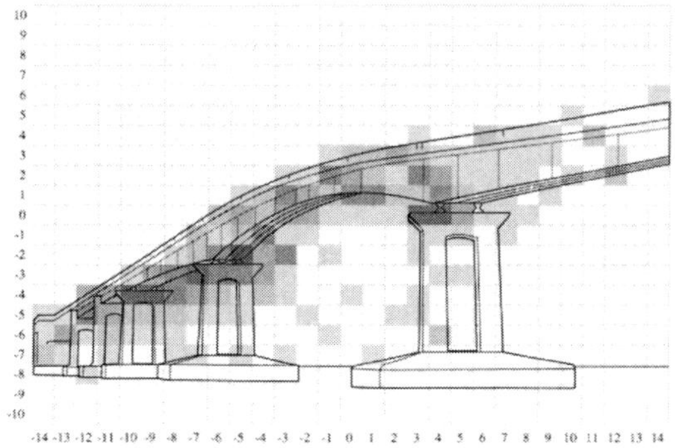

그림 5.5 3경간 강박스 거더교에 대한 주시점의 분포(피실험자 30인)

이러한 고찰을 여러 가지 교량의 분위기를 포함한 합계 17가지의 교량 관조 실험에 대해서 하고, 주시점이 집중하고 있는 개소를 시선 유인 개소로써 정리하면 다음과 같다(**그림 5.6**). 교량 기술자에 대해서도 똑같은 관조 실험을 하였는데 시선 유인 개소에 일반인과의 현저한 차이는 볼 수 없었다.

① 수직 주요부 : 교량은 가로로 긴 구조물이며 횡방향에는 비교적 균질한 정보가 계속하고

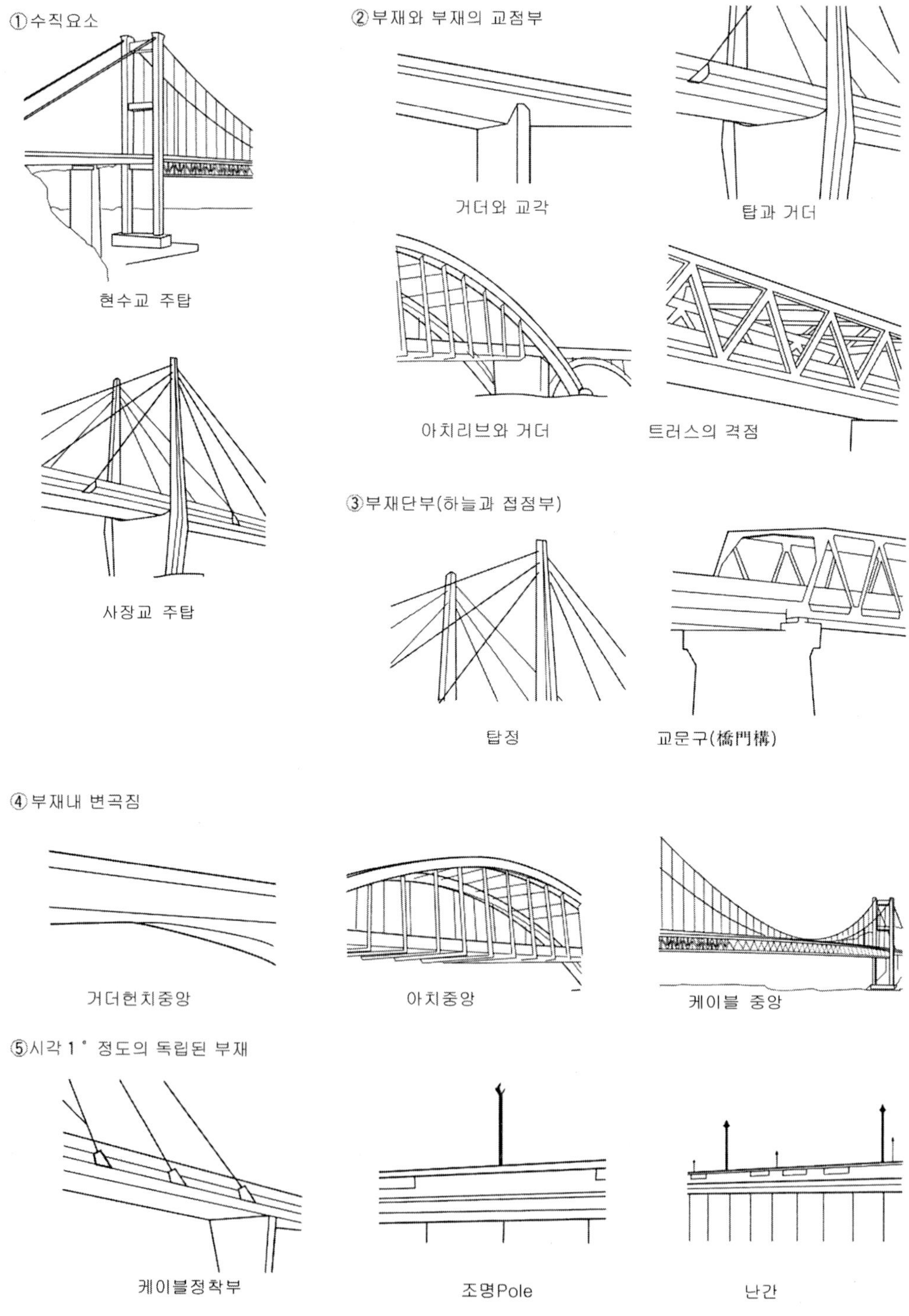

그림 5.6 교량의 시선 유인 위치

있다. 그 중에서도 주탑이나 교각 등의 수직 주요부는 이질적(異質的)인 정보를 안고 있는 위치이며, 두드러져 눈에 띄는 존재이다. 따라서 수직 요소인 화면 내의 크기가 크게 되면 크게 될수록 그 수직 주요부에 시선이 집중한다.

② 부재와 부재의 교점부 : 거더 교량에 대한 거더와 교각의 교점(받침부), 현수교나 사장교 주탑과 거더의 교점, 중로 아치교(Half-Through Arch Bridge)의 아치 리브와 거더와의 교점 등 큰 부재끼리의 교점부는 반드시 시선을 유인하고 있다. 시선이 집중하는 수직 주요부도 받침부가 그 중심(核)이 되고 있다.

교량에 좀 가까워질 때에는 트러스의 격점(格點)과 같이 좀 작은 부재끼리의 교점도 시선 유인 위치가 되고 있다.

또, 도로를 끼고 마주한 쪽의 교점부가 보일 때는 그 부분도 시선을 유인하는 장소가 되지만 주로 시선 유인 위치는 자기 앞쪽의 교점부이다.

③ 부재 끝부분(하늘과의 접점부) : 트러스교의 교량 문형(門形) 구조 등 부재 끝부분에서 하늘과의 접점부는 시선을 유인한다. 특히 현수교나 사장교의 주탑 정상부와 같이 수직 주요부의 끝부분이 하늘과 접하는 위치는 시선을 모으기 쉽다. 한편, 같은 부재 끝부분에서도 뭍(陸地)이나 물(水)의 접점부는 시선을 유인하지 못한다.

④ 부재 내 변곡점 : 거더교의 헌치 중앙부, 아치교의 아치 리브 중앙부, 현수교의 케이블 중앙부 등 부재 내 변곡점(部材內 變曲點)도 시선 유인 위치이다. 특히 이들을 사이에 두고 있는 수직 주요부의 간격이 화면상에서 떨어져 있으면 있을수록 시선을 유인하고 있다. 즉, 부재 내 변곡점은 수직 주요부로 향한 시선이 도중에서 들르는 데도 좋은 위치인 것 같다.

따라서 헌치가 없는 거더 중앙부는 아무 변화도 없는 직선적인 부재의 일반적 위치가 시선 유인력을 갖지 못하는 것과 마찬가지로 시선을 유인하지 못하지만 양쪽 수직 주요부의 화면상에서 거리가 충분히 떨어져 있을 때에는 시선이 들르는 형상으로 주시되는 경향이 있다. 하로교(Through Bridge) 또 중로 아치교를 교축 직각 방향에서 바라보는 경우 등은 거더 중앙부에도 시선이 집중되고 있다.

⑤ 시각 1° 정도의 독립된 부재 : 사장교의 케이블 정착부 등 시각 1° 정도의 독립된 부재도 시선을 유인한다. 교량에 접근하여 조명이나 난간이 확실히 보일 때는 조명이나 정리된 형상의 난간에도 시선 유인력이 있다.

5.2.3 교량 전체를 보았을 때 주시점 집중과 분산

① 거더 상부와 거더 하부의 주시점 : 주시점의 분포를 거더를 포함한 거더 상부와 거더 하부로 나누어 집계해 보면 주시점은 압도적으로 거더 상부에 있다는 것을 알 수 있다. 그림 5.7은 거더교, 트러스교, 중로 아치교, 사장교, 현수교에서 볼 수 있는 거더 상부와 거더 하부에 있는 주시점 비율이다. 이 5교량 중에서는 거더 하부에 있는 주시점 비율은 현수교의 23%가 가장 높고(17개 교량 전체에서는 다경간 슬래브교가 46%로 가장 높다), 트러스교는 14%를 차지하는 데 불과하다. 교량 전체를 생각하면 거더 하부, 즉 교각 형상에도 좀더 눈을 돌려 매력있는 형상을 창출하기 바란다. 요즘 질감을 포함하여 교각 형상에 세련된 디자인이 많게 된 것은 바람직한 경향이다.

일반인과 교량 기술자를 비교하면 교량 기술자가 약간 거더 하부를 주시하는 형편이 높고, 역시 교량 기술자는 교량을 다만 형상으로서 보고 있는 것이 아니고 구조체로서 관조하고 있다고 한다.

② 좌우 방향의 주시점 : 그림 5.8은 그림 5.5 주시점의 분포도를 좌우 방향, 시각 1°마다 주시점 개수를 집계하고 그것을 총 주시점 개수에 대한 비율로 나타낸 것이다. 앞에서 기술한 바와 같이 교량의 시선 유인 위치는 5개가 있는데 ⑤를 제외하면 수직 요소와 부재 내 변곡점에 관련된 것이다. 따라서 그림 5.8에서도 분포 정점(山 같이 생긴 꼭지점) 수는 교각 수와 같으며 부재 내 변곡점 위치에도 낮은 정점이 보이고 있다. 이와 같이 주시점 좌우 방향 분포에는 교량 종류의 특징이 현저하게 드러나고 있다. 그림 5.9는 그림 5.10 (c)의 2경간 사장교의 주시점 좌우 방향 분포도이다. 정점은 하나이고 피실험자는 당연히 주탑밖에 보이지 않는다고 해도 과언이 아니다. 3경간 사장교도 주시점은 주탑에 집중하고 있다.

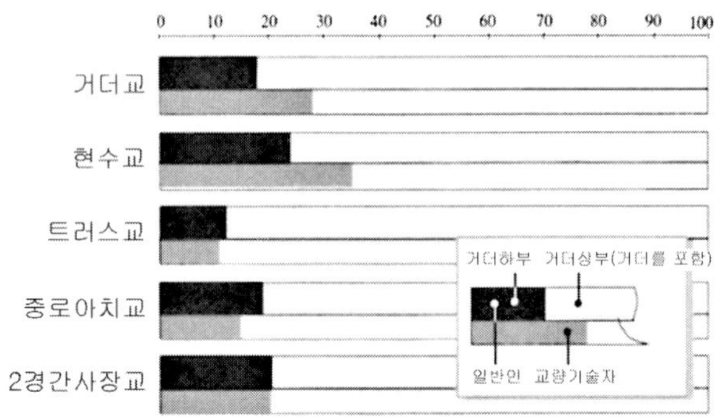

그림 5.7 거더 상부와 거더 하부에 있는 주시점의 비율

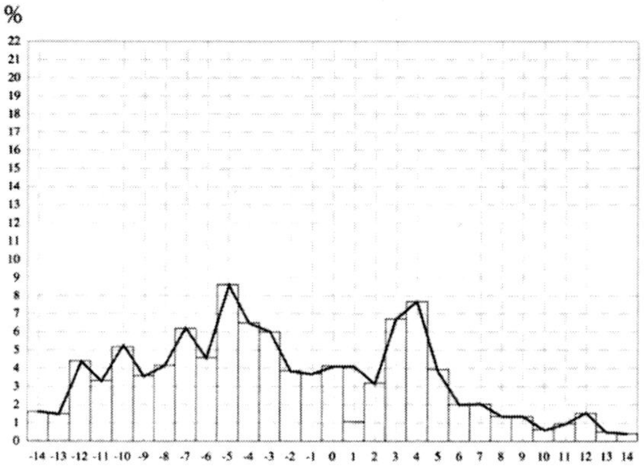

그림 5.8 주시점 좌우 방향의 분포〈3경간 강 박스거더교〉

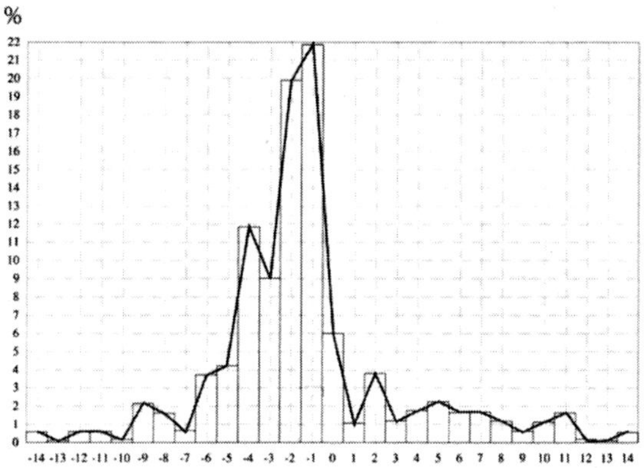

그림 5.9 주시점 좌우 방향의 분포〈2경간 사장교〉

이들에 비하면 **그림 5.8**의 분포는 정점은 어느 것이나 교량 전체를 균등하게 바라보고 있다고 할 수 있다. 아치교나 트러스교도 주시점이 좌우 방향에 균등하게 분산해 있는 **그림 5.8**의 유형이다. 현수교는 사장교와 같이 주탑을 가지고 있으나 케이블 중앙부에도 시선이 집중하므로 양자의 중간적 분포가 되고 있다.

그림 5.9와 같은 분포가 주탑 형상에 대한 시선 집중이 너무 강하고 눈이 주탑과 교량 전체의 양쪽을 동시에 "받아들이기"가 곤란하다는 것을 의미한다고 하면 리드가 말한 바와 같이 육체적인 긴장감이 일어나 우리들의 미적 쾌감을 해치는 것이 될 것이다. **그림 5.9**는 다만 주시점의 개수만을 집계한 것으로 얼마만큼 응시하였는가 하는 시간의 머무름은 고려되어 있지 않으므로 **그림 5.9**만으로는 판단할 수 없으나 그 위험성은 잠재적으로 가지고 있다고 할 수 있겠다. 따라서 2경간 사장교의 경우에는 시선이 주탑에만 집중하는 것이 아니라 알맞은

정도로 흩어지도록 하는 연구를 해놓는 것이 좋다고 볼 수 있다.

그 반대로 그림 5.8과 같은 유형에서는 관조의 중심(核)이 되는 것이 없다는 것을 의미하며, 초점을 찾으려고 눈이 방황할 위험성을 안고 있다. 따라서 이런 경우에는 리드가 말한 바와 같이 초점을 찾는 활동에 눈으로 보아 답답함을 느끼지 않을 정도의 확실한 시선 유인 위치가 디자인되어 있는지의 여부를 항상 명심해야 할 것이다.

5.3 사람들은 교량을 어떻게 볼까?

5.3.1 회전 스펙트럼을 이용한 주시점 이동 패턴의 추출

그러면 관조자가 교량을 볼 때 보는 방법에는 어떤 특징이 있을까? 여기서는 무작위(Random)로 보이는 주시 궤적의 변동을 모든 주기(周期)의 타원 운동 집합으로서 해석하는 회전 스펙트럼의 사고 방식을 이용하여 주시점 이동 패턴을 추출하고 교량 보는 법의 특성을 고찰한다.

그림 5.10은 (a) 3경간 강박스형 거더교, (b) 중로 아치교, (c) 2경간 사장교에 대한 일반인과 교량 기술자의 가장 평균적인 피험자의 주시점 이동 패턴을 추출한 것이다. 3교량 모두 일반인과 교량 기술자의 패턴은 아주 흡사하다. 제1주인파(第一主因波), 즉 가장 긴 주기의 전체적인 변동을 나타내는 타원 방향은 (a), (b)에서는 거더의 방향과 거의 일치하고 있다(정확하게는 (a)에서는 바로 앞 교각과 뒤쪽 교각의 받침간을 잇는 선의 방향과 일치하고 있다). 타원 길이도 거의 받침간의 길이 또는 아치 리브와 거더 교점간의 길이와 일치하고 있다. 따라서 주시점은 이쪽에서 저쪽으로 무작위로 이동하고 있는 것처럼 보이지만 잡음적(雜音的)인 눈의 움직임을 삭제하고 크게 눈의 이동을 받아들이면 관조자의 눈은 명확하게 형상이나 구조 요소간을 보고 있다는 것을 알 수 있다. 특히 교량 기술자의 타원은 일반인보다도 첨예하고, 좀더 거추장스럽지 않고 간략하게 받침간 또는 교점간을 보이고 있는 것을 알 수 있다.

제2, 제3주인파, 즉 부분적인 변동과 좀더 좁은 부분 변동의 타원을 보면 어느 것이나 그 방향은 제1주인파와 거의 평행하게 되어 있다. 두 교량에는 교각과 매닮재 등 수직 주요부도 많으므로 부분 변동에는 수직 방향의 움직임을 볼 수 있어도 이상하지 않다. 그러나 어떤 피실험자도 공통적으로 전체 변동의 방향에 따른 형상으로 부분적인 변동을 볼 수 있다.

(c)의 2경간 사장교의 제1주인파의 방향은 일반인에서는 맞은편 쪽 주탑 정상에서 가장

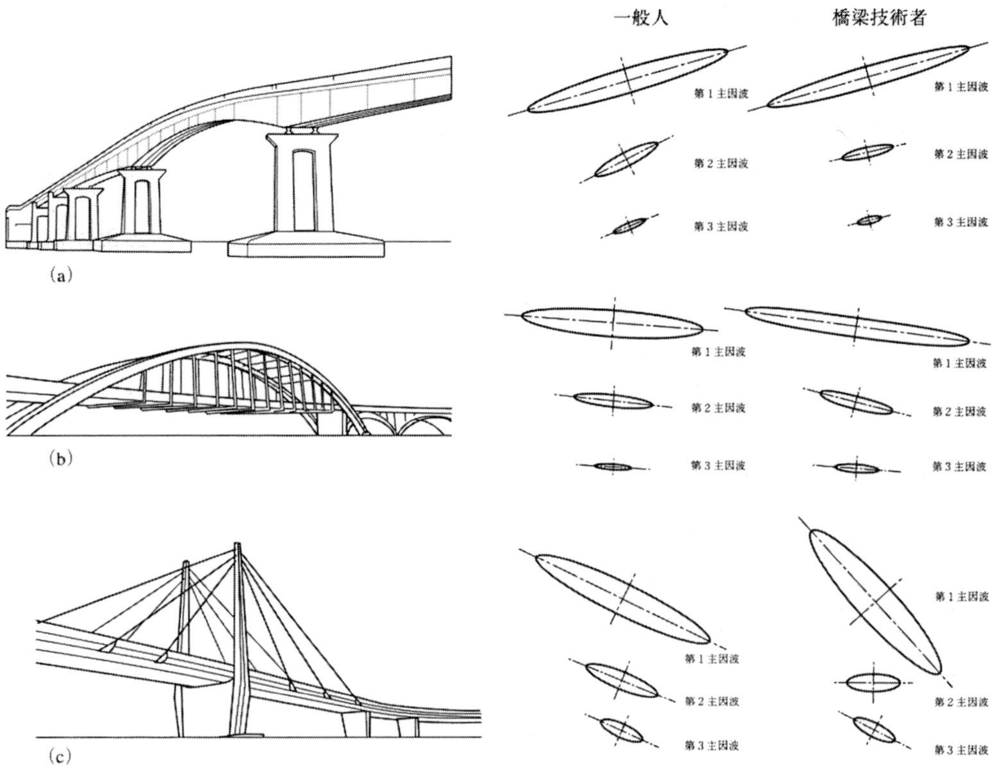

그림 5.10 회전 스펙트럼 분석에 따른 주시점 이동 패턴

바깥쪽 케이블의 정착점으로, 교량 기술자는 자기 앞쪽 주탑 정상에서 가장 바깥쪽 케이블의 정착점(또는 어긋나게 걸쳐 놓은 교각부)으로라는 것과 같이 주탑 정상에서 케이블 정착점으로 향하고 있다. 제2, 제3주인파의 방향도 일반인에서는 제1주인파의 방향과 거의 같지만 교량 기술자에서는 방향은 달라지고 있다. 따라서 전체 변동은 반드시 거더 방향에 따르는 것이 아니고, 부분 변동도 (a), (b)에서 본 바와 같이 전체 변동 방향에 따라 행해지는 것이 아니라는 것을 알 수 있다.

5.3.2 대상의 2극 구조(二極 構造)로 파악

그런데 주탑과 거더와의 교점은 비교적 강한 시선 유인 위치이지만 이동 패턴에는 그 교점은 포함되지 않는다. 주탑 정상→교점→케이블 정착부로 3개소를 지나는 눈의 움직임이 있어도 좋은 점인 것 같다(그 경우에는 상당히 불룩해진 타원이 된다). 그러나 그러한 피실험자는 볼 수 없었다. 다른 교량에서도 불룩해진 타원을 나타내는 피실험자는 2~3명 정도이고 거의 전원이 여기에 나타낸 것 같은 평평한 타원형의 이동 패턴을 하고 있다. 하늘・땅・사람 또는 진짜・내용물・겉모양과 같은 구성이 확실한 생화(生花) 등으로도 실험을 해 보았지만 역시 이동 패턴은 평평한 타원형이다. 일본인 이토(伊藤)[5]는 생화를 "아름다운 삼각 구조"라고 부르고 있지만 감상하는 사람은 각각 삼각형의 정점을 주회(周回)하는 것 같지는 보이지 않고 2개의 정점간을 이동하고 있다.

즉, 우리들의 눈은 교량에서나 생화에서나 대상을 항상 2극 구조로 받아들고 있는 것이다. 그리고 눈은 대상의 중심이 되는 그런 개소 또는 시선 유인력이 강한 위치에서 그들에 대해 균등을 유지하고 전체로서 통합한 위치로 이동한다. 따라서 (a)의 3경간 강박스형 거더교에서는 자기 앞 교각 받침부에서 그 대극(對極)해 있는 위치를 후방 교각의 받침부에 찾아내 이동하고, (b)의 중로 아치교에서는 자기 앞쪽의 아치 리브와 거더 교점에서 그 대극을 후방 교점에 구해서 이동한 것이라고 할 수 있다.

(c)의 2경간 사장교에서는 가장 바깥쪽 케이블 정착점(또는 어긋나게 걸친 교각부)에는 대극을 구하고 있지만 그 부분이 거기에 상응(相應)한 조형으로 되어 있다고는 할 수 없다. 결과적으로 관조자는 그 부분에 대극을 구하는데 지나지 않는 듯이 생각된다. 즉, 2극 구조로서 대상을 받아들이고 이동한다는 것은 교량의 종류나 교량 형태가 좋고 나쁨에 관계없이 눈의 흐름이 자연스러운 경향이라고 할 수 있다. 그렇다면 의식하고 대극을 디자인하지만 의식하지 않고 대극이 이루어지는가에 대해서는 결과적으로 큰 차이가 생기게 될 것이다. 주탑 정상부에 대해서 균정(均整)을 유지하고, 전체로서 통합을 한 것 같은 위치라는 의식이 있으면 그것을 어디에 설정하고 어떤 조형을 하는가를 좀더 검토해야 한다. 만약 이 교량이 3경간 사장교이면 아마 대극은 후방 주탑의 정상부가 될 것이다. 또, 케이블이 하프(Harp)형으로 쳐져 있을 때는 시선 유인 위치의 관점에서는 주탑 정상 가까운 곳에 모여 있는 시선은 분산하므로 중심이 되는 위치 자체가 바뀔 것이 예상된다. 이와 같이 교량을 디자인할 때에는 관조의 중심이 되는 위치, 전체 변동의 눈이 자리잡고 앉을 인식하여 그것을 어디에 설정하고 어떠한 조형을 하는가라는 의식을 갖게 하는 것이 중요하다.

결론

교량은 기본적으로는 여러 가지 각도에서 바라보게 되므로 시선 유인력의 강약 또는 시선 유인 위치 그 자체도 그때마다 변화하고 거기에 따른 2극 구조를 받아들이는 방법도 달라진다. 따라서 주요한 시점 영역에서 교량이 어떻게 보이는지, 사람들은 교량을 어떻게 보는가를 상정하고 형상을 만들어야 한다. 다만, 교량은 장해가 되는 공간을 가로질러 걸치는 구조물이므로 교축 직각 방향에서 교량을 바라볼 기회는 비교적 적고, 경사진 방향에서 바라보는 경우가 많다. 이럴 때는 자기 앞쪽의 시각적 비중이 높게 되고, 사람들은 자기 앞쪽에 있는 시선 유인 위치를 관조의 중심적 위치로 하고, 후방에 그 대극을 구한다고 생각해도 된다. 후방의 대극을 어디에 설정하고 어떻게 대극으로서 디자인할 것인가? 충분한 배려를 해야 한다.

시선 유인 위치의 디자인 또는 대극으로서 디자인은 결코 거기에 기념품(Monument)을 설치한다는 의미가 아니다. 그런 경우도 있다고는 생각되지만 구조 형상을 연구하여 세련되게 함으로써 대응시켜야 한다.

연습 문제

① 교량 슬라이드와 하드 카피(Hard Copy)를 준비하고, 슬라이드를 보고 그 교량의 디자인을 평가해 보자. 이때 자기가 슬라이드의 어디를 보고 있는지를 하드 카피에 동그라미 표시를 하고 평가 결과와 동그라미 표시가 다른 사람과 어떻게 다른지를 비교, 검토해 보자.

② ①의 동그라미 표시는 반드시 2극 구조로 되지 않을지도 모른다. 그래도 역시 대상을 2극 구조로 받아들인다고 한다면 어디가 관조의 중심적 위치이고, 어디가 그 대극인지, 또 그들은 거기에 상응한 조형이 되어 있는지의 여부를 검토해 보자.

참고 문헌

1) 本文に用いた注視点の記録装置は, 角膜反射型のもので,一般にアイマークレコーダーと呼ばれるものである(NACアイマークレコーダー4型). 装置としては,角膜突出部に光線を当て,その反射光を光學系を通して,別に両眼中央にセットしてあるメイン寫界レンズによって得られる畵面上に中心窩の位置をVマークとして寫し出すものである.

2) 池田：視覺の心理物理學, 森北出版 (1975)

3) ハーバート・リード：インダストリアル・デザイン,みすず書房 (1978)

4) D. ノートン他：眼球運動と視覺のメカニズム, 別冊サイエンス特集視覺の心理學ーイメージの世界,日本經濟新聞社 (1975)

5) 伊藤：日本デザイン論, 鹿島出版會 (1970)

제6장

미적 형식 원리와 매력있게 하기

Proportion · Balance · Harmony

서론

일반적으로 어떤 대상의 통일 · 질서에는 형식미(形式美)를 인지하는 것이 보통이다. 대상이 가지고 있는 의미, 내용을 떼버리고 그 미적 형식에만 주목하여 아름다움의 조건을 설명하는 것을 미적 형식 원리라고 한다. 고대 이집트 및 그리스 이래 많은 형식 원리가 제시되었으나 오늘날 그들은 미학상 정리되어 있다. 그 주된 것은 Symmetry(대칭), Balance(균형 · 평형), Proportion(비례 · 비율), Harmony(조화), Rhythm(율동), Contrast(대조), Repetition(반복 · 되풀이) 등이다. 이들 여러 원리의 근저(Bottom)를 이루는 것은 미적 대상이 구성 요소에 관하여 가능한 한 복잡하고 다양하면서 전체로서 통일되는 것을 요구하는 "다양에 대한 통일"의 원리이다라고 말하고 있다[1]. 이 장에서는 이들의 미적 형식 원리에 대해서 개설한다.

이와 같은 여러 원리는 그 본래의 의미로 되돌아가면 서로 밀접하게 연결되어 있어 개념상 명확한 선을 긋기가 어렵다. 그러나 이와 같은 말은 오늘날에는 일반 개념으로서 정착되어 있어 일반 개념의 쪽이 말 뜻(語義)의 범위가 좁고 명료하다. 예를 들면 시메트리(Symmetry)는 일반 개념으로는 "대칭"이며, 좌우 대칭이란 대칭축을 사이에 둔 양반분(兩半分)이 크기,

형상, 색채 등에서 완전히 일치하여 서로 마주 바라보는 것과 같이 형성되어 있는 경우를 가리킨다. 그러나 본래는 2개 이상의 부분이 하나의 단위로 딱 잘라 결론짓는, 즉 서로 공약량(公約量)을 가진다는 의미에서 그 비가 비교적 간단한 비율을 이룰 때 가지런함이 유지되고 균형(Balance)이 잡힌 안정된 형상으로 되므로 이것이 미적 형식의 하나의 원리가 된 것이다[2). 따라서 개념상 비례(Proportion)나 균형(Balance)과는 아주 가까운 관계에 있으며 시메트리에는 가지런함이라는 뜻이 딸려 있어 균형(Balance)의 의미로 쓰이기도 한다. 그러나 여기서는 정하고 있는 일반 개념에 기초를 두고 고찰하기로 한다.

그런데 율동(Rhythm)과 반복(Repetition)에 대해서 이미 2.6절 "부재 간격 서서히 바꾸는 법"으로서 고찰하였다. 즉, 리듬이란 본래 음악이나 춤과 같이 시간적인 현상에 대해서 말하는 언어이지만 조형상에서도 쓰이며, 몇 개의 부분이 어떤 간격을 가지고 배열된 상태에 대해서 리듬의 말이 쓰인다. 그리고 각 부분이 동일하고 간격이 일정할 때는 리듬은 단조롭고 간격이 서서히 바뀌고 있을 때는 강한 리듬감이 생긴다. 또, 변화가 너무 심할 때에는 리듬은 혼란하여 시야에서 놓치기 쉽다고 한다. 단계적 변화(Gradation)도 일종의 리듬으로서 받아들일 수 있다. 한편, 반복(Repetition)이란 동일한 요소 또는 대상을 2개 이상 배열하는 것을 말한다. 예를 들면, 코너 R의 반복과 같은 표현 내용 반복에 역점을 둔 개념이다. 그러나 그 결과에 리듬을 감수(感受)하는 것도 있어 리듬이란 말하자면 인척 관계에 있는 개념이다. 2.6절에서는 이러한 리듬 만드는 방법에 대해서 고찰하고 있으므로 여기서는 반복하여 언급하지 않는다.

6.1 비례(Proportion)

6.1.1 Form Follows Proportion?

비례(Proporion)란 부분과 부분 또는 부분과 전체의 수량적 관계, 즉 길이나 면적의 비례 관계를 가리키고 그 관계가 어떤 값을 취할 때 미적이라고 하는 것이다. 일본인 야나기(柳亮)[3)]는 조화의 근본은 프로포션이라고 다음과 같이 기술하고 있다.

"조화란 부분이 전체에 미치는 합법적 관계로 되게 되었다. 합법적 관계란 하나의 사물에 집어넣어진 여러 요소, 바꿔 말하면 전체가 껴안고 있는 부분이 전체에 대해서 개개의 균제를 유지하고, 결과로서 그것이 쾌감을 느끼게 하는 상태를 말하는 것이며, 이때 부분은 임의로 집합된 우연적 집합물이 아니라 부분 상호간에도 조리에 알맞은 법칙이 발견되어 질서 정연된 관계에 놓여 있고, 그 질서는 숫자로 대표할 수 있는 그런 명백한 관계를 합법이라고 부르는 것이다."

이러한 사고(思考)는 그리스나 로마 시대에는 더욱 현저한 듯하다. 오늘날 디자인의 지도(指導) 원리는 기능주의를 그 근간으로 하고 있지만 기능주의를 대표하는 말도 "Form Follows Function"(형태는 기능에 따른다)이 있다. 이 말에는 유용물(有用物)의 형태는 그 본래 목적으로 하는 바에 따라 규정되고 합리성이나 적합성(Fitness), 기능성의 추구가 아름다움(美)의 이념에 따라 억제되거나 왜곡되거나 하지 않는다는 주장이 포함되어 있다[4)]. 그리스나 로마 시대에서 형상 만들기의 지도 원리는 이것과는 반대로 기능주의의 표어에 따르면 "Form Follows Proportion"(형태는 비례에 따른다)이었던 것이 아닌가 생각될 만큼 비례 개념은 중요한 역할을 하고 있다. 피타고라스가 "자연 현상에는 합리적 배열과 연쇄와 법칙이 있으며, 그 관계는 양(量) 또는 수(數)로 나타낼 수 있다"라고 한 바와 같이 조형물에도 각 부분이 이상적인 비례 관계에 지배되어 형상이 만들어진다는 것을 바랐다. 앞에서 기술한 야나기(柳)는 당시 전승되고 있던 비례 개념을 엿보는 것으로서 비트르비우스(Vitruvius)의 "건축십서(建築十書)"의 한 문장을 소개하고 있다[3)]. 거기에 따르면 다음과 같다.

"형상이란 뜻은 인체와 유사하여(건축물의) 각 부분(各部)을 정확하게 할당하는 것을 제외하고는 전당(殿堂)의 어떠한 의장(意匠) 방법도 있을 수 없다. …신장(身長)을 기본으로 하면 안면의 길이는 그 1/10, 손바닥의 길이도 마찬가지이고, 발바닥은 1/6, 가슴의 폭 및 팔 길이는 각 1/4이며, 신전(神殿)의 각부(各部)도 전체 총계에 대해서 하나하나의 부분이 가장 잘 맞는 수적 조화를 갖고 있어야 한다."

즉, 그리스 신전은 인체의 비례를 빌려 산출해 낸 것이라고 생각된다. 실제는 좀더 완전한 비례법이 존재한 것이 이후 연구자에 의해 밝혀졌지만 이상적인 비례를 인체에서 찾아 그 비례를 빌려 조형을 한다는 착상은 근대 저명한 건축가 르 코르뷔지에(Le Corbusier)가 제창한 모듈로르(프랑스어 Modulor), 즉 모듈(Module)에도 이어받고 있다. 다만, 모듈로르에서는 자연스러운 형상으로 손을 올린 인간이 기본이 되고 있다(**그림 6.1**). 인체 비례의 근거를 찾듯이 조형물은 그 각부가 어떤 비례 관계에 의거하여 형상을 만들어야 한다고 하는 사상은 현대에 이르기까지 계속해 오고 있다고 생각해도 좋을 것이다.

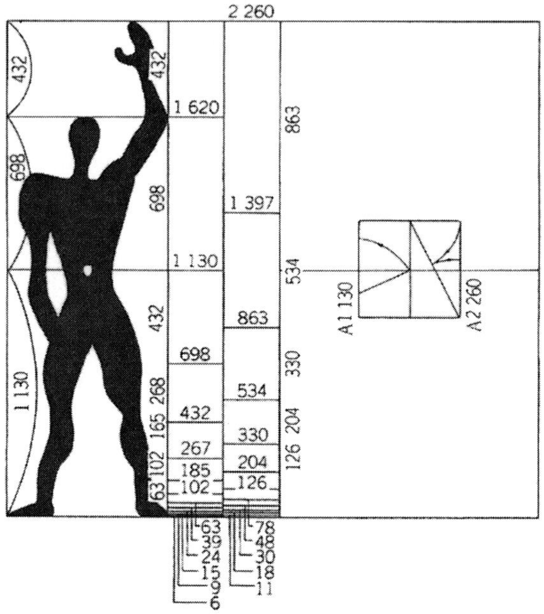

그림 6.1 르 코르뷔지에(프랑스어)의 모듈로르

6.1.2 황금 분할

황금 분할은 여러 가지 비례 중에서도 예로부터 지금까지 가장 이상적인 비례가 되어 그런 뜻에서 황금(黃金)이라는 이름이 붙여졌다. 비율 그 자체는 황금비 또는 황금률이라고 하고, 황금 분할이란 주어진 양(量)을 황금비로 할당한다는 뜻이며, 그런 뜻에서 분할이라는 말이 쓰이고 있다. 비례를 고찰하는데 밀접한 관계가 있는 것이다.

야나기(柳)에 따르면 황금비의 기원은 피라미드의 구축이나 각종 신전의 평면도를 획정(畵定)한 줄쳐보기(Coding of the Temple)(이 "줄쳐보기"는 토목에서는 영어로 "Staking Out"이라고 한다)에 있다고 한다[3]. 즉, 정사각형을 그리는 데에는 1가닥의 줄에 등간격의 매듭을 만들고 그 매듭에 따라 3 : 4 : 5의 직각 삼각형을 작도하여 직각을 산출해 냄과 동시에 두 변의 길이가 4의 직각 이등변 삼각형을 만들고 그것을 반전(反轉)하여 정사각형을 구하고 있다(**그림 6.2**). 이 3 : 4 : 5의 직각 삼각형은 그 자체가 아름답고 이 비례는 여러 가지의 기본형이 되었다. 특히 3개 변의 최단(最短)과 최장(最長)의 비 3 : 5(=1 : 1.667)는 매우 황금비에 가까운 것이다.

황금 분할을 기하학의 명제(命題)로서 제기한 것은 유클리드(Euclid)이다. 명제는 "하나

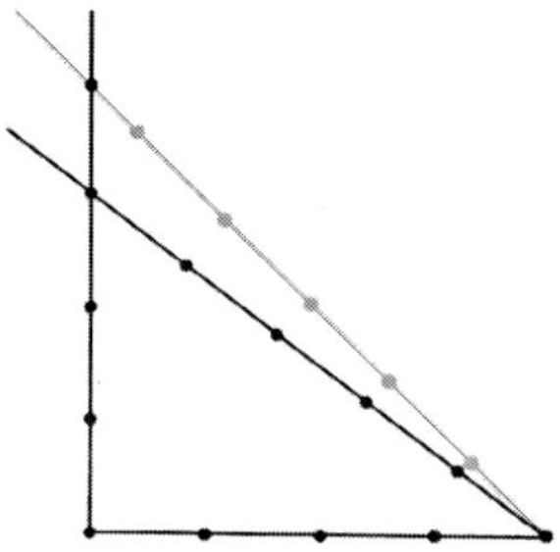

그림 6.2 스케치

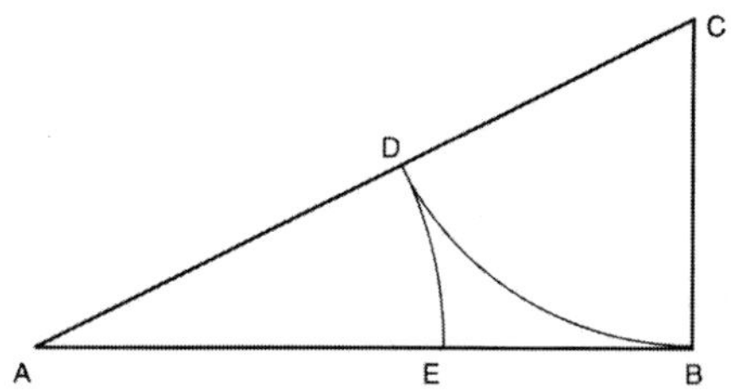

그림 6.3 유클리드에 따른 황금비의 도적 해법(圖的 解法)

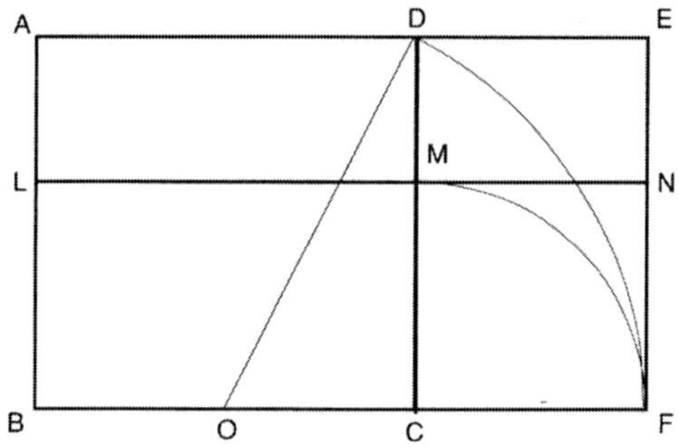

그림 6.4 정사각형에서 황금절 직사각형을 구하는 방법

의 선분(線分)을 대소 2개로 나누고 작은 쪽의 선분과 전체 선분으로 생긴 직사각형 면적을 큰 쪽의 선분으로 생긴 정사각형의 면적과 같게 한다" 라고 하는 것이다. 큰 쪽의 선분 길이를 a, 작은 쪽을 b라고 하면,

$$b(a+b)=a^2$$

또는

$$b : a=(a+b) : b$$

가 되듯이 a, b를 구하게 된다.

b=1이라고 하면,

$$a=(1\pm\sqrt{5})/2 \fallingdotseq 1.618$$

이며, 이것이 황금비라고 부르는 것이다. **그림 6.3**은 유클리드가 연구한 도적 해법(圖的 解法)이다. 주어진 선분이 AB라고 하면 그 반분(半分)의 길이를 B에서 AB에 수직에 잡고, 직각 삼각형 ABC를 구한다. CB의 길이를 빗변(斜邊) AC 위로 옮긴 점을 D로 하고 AD의 길이를 AB 위로 옮긴 점 E는 선분 AB를 황금 분할한 점이며, AE : EB는 황금비를 형성하고 있다.

단변과 장변이 황금비를 가진 직사각형은 황금절(黃金截) 직사각형(이하, ϕ직사각형)이라고 한다. 그림 6.4에 정사각형에서 ϕ직사각형을 만드는 방법을 나타낸다. ABFE는 구하는 황금절 직사각형이지만 DCFE도 ϕ직사각형이다. 또, CF의 길이를 CD 위로 옮긴 점 M은 CD의 황금 분할점이며 M을 지나는 AD에 평행한 선을 LN이라고 하면 LBCM 및 DMNE도 ϕ직사각형이다. 역시 O는 BC의 중점(中點)이다. 이와 같이 ϕ직사각형은 정사각형과 밀접한 관계를 가짐과 동시에 계속하여 ϕ직사각형을 만들어 내는 특이한 성질을 가지고 있다.

단변과 장변이 $1 : \sqrt{5}$의 비를 가진 직사각형은 $\sqrt{5}$직사각형이라고 한다. 여러 가지 $\sqrt{\ }$ 직사각형 중에서 이 $\sqrt{5}$직사각형은 ϕ직사각형과 밀접한 관계를 가지고 있다. 즉, $\sqrt{5}$직사각형은 그림 6.5에 나타낸 바와 같이 1개의 정사각형과 2개의 ϕ직사각형을 옆으로 연결한 직사각형이다. ϕ직사각형 ABCD에서는 그림 6.6에 나타낸 바와 같이 대각선과 ϕ직사각형에 생긴 작은 ϕ직사각형의 대각선과의 교점을 지나 장변에 평행하게 직선을 그으면 직선에서 아래는 $\sqrt{5}$직사각형이 된다. 단변에 평행하게 직선을 그어도 $\sqrt{5}$직사각형이 나타난다. 이렇게 보면 $\sqrt{5}$직사각형은 ϕ직사각형의 일종으로서 생각할 수 있다.

따라서 ϕ직사각형을 내부에 분할하거나 또는 세로와 가로에 증식하고 있어 그들 요소에

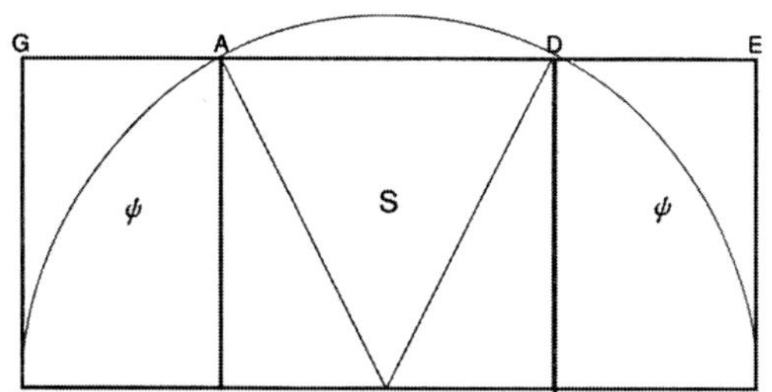

그림 6.5 $\sqrt{5}$직사각형

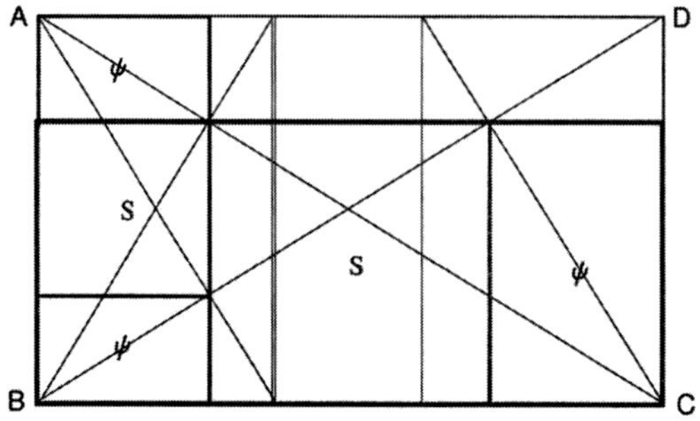

그림 6.6 황금절 직사각형과 $\sqrt{5}$ 직사각형의 관계

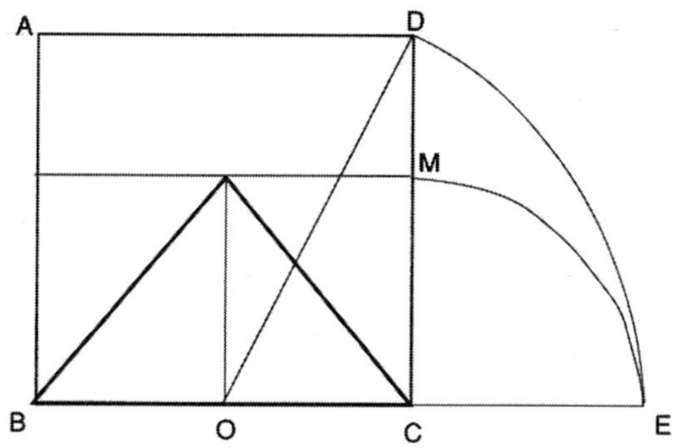

그림 6.7 피라미드의 작도법

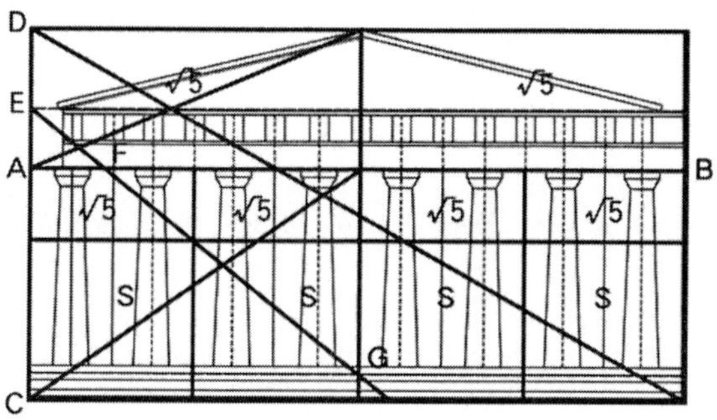

그림 6.8 팔레테논 신전의 해석그림

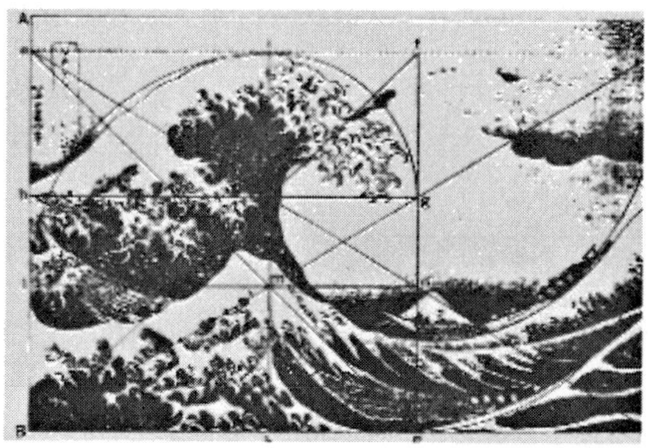

그림 6.9 후카쿠 산쥬로쿠케이 · 가나가와 오키나미우라의 해석그림

조형물의 각부를 할당하게 되면 조형물 전체가 정사각형과 황금비에 지배되어 형성할 수 있게 된다. 이집트의 피라미드(그림 6.7)도 팔레테논 신전도 이러한 황금 분할로 형상을 만들게 되었다(그림 6.8).

미술 작품에 팔레테논 신전의 해석도와 같은 보조선을 넣어 구도(構圖)를 분석하고 각 작품에 숨어 있는 황금비를 파헤치려고 하는 연구도 옛날부터 행해졌다. 그림 6.9는 일본의 가츠시카호쿠사이(葛飾北齋)의 후가쿠 산쥬로쿠케이(富嶽三十六景) · 가나가와 오키나미우라

(神奈川沖浪裏)를 해석한 것이다[5]. 이상과 같이 황금비는 이것을 전통적 지식으로서 답습하고 있는 경우, 황금비의 성질을 의식하여 활용하고 있는 경우, 의식하지 않고 자연적으로 출현하고 있는 경우 등 여러 가지로 나타내는 방법이 있다.

6.1.3 교량 형태로 본 황금 분할

그림 6.10은 미국 뉴욕의 헬 게이트교이다. 교량 전체는 정사각형을 4개 나란히 한 1 : 4의 직사각형 속에 받아들이고 황금비는 형성하지 않고 있다. 그러나 직사각형의 단변(높이)을 황금 분할하면 거더의 하단선에 일치하여 높이 방향이 황금비로 구성되어 있다는 것을 알 수 있다.

그림 6.11은 골든 게이트교이다. 교량 전체는 8개의 정사각형을 옆으로 나란히 하고 그 양끝에 1 : 0.618의 ϕ직사각형(이하, 작은 ϕ직사각형)을 더한 형상으로 되어 있다. "정사각형+작은 ϕ직사각형"도 직사각형이므로 측경간 전체가 ϕ직사각형으로 되어 있다. 거더의 위치는 단순한 황금 분할점이 아니고 높이 방향으로 황금 분할하고 그 단변을 다시 황금 분할점으로 되어 있다.

이 골든 게이트교의 주탑은 **그림 6.12**에 나타낸 바와 같이 위에서 순서대로 주탑 정상부의 정면 폭을 1변으로 하는 정사각형, $\sqrt{5}$직사각형, 2개의 ϕ직사각형을 세로로 겹쳐 쌓은 것이라고 볼 수 있다. $\sqrt{5}$직사각형은 1개의 정사각형과 2개의 작은 ϕ직사각형으로 구성되

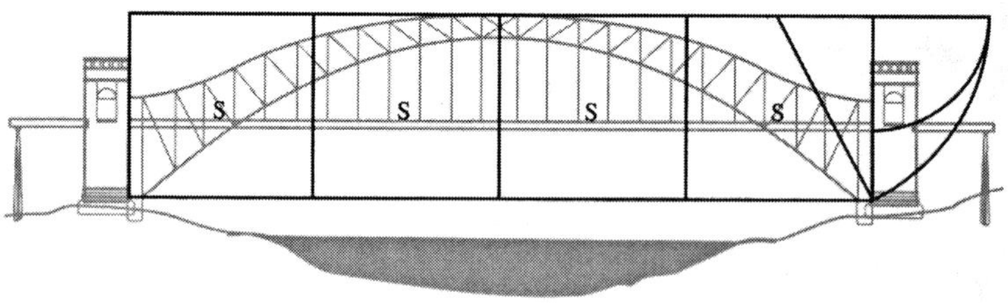

그림 6.10 헬 게이트교

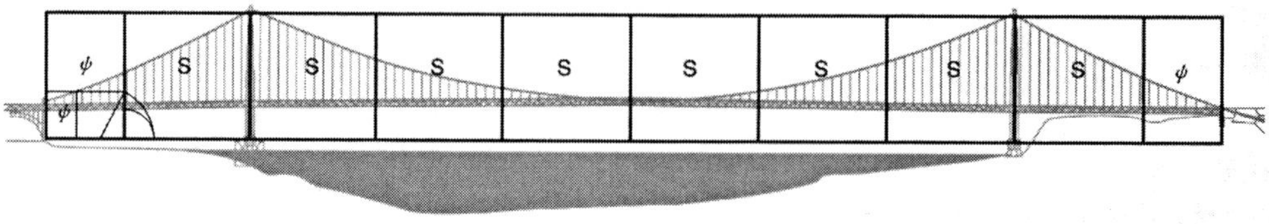

그림 6.11 골든 게이트교

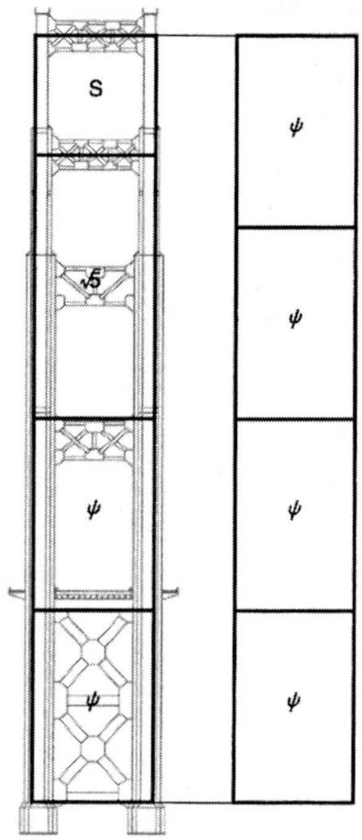

그림 6.12 골든 게이트교 주탑

어 있으므로(6.1.2항 참조) 제일 위쪽 정사각형과 합치면 이 부분에서 2개의 ψ직사각형이 형성되게 된다. 즉, 전체로서 ψ직사각형 4개를 세로로 겹쳐 쌓은 것이라고 볼 수 있다. 골든 게이트교 주탑 비례의 양호함은 이곳에 있을지도 모른다. 이 짠틀을 기초로 하여 노면 상부의 공간 간격을 서서히 작게 하는 연구(2.6절 "부재 간격 단계적 변화 방법" 참조)가 더해져 품격이 있는 주탑 형상을 구성하고 있다.

일본의 츄고쿠 쥬칸 자동차도(中國縱貫自動車道)의 다이샤쿠교(帝釋橋)는 접근 교량(Access Bridge)을 포함하여 수직재가 등간격으로 나란히 매우 정연하게 한 아름다운 교량이다. **그림 6.13**에 나타낸 바와 같이 수직재 간격을 단변으로 하는 ψ직사각형을 그려 보면 장변을 잇는 선은 좌안(左岸) 쪽에서는 아치 리브의 근본(根本), 우안(右岸) 쪽에서는 최초의 아치 리브 위의 수직재 위치를 지나고 있어 요소요소에 황금비를 느끼게 하고 있다.

3경간 거더교에서는 일반적으로 측경간비가 1 : 1.2 : 1의 경우가 구조적으로도 합리적이며 아름답다고 한다. 1.2라는 값은 1 : 0.618의 ψ직사각형 단변을 2배로 한 값에 가깝다. 따라서 1 : 1.618의 ψ직사각형을 옆으로 2개 나란히 하여 양쪽에 직사각형을 취하고 그 위

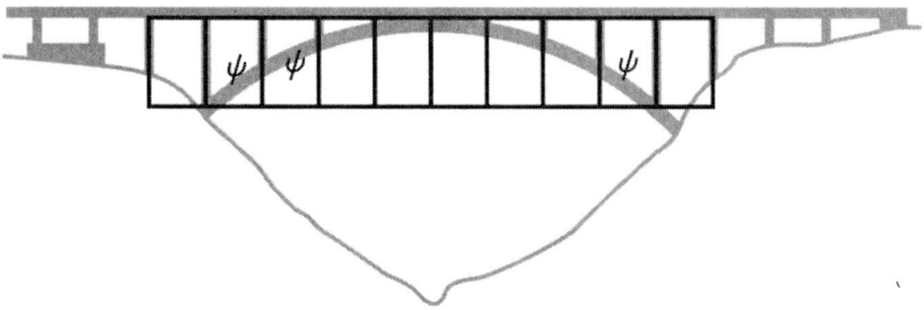

그림 6.13 츄고쿠 쥬칸 자동차도의 다이샤쿠교

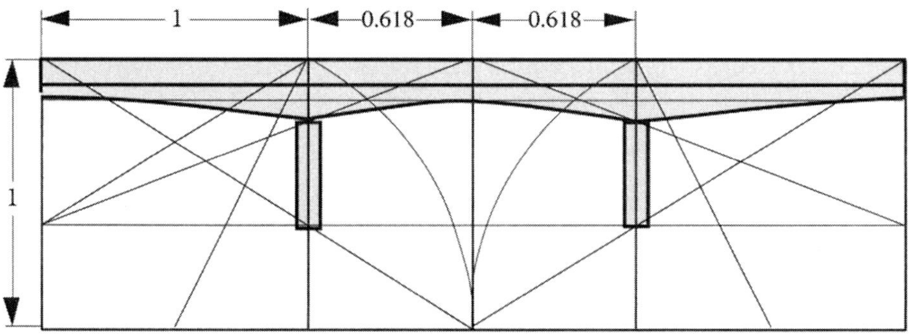

그림 6.14 황금비로 계산해 낸 거더교

치에 교각을 배치하면 1 : 1.236 : 1의 측경간비를 구할 수 있다. 1.2라는 값이 그렇게 구애되지 않아도 된다고 하면 황금비를 기초로 한 1 : 1.236 : 1의 비를 사용하는 것도 하나의 방법일 것이다. 이때는 그림 6.14에 나타낸 바와 같이 될 수 있는 한 거더 높이도 황금비로 계산해 낸 값을 사용하면 된다.

6.1.4 기능주의와 비례

이상과 같이 교량 형태에도 황금비나 황금절 직사각형을 관찰할 수 있다. 그러나 이들은 황금비를 의식하고 형상을 만든다기보다는 무의식중에 자연적으로 출현한 것이라고 본다. 앞에서 기술한 바와 같이 오늘날 디자인의 지도 원리는 기능주의를 그 근간으로 하고 있어 교량 형태의 각부를 이상적인 비례로 할당하여 형상을 만든다는 것은 넌센스이다. 역학적 합리성이나 적합성, 기능성의 추구가 비례로 억제되거나 왜곡되어서는 안될 것이다. 다만 그림 6.14에 예시한 바와 같이 역학적 합리성이 아주 가까운 곳에 황금 분할점 등이 그 위치에 치수를 이동해도 그다지 영향이 없고, 또 그에 따라 전체가 어떤 비례 중에 받아들여져 있으면 그들을 이용하지 못할 적극적 이유도 없다. 비례를 남용하는 것을 피해야 하지만 비례를 무시할 필요도 없다.

여기서는 황금 분할에 초점을 맞춰 고찰하지만 비례 개념으로서 피보나치 급수(1, 2, 3, 5, 8, 13, …)나 동적과 대칭(1, $\sqrt{2}$, $\sqrt{3}$, $\sqrt{4}$, $\sqrt{5}$, $\sqrt{6}$, …)을 이용하는 경우도 많다[6)].

6.2 균형(Balance)

6.2.1 역학적인 균형과 시각적인 균형

균형이란 어떤 대상에 작용하고 있는 힘이 균형이 있는 상태, 평형 상태를 의미한다. 특히 역학적인 개념이지만, 여기서 문제로 하는 시각적인 밸런스란 역학적인 밸런스 위에 놓고 그들이 어떻게 시각적으로 작용하고 있는지를 문제로 하는 것이다. 예를 들면 쇠사슬의 양끝을 손에 잡고 늘어지게 하였을 때 생기는 현수(懸垂) 곡선은 쇠사슬 각 부분이 받는 중력과 쇠사슬의 장력이 평형함으로써 생긴 형상이며, 균형이 잡혀 있다. 또, 비눗방울이 둥실둥실 공중을 떠돌고 있을 때는 거의 완전에 가까운 구형(球形)을 하고 있지만 이것은 내부의 체적을 일정하게 한 그대로 표면적이 가장 작게 되려고 하는 표면 장력에 따라 만들어진 형상[6)]이며, 역시 균형이 잡혀 있다. 이와 같이 어떤 것이 안정한 형상을 유지하고 있을 때에는 그들 모두에 대해서 거기에 작용하고 있는 힘의 균형을 설명하는 것이 되며, 역학적으로는 밸런스가 잡혀 있다. 시각적 밸런스란 그 역학적 균형이 시각적으로 보아 평형하고 있는지 여부를 문제로 삼는 것이다. 일본의 장난감인 야지로베(彌次郎兵衛)(막대 위 끝에 T형으로 가로대를 대고 그 가로대 양끝에 추를 매달아 좌우가 균형을 이뤄 막대가 넘어지지 않도록 한 것, 이하 "평형 놀이구"라 한다)나 모빌(Mobile)은 무엇이 무엇에 대해 평형하고 있는 것인가가 시각적으로 명쾌하며, 평형 상태는 비전문가도 알기 쉽다. 그림 6.15는 모두 역학적으로는 평형하고 있는 평형 놀이구를 나타낸 것이다. 즉, 이들은 모두 균형이 잡혀 있는 형상이다. 그러나 시각적으로 보았을 때에는 아주 안정해 보이는 것, 불안정해 보이는 것, 이상한 평형놀이구 등 여러 가지 평가를 할 수 있다. 역학적 밸런스만을 생각하게 되면 이를 사이에 "좋은 밸런스"라든지 "나쁜 밸런스"라는 것은 없지만 시각적으로는 각각에서 받는 인상을 통하여 밸런스의 좋고 나쁨을 평가할 수 있다.

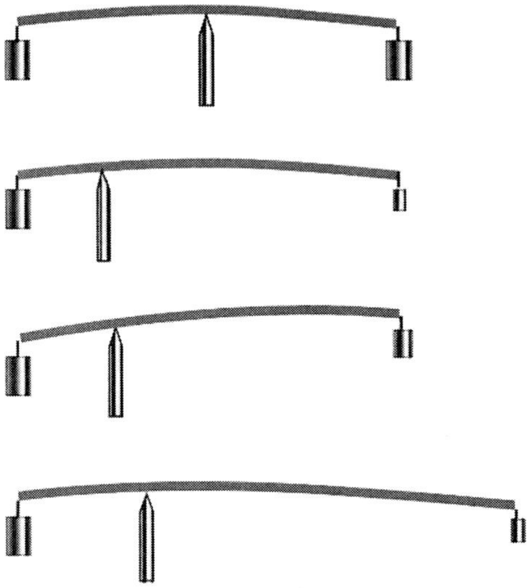

그림 6.15 여러 가지 형상으로 평형을 유지하는 평형 놀이구

6.2.2 대칭(Symmetry)과 균형(Balance)

대칭이란 어떤 도형에 대해서 뭔가의 공간적 조작을 하였을 때 원래 도형과 겹치는 경우를 말한다. 이동 방법에 따라 여러 가지 균형을 만들 수 있는데 어느 것이나 시각적 밸런

사진 6.1 우지(宇治)의 뵤우도우인(平等院)

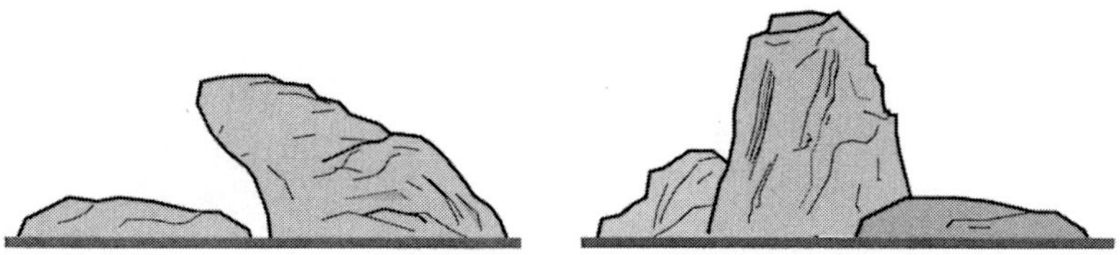

그림 6.16 돌짜기한 정원석

스가 좋고, 안정된 형상을 만들어 내는 개념으로서 동서양을 막론하고 고대부터 애용되어 왔다. 특히 좌우대칭형은 전형적인 미(美)의 규범으로서 건조물에 많이 쓰이고 있다. 궁전, 고딕 양식의 사원, 일본 우지(宇治)의 뵤우우도우인(平等院)(**사진 6.1**)[7] 등의 많은 사례를 볼 수 있다. 확실히 대칭축을 사이에 둔 크기, 형상, 색채 등 양반분(兩半分)이 크기, 형상, 색채 등에서 완전히 일치하여 서로 마주 바라보도록 형성되어 있는 형상에서는 양반분의 힘은 모두 같으므로 항상 밸런스가 잡힌 상태가 된다. 평형놀이구나 모빌에서는 평형하고 있는 것끼리가 시각적으로 명쾌하지만 힘의 평형을 알기 쉽게 할 뿐만 아니라 지점(支點) 자체도 시각 형태로서 인지하기가 알기 쉽도록 하고 있다. 시메트리의 경우도 대칭축이 지점 역할을 다하고, 밸런스하는 것을 명확화하여 힘의 평형을 직관(直觀)하게 하고 있다.

그러면 비대칭 형상의 밸런스는 어떠할까? **그림 6.16**은 돌로 짜맞춘 정원석이다. 각각 밸런스하고 있는 듯이 보이는 이들 비대칭형에는 평형놀이구와 같은 명확한 지점은 없고 무엇이 무엇에 대해서 밸런스하고 있는지도 명확하지 않다. 그러나 밸런스를 느낄 수 있다. 물리적으로는 지점 위치를 조절함으로써 어떤 것도 밸런스를 도모할 수 있으므로 어쩌면 우리들 눈은 대상에 밸런스를 느꼈을 때는 무의식적으로 지점을 발견하고 있을지도 모른다.

서양 정원에서는 좌우 대칭이 아름다움의 규범으로서 강하게 의식되고 있다는 것은 잘 알려져 있는 것이다. 한편 일본의 정원은 그것과는 반대로 비대칭 쪽이 바람직하게 되어 있다. 연못으로 밀려 나온 소나무나 돌짜기도 모두 비대칭이므로 대칭형을 찾아보기가 어렵다. 일본인 다카키(高木)[8]는 대칭형과 비대칭형이 주는 감정에 대해서 다음과 같이 기술하고 있다.

> "대칭 도형에는 몇 가지 유사한 경향을 가진 개념이 결부되어 있다. 그것은 조화, 질서, 제지, 속박 등이다. …한편, 비대칭 형상은 운동, 자유, 놀이, 휴식 등의 개념을 동반하고 있다. 학교에서 교정에 모였을 때 등 '차려' 상태에서는 몸이 대칭으로 되고, '쉬어' 상태에서는 비대칭으로 되기 쉽다."

사진 6.2 아라미로교

예를 들면, 정원을 보고 긴장감을 느끼기보다는 휴식을 느끼는 정원쪽이 우리들에게는 친숙하기 쉽다. 아라미로교(**사진 6.2**)의 매력은 여러 가지 요인이 있으나 사장교로서는 의외인 비대칭인 것도 큰 요인일 것이다.

6.2.3 균형 영역

그림 6.17은 동그란 화기(꽃 꽂는 그릇)에 꽃을 1송이 또는 2송이 꽂꽂이한 예이다. (a), (b)는 1송이의 꽃을, (c), (d)는 2송이의 꽃을, (a), (c)는 화기(花器)에 대해서 대칭으로, (b), (d)는 비대칭으로 배치한 것이다. 꽃도 대칭형이라고 하면 (a)는 완전히 대칭형을 유지하고 있다. 사람들은 결코 이것을 밸런스가 나쁘다고는 말하지 않겠지만 변화가 부족하고 재미도 덜한 것이라고 느낄 수도 있다. 일본인 다카키(高木)[8]가 말한 바와 같이 우리들에게는 역시 일종의 차가움이나 답답함을 느끼게 하고 있다. (b)는 꽃의 높이가 화반에 대해서 약간 높은 것 같이 생각되지만 결코 밸런스하고 있지 않다고는 할 수 없다. 돌을 짜맞춘 정원석과 마찬가지로 명확한 지점은 없으나 우리들 눈은 꽃과 화반의 오른쪽 끝을 오고 가면서 균형을 감득할 수 있다(제5장 "교량의 주시 위치와 매력있게 하기" 참조). 즉 밸런스는 꽃 단독만이 아니고 화기라는 "영역(場)" 중에서 의식되고 있는 것이다.

그림 6.17 둥근 화반에 꽃을 꽂꽂이한 예

꽃이 2송이, 3송이로 늘어나면 영역의 의식은 더욱 강하게 되고 화반라는 영역, 즉 장(場)의 영향은 꽃끼리의 밸런스와 같은 정도로 크게 된다. 즉, (c)는 꽃끼리는 비대칭이므로 (a)에 비하면 답답함은 경감되고 있다. 그러나 배치는 대칭이므로 (d)에 비하면 딱딱함이 남아있다. 꽃끼리의 비대칭성이 주는 인상보다도 배치 대칭성이 주는 인상, 즉 영역(場)이 끼치는 영향의 쪽이 인상 전체를 좌우하고 있다. 흥미 깊은 것은 (a), (c)와 같이 꽃을 화기에 대해서 대칭으로 배치할 경우는 대칭성이라는 인지(認知)는 바로 하게 되고 그런 의미에서는 영역(場)을 의식하고 있는 것이지만 곧 주의는 꽃에만 집중되어 있다는데 항상 주의한다. 한편, (b), (d)의 비대칭 쪽은 꽃과 화반의 쌍방에 눈이 향하게 되어 대칭적 배치에 비하면 장을 좀더 의식하게 된다.

이와 같이 밸런스는 밸런스하는 장을 고려해야 한다. 일본의 료우안지(龍安寺) 돌 정원의 돌 짜맞추기는 토담으로 에워싸인 공간이라는 "영역"을 빼놓고는 말할 수 없다(**사진 6.3**)[9]. **그림 6.17**의 생화(生花)도 그들을 어떻게 꾸미는가에 따라 밸런스의 인식이 달라진다. 교량 등 건조물의 밸런스도 건조물 자체의 밸런스에 배려할 뿐만 아니라 여기에 나타낸 바와 같이 그것이 배치되는 장소를 포함한 밸런스를 생각해야 한다.

생화의 예는, 예를 들면 댐(Dam) 호수 등에 사장교를 계획할 때 밸런스 문제에 부연하여 생각할 수 있다. 2경간의 사장교를 호수 중앙에 배치하게 되면 (a)와 같이 답답한 인상을 주게 된다. 호수를 좀더 의식하고 교량을 호수에 친숙하게 하는 데에는 (b)와 같이 비대칭인 배치의 쪽이 좋게 생각된다. 3경간의 사장교를 비스듬히 보면 자기 앞쪽의 주탑은 크게, 뒤쪽의 주탑은 작게 보이므로 호수에 대해 대칭으로 배치하면 (c)와 아주 같지는 않지만 (c)와 유사한 인상을 준다. 필립・모리슨은 대칭성 파괴의 중요성을 논증하고 다음과 같이 결론짓고 있다[10].

사진 6.3 료우안지(龍安寺)의 정원석

"예술의 비대칭에 아주 만족하고 있는 작품이나 많은 아름다운 자연의 풍물 등은 대칭성의 파괴를 포함하고 있다. 대칭성은 형상 가운데 뭔가 구현되어 있으나 완전한 대칭성이 실현되는 데는 미흡한 점이 있다. 대칭성과 그 파괴의 대비가 생성 행위의 양면(兩面)을 분명하게 하여 바른 평가를 요구하고 있는 것이다. …우리들은 기본적인 열역학적 특성, 즉 대칭성 표현에 반발하고 있는 것이 아닌가 생각된다. 그뿐만 아니라 어떤 성질이 다른 것에 비하여 무제한으로 탁월한 것을 싫어하는 것이 아닌가 한다. 현실 세계에서도 어떤 특징이 뛰어나게 우위에 설 수는 없는 것이다."

필자는 부분적 또는 국소(局所)에서는 대칭성을 유지하면서 전체적으로는 비대칭성을 가진 교량이 더욱 출현해도 좋지 않을까 한다. 앞에서도 인용한 아라미교도 그 하나이지만 구루시마 대교(來島 大橋)는 더 적극적으로 교량을 지형에 친화적으로 한 결과로서 비대칭적인 형상을 창출하고 있다. **그림 6.18**에 본 바와 같이 쿠루시마 대교는 2개의 섬을 건너질러 3개의 현수교로 구성되어 있다. 행거 등 국소적으로는 병진 대칭성(並進對稱性)을 유지하고 있지만 섬 사이의 거리가 다르므로 각 현수교의 크기는 각각 다르고, 쿠루시마 대교 전체는 비대칭으로 되어 있다. 또한 공용(供用) 앵커를 끼고 서로 이웃한 메인 타워의 높이를 거의

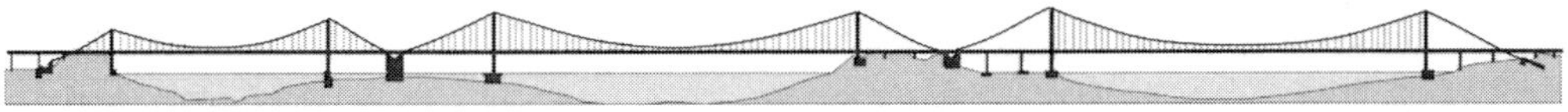

그림 6.18 쿠루시마 대교(来島 大橋)

사진 6.4 다이샤쿠교 : 부분적 대칭성을 유지하면서 전체로서는 비대칭인 교량

같게 하기 위해(주탑 정상부를 잇는 선이 계단상으로 하지 않고 하나의 곡선으로서 그린 것과 같이) 제1, 제2대교에서는 새그(Sag, 오목형 종단 곡선에 있어서 하향 물매로부터 상향 물매가 접속됨으로써 만들어지는 골짜기 부분) 중심을 이동시켜 현수교 자체도 비대칭으로 하고 있다. 결과적으로 지형과 밸런스가 좋은 교량이 형성되고 있다. 사진 6.4[11), 그림 6.13의 일본의 다이샤쿠(帝釋) 교량도 지형과의 관계에서 전체적으로는 비대칭이지만 수직재 등 부분적으로는 병진 대칭성을 유지하고 있는 교량이다.

6.3 조화(Harmony)

6.3.1 조화란?

조화(Harmony)는 교량의 아름다움을 말할 때 반드시 사용되는 말이다. 같은 미적 형식 원리에서도 비율이나 균형보다도 넓은 범위로 쓰이기 때문이지만 모두를 조화로서 해석하고 설명하는 경향이 있다. 그러나 교량이, 예를 들면 자연 환경과 조화되어 있다는 구체적인 기분이나 실감도 없는 채 비길 때 없는(Matchless) 경우도 많다. 조화는 가장 빈번하게 쓰이고 있는 말임과 동시에 가장 쉽게 쓰이는 말이기도 하다.

여기서는 우리들이 안고 있는 "조화의 기분"이라는 것을 정리하며 교량의 조형으로서 조화를 어떻게 받아들이면 좋은가를 고찰한다.

조화란 일반적으로,

"2개 또는 2개 이상의 부분이 서로 다르면서도 서로 어울려서 통일적 인상을 줄 때"

를 말한다[1]. 즉, 1개의 직선이나 하나의 색을 빼내 그 조화를 의론할 수는 없다. 그러나 예를 들면, 직사각형의 장변과 단변이나 2개의 색에 대해서는 그 관계에 대해서 조화의 가부(可否)를 말할 수 있다. 또, 2개 이상의 요소가 모두 동일할 때 그들은 완전히 조화되어 있다고도 볼 수 있으나 오히려 단조(Monotony)하다고 보는 경우도 많다.

따라서 바람직한 조화는 요소 상호간에 공통성이 있음과 동시에 뭔가 차이가 있을 때에 얻어지는 것이 보통이다. 이 차이성이 뚜렷할 때는 그들은 대비(Contrast)를 이룬다고 하고, 조화(Harmony)와 대비(Contrast)를 서로 대립하는 2개의 개념으로 볼 때도 있다[2].

6.3.2 일본의 조화 사고 방식 - 소거법 · 융화법 · 강조법 -

일본 교량 경관론 선구자 중 한 사람인 카토(加藤 誠平)는 1936년에 저술한「교량 미학」[6]에서 풍경 계획 기술상 관점에서 본 교량의 미적 다루기를 3가지 방법으로 나누고 각각을 다음과 같이 명명하고 있다.

1. 소거법(消去法)
2. 융화법(融和法)
3. 강조법(强調法)

소거법이란 "풍경에 대해 교량의 존재를 소거해버리는 것"으로 교량의 존재가 방해가 되는 그런 위치에 교량 건설을 부득이 해야 할 때는 이 기법이 중요하다고 한다. 융화법이란 "환경과 교량을 완전히 융화하게 하는 기법으로 대개의 경우 전체 풍경에 대한 교량의 미적 관계를 종적으로 유지하게 하는 것"이다. 특히 자연(自然)이 많은 장소에서는 그 자연적인 요소가 매우 본질적인 아름다움을 가지므로 교량에 전체 풍경을 지배하는 정도의 힘을 주어도 조화와 균형을 유지하는 것이 아니고 그런 의미에서 교량은 종적(從的)이어야 하며, 전경(前景) 또는 첨경(添景)으로서 유용한 정도로 해도 된다. 한편 교량 본래의 목적인 교량 위의 통과와 교량 위에서 보는 풍경의 감상에 대해서 이들을 쾌적하게 할 필요가 있다. 따라서 융화법 다루기는 가장 일반적으로 요구되며 교량 미학의 응용이 가장 넓은 범위로 행해지고 있다고 한다. 강조법이란 "교량에 따라 새롭게 풍경의 중심을 창출하는 것으로 이 때에는 교량 자체의 미적 구성이 주요한 역할을 하며, 그 강조에 따라 자연적 요소가 결핍된 평범한 위치에도 새로운 풍경미를 창조할 수 있다"고 하고 있다.

오늘날 일본의 교량 경관론에 대한 조화의 사고 방식은 이 소거법, 융화법, 강조법으로 말할 수 있는 것이 많다. 이 사고 방식은 풍경 또는 환경에 대해서 교량을 어느 정도 두드러지게 해야 하는지 또는 두드러지게 해도 좋은지 그 정도를 3단계로 나눈 것이라고 할 수 있다. 이러한 교량과 풍경 강약 관계의 고찰은 교량 조형에 있어서도 매우 중요하다.

그림 6.19와 같이 큰 강을 끼고 남쪽 시가지에서 북쪽 전원 풍경이 넓은 지역에 고가교와 교량을 중심으로 하는 전체 길이 4km 정도의 도로 계획이 있다고 하자. 이 계획 구간을 3개의 구역(Zone)으로 나누고 각각을 남부, 하천부, 북부이라고 하고, 각각에 대해서 소거법, 융화법, 강조법 중 어느 쪽을 적용해야 하는가를 고찰하는 것은 중요하다. 예를 들면 남부 교량은 시가지를 지나는 고가교이므로 될 수 있는 한 교량의 존재를 두드러지게 하지 않는 편이 좋으므로 소거법을 채택한다. 하천은 비교적 평범한 풍경이므로 하천부 교량에서는 교량을 중심으로 하는 새로운 경관 창출을 목표로 강조법을 채택한다. 북부 교량에서는 교량이 전원 풍경에 친숙하도록 융화법을 채택한다. 이와 같이 풍경과의 강약 관계를 고찰할 만큼 큼직한 교량 종류나 경관 설계 수법이 보이고 있다. 즉, 이 경우 소거법의 교량 종류로서는 노면 상부에 구조물이 드러나지 않는 거더교를 채용함과 동시에 식재를 하여 교량을 숨기는 것을 생각할 수 있다. 강조법으로서의 교량에서는 반대로 노면 상부에 구조물이 드러나는 아치교나 사장교가 대상이 될 것이다. 융화법으로서의 교량은 풍경에 대해서 종적

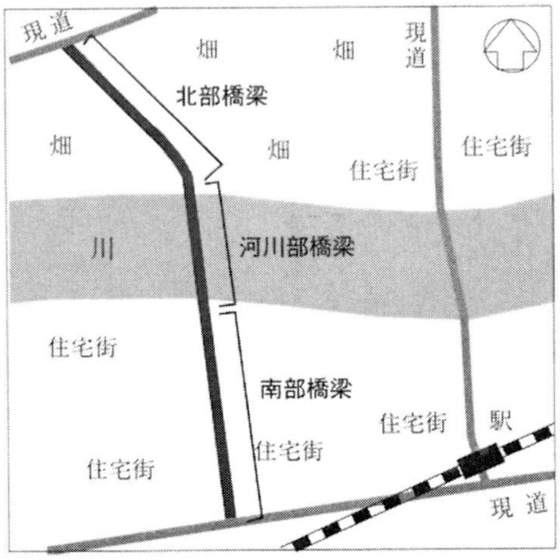

그림 6.19 도로 계획案

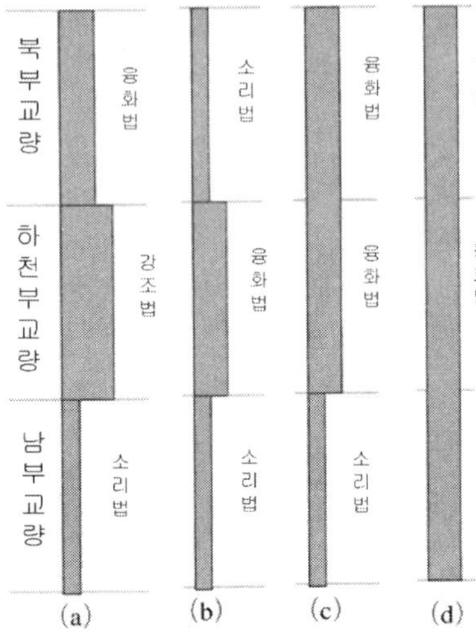

그림 6.20 조화 검토案

이라는 의미에서 역시 거더교가 대상이 되겠으나 같은 거더교에서도 교각 형상 등에는 갖지 않고 시선 유인력이 약한 형상을 사용하게 될 것이다.

남부, 하천부, 북부 교량에 각각 소거법, 강조법, 융화법을 적용하는 안을 **그림 6.20** (a)와 같이 표현하면 (b)~(d)와 같이 교량과 풍경의 강약 관계를 검토하는 몇 가지 안도 생각할 수 있다.

6.3.3 1944년 영국 토목학회의 사고 방식 -Internal Harmony-External Harmony-

1944년 영국 토목학회는 "Aesthetic Aspects of Civil Engineering Design(토목 설계에 대한 미적 측면"이라고 제목을 붙인 심포지엄을 개최하였다. 강연 기록에 따르면 토목 기술자 및 토목 전공 학생에 대해서 토목 설계의 질적 향상에서 구조물의 미적 가치를 인식하고 설계에 대한 미적 고찰을 하는 데 중요성을 계몽하기 위해 기획하였다고 한다. 그 시점에서는 이른바 V.E.Day(Victry for Europe Day)는 이미 끝났다고는 하나 영국은 아직 전시 중이다. 부흥을 위해 아주 빠르게 학회가 토목 공학에서 아름다움에 대한 심포지엄을 개최하는 것에 대하여 영국이 생각하고 있는 깊이를 느끼게 한다.

그 심포지엄 최초의 강연에서 Oscar Faber[12)]는 "토목 구조물의 아름다움에 있어서 가장 중요한 것은 조화이다"라고 기술하고 그 조화를 다음과 같이 2가지로 나누고 있다.

┌Internal Harmony
└External Harmony

여기서 Internal Harmony란 구조물을 구성하는 각 요소 상호의 조화를 말한다. External Harmony란 구조물과 그 주변 환경과의 조화를 의미하고 있다. 일본인 카토(加藤)는 교량과 주변 환경의 조화를 받아들여 소거법·융화법·강조법의 사고 방식을 제시하였는데 Oscar Faber의 구분에서 말하면 그들은 External Harmony에 주목하고 그 강약을 분류한 것이라고 할 수 있다. 그러나 교량의 조형으로서 생각해야 하는 조화는 물론 External Harmony뿐이 아니다. Internal Harmony에도 잘 배려해야 한다는 것은 논할 필요도 없다.

즉, 조화란 2개 또는 2개 이상의 부분이 서로 어울려서 통일적 인상을 주고 있는 상태이다. 한쪽을 설계 대상으로 하였을 때 그 조화 대상으로서는 Internal한 대상과 External한 대상의 2가지라고 생각해야 한다.

6.3.4 Internal한 조화의 대상

사진 6.5는 일본의 타타라 대교(多多羅 大橋)의 주탑과 교각이다. 교각은 주탑의 상부를 잘라낸 형상으로 하여 양자의 조화를 도모하고 있다. **사진 6.6**은 일본 삿포로(札幌)의 뮌헨 대교의 조명주(照明柱)이다. 직선만으로 구성된 샤프(Sharp)하고 간결한 형태는 사장교의 주탑 형상과 잘 조화되어 있다. 이와 같이 교량을 구성하는 각 요소 상호의 조화는 형상 만들기의 기본이라고 해도 좋다.

사진 6.5 타타라 대교(多多羅 大橋)의 주탑과 교각

사진 6.6 뮌헨 대교의 주탑과 조명주(일본)

Internal한 조화의 대상을 어떻게 분류하는가는 구조물을 구성하는 각 요소를 어떻게 분류하는가와 일치한다. 교량의 경우는 일반적으로 교량 거더와 교각, 교대를 아울러 교체 또는 구조형이라고 부르고 거기에 조명주나 난간과 같은 부속물이 있다고 하는 구분이 되어 있으므로 거기에 따르면 된다(그림 6.24의 매트릭스(Matrix)에서는 구조 형상의 말을 사용하고 있다). 각각의 구체적인 설계 대상은 형상이며, 질감이며, 색이다.

6.3.5 External한 조화의 대상

External한 조화의 대상으로서 먼저 생각해야 하는 것은 거더 아래 교통이나 관련 여러 시설이다. 사진 6.6은 일반도(一般道) 위를 고속도로가 가로질러 있는 예이다. 흔히 볼 수 있는 그림이 있는데 고가교가 일반도에 대해서 경의(敬意)를 나타낸다는 모습을 보이지 않는다. 여기서는 이로써 좋을 것일지도 모른다. 일반도가 유서 깊은 가도(街道)라고 하면 나중에 건설하는 고가교는 좀더 일반도에 대해서 경의를 나타낸 조형을 해도 되지 않을까 한다.

일본의 도로 원점에 있는 니혼바시(日本橋)위에 수도고속도로가 뻗어 있는데 올해 새단장을 하여 니혼바시다움을 연출하고 있다(사진 6.8). 또, 도쿄의 록폰기(六本木) 교차점이나 다메이케(溜池) 교차점을 가로지른 고속도로도 역시 록폰기 느낌, 다메이케 느낌을 연출하기 위해 새단장을 하고 있다(사진 6.9, 6.10).

교량 바로 가까이에 터널이 있는 장소는 많지만 설계 관할이 다르기 때문인지 교량과 터널 입구(갱구)에 조화된 디자인을 볼 수 있는 예는 적다. 교량과 관련되는 여러 시설이 조화된 디자인을 더욱 명심해야 한다.

사진 6.7 일반 도로를 가로지른 고속도로

사진 6.8 새단장을 한 니혼바시(日本橋) 위의 수도(首都)고속도로

사진 6.9 새단장을 한 록폰기(六本木) 교차점 위의 수도(首都)고속도로

사진 6.10 새단장을 한 다메이케(溜池) 교차점의 수도(首都)고속도로

사진 6.11 π형 라멘의 오버 브리지

가교 지점의 지형이나 풍경의 조화는 교량 조형에서 누구나 유의해야 할 것이다. 오픈 컷(Open Cut)된 고속도로에 가로지르는 π형 라멘 오버 브리지는 비탈면 각도를 반전(反轉)시킨 버팀대 부분의 형상이 상쾌하고, 비탈면에 따라 하중을 단단히 받아내는 느낌이 잘 전해져 있다(사진 6.11).

사진 6.12 (a)의 사장교는 메인 거더를 비스듬하게 하는 등 특징을 드러내려고 연구한 교량이다. 사진과 같이 주위에 건물이 없으면 재미있는 교량으로서 평가받을 것이 틀림없다. 그러나 실제는 사진 6.12 (b)와 같이 주위는 건물로 에워싸여 있어 교량의 크기(스케일감)는 거리의 스케일과 조화하고 있다고는 생각하지 않고 일부러 비스듬하게 한 주탑도 주위 건물과는 조화하고 있지 않다.

사진 6.13의 아치교도 마찬가지이다. 교량의 각 부분을 보면 주의 깊고 신중하게 디자인

(a) (b)

사진 6.12 주위의 건물과 조화되지 않은 사장교

(a) (b)

사진 6.13 거리의 스케일감과 조화되지 않은 아치교

되어 제작되고 있어 Internal Harmony는 충분하지만 스케일감은 거리의 그것과 조화되어 있지 않아 아치교가 건너지르는 지형적 필연성도 느낄 수 없다. 이 교량은 카토(加藤)의 조화 분류에서 말하면 강조법에 해당되겠지만 여기에 강조법을 적용한 것 자체에 문제가 있었다고 하지 않을 수가 없다.

더욱 시점을 넓게 하면 가교 지점이 포함된 지역이나 루트(Route)와의 조화도 고려해야 할 것이다. 예를 들어 교량과 그 지역 전체 또는 루트 전체가 한눈에 바라볼 수 있는 한계에 속해 있지 않아도 우리들은 머리 속에 이미지를 합성(合成)하는 능력이 있다.

일본의 요츠야미츠케교(四谷見附橋)(사진 6.14)(지금은 다마(多摩) 뉴타운으로 이설(移設))의 디자인은 교량에서 600m(정문까지는 400m) 떨어져 있는 아카사카리큐(赤坂離宮) 영빈관(迎賓館)(사진 6.15)의 디자인 양식을 답습하고 있다. 반드시 이 둘은 하나의 시야에 받아들여져 있지 않지만 교량 설계 그룹은 리큐(離宮)보다도 두드러지지 않은가?하고 그것을 깎아 내리지 않게 하기 위해서는 리큐 양식을 답습하여 리큐와 교량이 서로 호응하여 지역 환경을 향상시켜 이 둘이 지역의 아름다움의 중심(核)이 되게끔 의도하였다고 한다[13].

사진 6.16의 사장교 주탑 형상은 일반적인 관점에서 보면 더 어긋난 디자인이 된 것이라고 보여 형상을 세련되게 한다는 점에서는 충분하지 않다. 그러나 이 교량이 히다 고우산(飛驒 高山)의 시라카와고우(白川鄕)의 입구에 세워졌더라면 어딘지 모르게 합각(人자 모양으로 이룬 각) 만들기를 생각하게 하는 주탑 형상은 그런대로 의미를 갖게 된다. 이 교량에서 **사진 6.17**과 같은 풍경은 보이지 않지만 이미지를 중복시켜 이 교량을 보이게 하고 있다.

External한 조화의 대상을 어느 범위까지 넓히는가는 그 교량을 둘러싼 환경이나 역할에 따라서도 달라진다. 지방자치제, 특히 도(道) 전체의 교량 디자인을 관리하고 경관의 질적

사진 6.14 요츠야미츠케교(四谷見附橋)

사진 6.15 아카사카리큐(赤坂離宮)(영빈관)

사진 6.16 갓쇼 대교(合掌 大橋)

사진 6.17 시라카와고우(白川鄕)

향상을 도모하는 경우는 도(道)의 교량으로서 특질을 표현하는 것을 고려해도 좋을 것이다. 또 일본의 세토대교(瀬戸大橋)와 같은 국가적 프로젝트로서 건설된 교량에서는 일본의 문화나 전통까지 대상을 넓혀 조화를 고찰하는 편이 좋다고 생각된다. 이상을 개념도로서 나타내면 **그림 6.21**과 같다.

6.3.6 조화의 원리

미국의 색채학자 D.B.Judd는 수많은 색채 조화 이론을 세밀히 조사하고 그들의 공통 항목을 찾아내는 형식으로 일반적으로 잘 받아들이고 있는 것을 공통 요소, 질서, 명료성, 친숙함의 4가지 원리로 정리하고 있다[14), 15)]. Judd 자신은 색채 조화 이론은 학문적으로는 불충분하여 보통 수단으로서는 안된다고 단서를 달고 있으나 이 4가지 원리는 색채 조화에 국한하지 않고 일상 생활에 대한 조화의 기분을 잘 나타내고 있으며, 교량 조화의 원리에도 부연할 수 있다고 생각한다.

다음에 이 4가지 원리를 자세히 살펴보기로 한다.

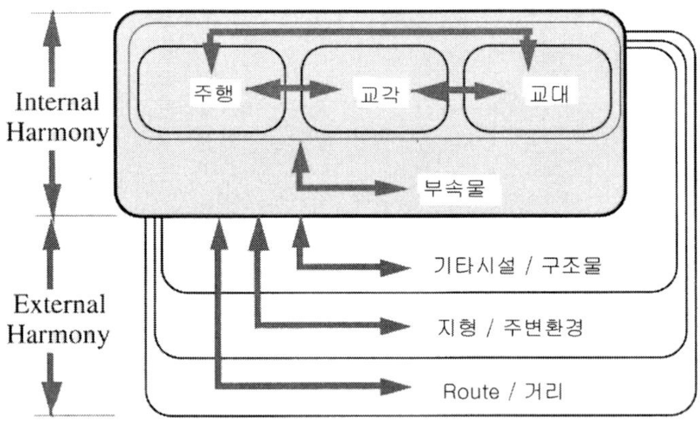

그림 6.21 조화의 대상

6.3.7 공통 요소의 원리

공통 요소(Similarity)의 원리란 "어떤 배색도 어느 정도 공통 양상이나 성질을 가진 것이라면 조화한다"고 하는 것으로 수동(數同)의 원리로도 해석하고 있다[14)].

이것을 "조화의 대상과 무엇인가의 공통 성질을 가진 것은 조화한다"라고 해석하면 우리들이 일상 가장 빈번하게 느끼고 있는 조화의 기분을 잘 설명하고 있어 알기 쉽게 조화를 도모

사진 6.18 꽃무늬로 가득 채운 방

하는 방법으로서 여러 가지 장면에서 쓰이고 있는 것을 깨닫는다. 예를 들면 넥타이 판매장에 가서 "이 재킷에 어울리는 넥타이를 사고 싶은데요"라고 상담하면 "그럼 재킷을 보여 주십시오"라고 하며 점원은 옷감을 살펴보고 "감색과 다색 실이 섞여 있으므로"하고 감색이나 다색 또는 양쪽의 색을 기조(基調)로 한 넥타이를 권고 받은 경험을 가지고 있는 사람이 많다. 점원들이 전원 미적 훈련(Training)을 받았다고는 생각하지 않으므로 "넥타이는 공통 요소로 선택한다"라고 하는 것이 매뉴얼화되어 있을지도 모른다.

사진 6.18은 공통 요소로 방을 꾸민 예이다. 커튼도 벽지도 의자를 덮어 씌운 바탕도 모두 같은 꽃무늬를 사용하고 있다. 이러한 방이 서양 인테리어 잡지에는 빈번하게 게재하고 있는 것을 보면 공통 요소에 따라 조화를 도모한다는 수단은 색의 세계 뿐만 아니라 일반적으로 쓰이고 있는 방법이라고 할 수 있다.

앞에 나타낸 **사진 6.5**의 타타라 대교(多多羅 大橋)의 주탑과 교각, **사진 6.6**의 뮌헨 대교의 조명주와 주탑, **사진 6.16, 6.17**의 갓쇼 대교(合掌 大橋)의 주탑의 갓쇼(合掌), 즉 합각으로 어긋매김한 양식, 이들의 조화는 모두 이 공통 요소의 원리에 기초를 둔 것이다. 교량 분야에서도 조화를 도모할 때에 먼저 생각을 떠올리는 방법은 이 공통 요소의 원리이다.

사진 6.18과 같은 방을 고상한 취미로 하는지의 여부는 별개의 이야기이다. 일본 사람들

의 예를 들어 본다. 일본인들은 어딘가 공통 요소로 애써 메운 그런 공간은 다루기 어려워 싫은 상대라는 것도 있지만 꽃무늬 천은 공통 요소라기보다는 동일한 것이며, 단조(Monotony)한 것이 이 방을 바로 고상한 취미로서 인식할 수 없는 원인일 것이다.

요소 상호에는 공통성과 동시에 차이성(差異性)이 필요하며, 높은 정신성과 추상성을 동반하여 공통 요소를 추출하는 것이 필요한 것이다. 그런 의미에서 공통 요소로서 지역의 특산품이나 고사내력(故事來歷)을 알고 그것을 악의 없이 구상적(具象的)으로 표현하고, 난간이나 포장면에 메우는(채우는) 것은 피해야 한다. 지역의 특산품이나 고사내력이 가진 정신성을 간파하고 공통 요소를 추출하는 그런 마음가짐이어야 한다.

6.3.8 질서의 원리

질서(Order)의 원리란 "색입체에서 규칙적으로 배치된 색(직선, 원, 삼각형, 곡선 등에 따라 선택된 색)은 질서가 있어 조화된다"라고 하는 것이다[15]. 즉, 요소 상호가 어떤 함수 관계에 있으면 조화한다는 것이다. 따라서 이것을 "조화의 대상에 대해서 질서 있게 계획된 것은 조화한다"라고 해석하면 일상적으로 느끼고 있는 조화의 기분과 정합(整合)한다. 예를 들면 실내의 가구나 융단을 벽에 대해서 약간 비스듬하게 놓아 둔다든지 무조작(無造作)으로 틈을 내둔다는 것은 아무도 하지 않는다. 누구나 규칙 바르게 정연히 배치하여 질서 있는 실내를 만듦으로써 공간과 가구의 조화를 도모하는 것이 틀림없다. 또, 개개의 건물이 각각 미묘하게 높이나 층 높이를 다르게 하기보다도 그들이 가지런한 집들이 들어선 거리에는 질서가 있어 정연한 조화를 느낀 사람이 많을 것이다.

일본의 다마(多摩) 뉴타운의 서남부에 자리잡은 B-4 지구와 동부 끝에 자리잡은 B-6 지구의 54교 및 교량군은 교량 서로의 질서를 명확하게 함으로써 개개 교량의 설계 방침을 확립하고 있다[16](**그림 6.22**). 즉, 교량을 ① 동질의 공간 영역에 속하고, 공통의 "영역(場) 메시지"를 포함한 권역(Territory) 표상의 교량, ② 일련의 물리적·시각적 공간축에 따라 전개하고, 공통의 "계통 이미지"를 포함한 골격(Skeleton) 표상의 교량, ③ 복수의 물리적·시각적 공간축의 교점에 입지하고, 동질 공간 영역 가운데로 돌출한 "위치 이미지"를 포함하는 절점(Node) 표상의 교량, 이 3유형(Type)으로 나누고 있다. 그리고 예를 들면 ③의 위치 이미지를 포함하는 교량에서는 교량의 존재성을 최대한 상징화하게 한다. 바꿔 말하면 두드러진 교량을 배치하게끔 하고 있다. 지구(地區)의 거리 조성에 대해서 교량군이 지구의 공

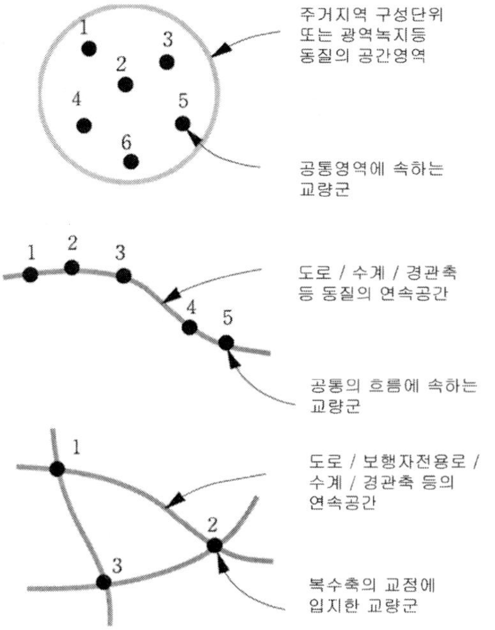

그림 6.22 교량군의 유형 나누기

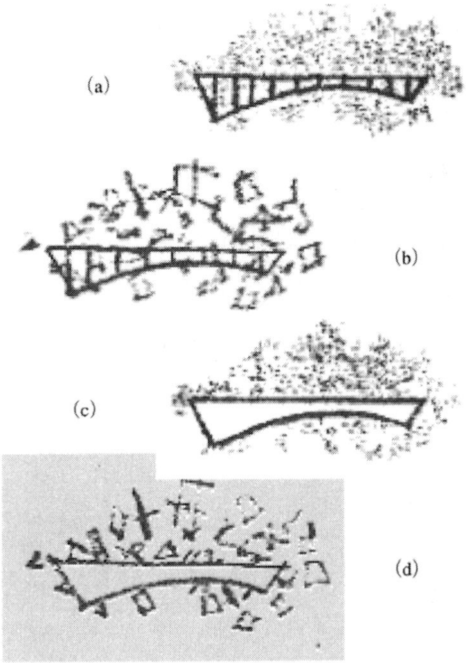

그림 6.23 배경의 다름과 구조 형상

간 구성에 대한 권역, 골격, 절점의 표상으로서 기능을 갖도록 질서를 가지고 지역과의 조화를 도모하고 있다.

6.3.9 명료성의 원리

명료성(Unambiguity)의 원리란 "색채의 조화는 모호하지 않은 명료한 배색에 따라서만 얻을 수 있다[15]"라고 하므로 모호함의 원리라고도 할 수 있다[14]. 거의 같은 색이면 문제는 없지만 약간 다른 색끼리는 지각(知覺)이 불안정하게 되어 조화는 파괴된다고 한다. 이것은 구조물의 경우는 "구조물이 조화하는 대상에 대해서 명료성을 가지고 있는 경우는 조화한다"라고 풀이해도 좋을 것 같이 생각된다.

Hoshino[17]는 **그림 6.23**을 그리고 트러스와 같이 배경이 들여다 보이는 구조는 (a)와 같이 배경이 단조(Monotone)한 경우는 어쨌든 (b)와 같이 번잡한 장소에서는 사용할 수 없다. 그리고 (c), (d)와 같이 배경이 들여다 보이는 것이 없는 형상은 어느 쪽 배경에도 사용할 수 있다는 것을 기술하고 있다. 이 Hoshino가 지적한 조화의 기분은 여기에 나타낸 명료성의 원리로 설명할 수 있다. **사진 6.8~6.10**의 니혼바시(日本橋) 위의 수도 고속도로의 미장화 또는 록폰기(六本木)나 다메이케(溜池) 교차점 위의 수도 고속도로의 미장화도 니혼바시 또는 록폰기의 교차점이라는 조화의 대상에 대해서 일반부와는 다른 명료성이 있는 표정으로 조화를 도모하려고 한 것 같다.

6.3.10 친숙함의 원리

친숙함(Familiarity)의 원리란 양지(陽地)의 색과 음지(陰地)의 색과 같이 "관찰자에게 잘 알려져 있는 배색이 잘 조화된다"라고 하므로 숙지(熟知)의 원리라고도 부른다[14]. 따라서 친숙함의 원리에는 객관적으로 보면 별로 조화되어 있다고는 생각하지 않는 것이라도 관찰자가 거기에 익숙해져 있을 때에는 조화를 느낀다는 경우를 포함하고 있다. 예를 들면 **사진 6.19**와 같이 온천이 있는 번화한 거리는 깎아지른 듯이 솟은 계곡에 따라 형상이 형성되어 있는 장소도 많고, 그 계곡에는 아치교가 가로놓여 있는 경우도 많다. 그렇다고 해도 온천이 있는 번화한 거리에는 아치교가 어울린다고 결정지었다고 하면 너무 심한 이야기가 아닐까? 그러나 태어나고 자란 부근에 그러한 온천 거리가 있고 거기에 아치교가 가로놓여 있고 온천과 함께 본 아치교가 원래 풍경으로 눈에 강한 인상을 주는 그런 사람에게는 온천 거리에는 아치교가 어울린다고 하는 기분도 이해할 수 있다. 교량에 관해서도 "사람은 익숙해져 친해짐을 좋아한다"라고 하는 경향이 있다.

이러한 친숙함의 원리는 기존 교량을 다시 가로질러 놓을 때에는 주민에게 강하게 작용한다. 예를 들면 **사진 6.20**과 같은 어떤 하천에 건너지르는 거더교를 다시 가로질러 놓는 계획을 할 때 대개 그 고장 사람들은 거더교 이외의 교량 종류를 거부하는 경향이 있다[18]. 어릴 적부터 강에 가로지른 거더교를 보고 자라온 사람들에게는 아치교나 사장교 같은 다른 교량

사진 6.19 온센고우(溫泉郷)에 가로놓인 아치교

사진 6.20 사람들에게 친숙해진 하천에 건너지르는 교량

종류는 아무래도 그 지형에 친숙해지지 않는다고 느끼는 것이다. 특히 노면 상부에 구조물이 있는 형식과 없는 형식에서는 인상이 크게 달라지므로 각각의 형식을 교체하는 그런 변경에는 큰 저항이 있을 것이다.

친숙함의 원리를 "눈에 익숙해지면 위화감은 없어진다"고 하는 조화의 원리를 상대의 예상과 전혀 다른 방법으로 받아들인 해석으로 신설 교량 등에 무작정 적용하는 것은 조심해야 한다. 분명히 친숙함의 원리는 눈익은 것의 결과로서 감각을 설명한 것이지만 그 감각의 수준이 "위화감이 없어졌다"고 하는 레벨과 "애착을 느낀다", "좋아한다"라고 하는 레벨은 크게 다르다. "위화감이 없어졌다"고 하는 레벨에는 그것을 조화라고 부를 가치가 없을 것이다.

이상, 색채 조화 이론으로 본 조화의 원리를 본보기로 하여 교량에 느끼는 조화의 기분을 설명하는 조화의 원리를 고찰해 보았는데 우리들이 교량에 느끼는 조화의 기본은 이 밖에도 여러 가지가 있을 것이며, 앞으로 의론을 기대해 본다.

6.3.11 조화의 매트릭스

조화의 원리를 4가지로 하였을 때 조화의 매트릭스(Matrix)를 작성해 본 것이 **그림 6.24**이다. 구조 형식의 조형에 대한 조화 대상은 Internal Harmony의 대상으로서 〔설계 대상이란 다른 부위의 구조 형상〕과 〔부속물〕, External Harmony의 대상으로서 〔루트·도회지〕, 〔지형·주변 환경〕 및 〔다른 시설이나 구조물〕을 들 수 있다. 각각에 대해서 4가지 조화의 원리, 즉 공통 요소의 원리, 질서의 원리, 명료성의 원리, 친숙함의 원리에 기초를 두고 조화 수법을 생각할 수 있다. 부속물의 조형에서도 마찬가지로 생각할 수 있지만 부속물과 구조 형상의 Internal Harmony는 구조 형상과 부속물의 Internal Harmony와 같으므로 **그림 6.24**(생략란 참조)에서는 생략하였다.

그림 6.24는 이제까지의 경관 설계 사례에서 해당하는 것을 몇 개 추출하여 그린 것이다. 앞으로 교량 조형에 대한 조화를 생각할 때 참고로서 활용하기 바란다. 앞에서 기술한 바와 같이 실제로 조작하고 있는 설계 대상은 형상이며 색, 질감이다. 따라서 구조 형상과 부속물이라는 설계 대상을 각각 형상, 색, 질감의 3가지로 다시 분할하고 그 각각에 대해서 4가지의 조화 원리를 적용시켜 조화 방법을 고찰할 수도 있다. 대단히 큰 매트릭스가 되지만 과거의 경관 설계 사례를 그러한 매트릭스에 정리하여 데이터 베이스화하면 사고 전개에 큰

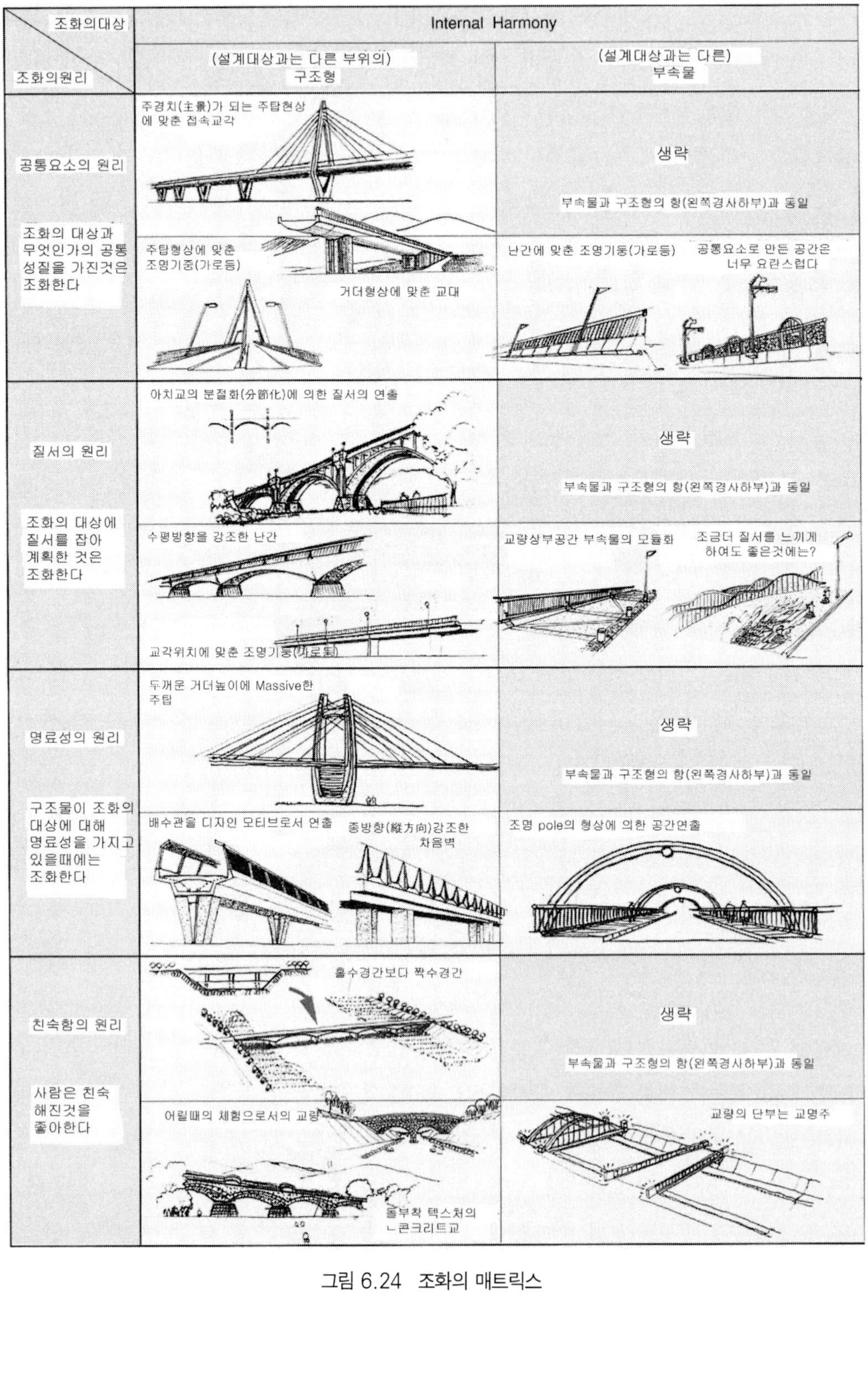

그림 6.24 조화의 매트릭스

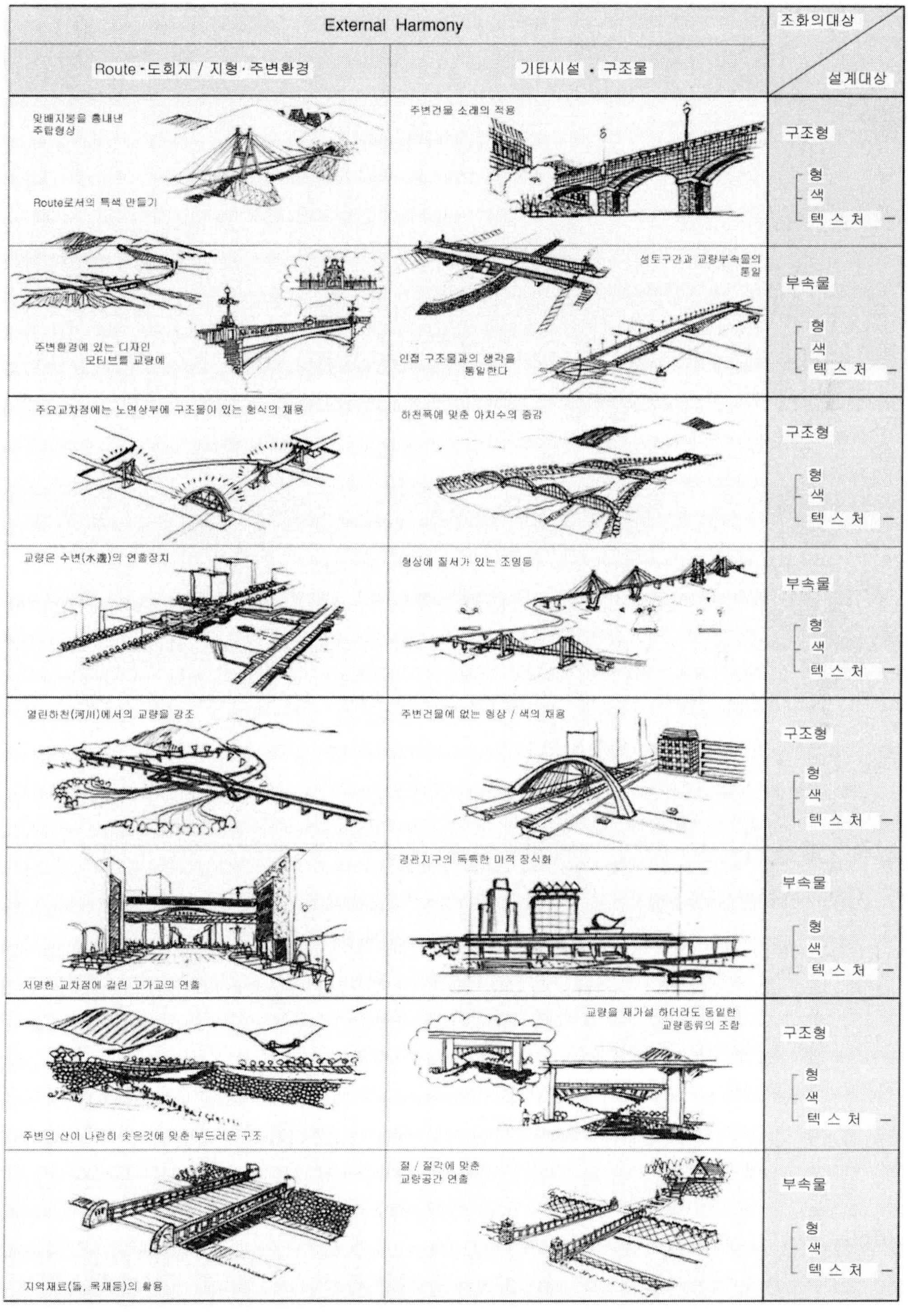

그림 6.24 조화의 매트릭스

도움이 될 것이다.

결론

아웃풋(Output)이 형상으로 되어 나타난 대상을 설계하는 설계자라면 누구나 그 형상의 비례나 균형, 조화를 여러 가지로 생각할 것이다. 여기서 기술한 사고 방식이나 개념에 의거하여 형상을 구성하게 되면 형상은 항상 아름답게 된다는 보장이 있는 것이 아니지만 이들을 아주 무시하고 자기 멋대로의 스타일로 구성한 것이 아름답게 된다는 것도 우연을 기대하는 것밖에는 없다. 적어도 의식하에 미적 형식 원리에 비추어 설계를 재평가해 보는 것이 중요하다.

유의해야 하는 것은 조화나 비례, 균형은 설계 전체를 운영하는 지도(指導) 원리가 아니라는 것이다. 예를 들면 **그림 6.25** (a)와 같이 왕복 2차로 도로의 차로 중앙에 주탑을 세우고 1면 케이블의 사장교를 만들려고 하면 그 주탑 폭만큼 교량 면적을 늘리는 것이 아니라 사고차가 있을 때에 우회할 수 있도록 차로 폭도 넓게 해야 한다. 그러므로 교량 면적은 대폭 늘어나 공사비면에서 1면 케이블은 부득이 단념해야 했다. 그러나 4차로의 경우에는 한쪽 2차로 어느 쪽인가가 우회 차로가 되므로 차로 폭을 넓힐 필요는 없고 주탑 폭의 증가만으로 해결하였다. 교량 면적은 원래 크기 때문에 그 증가율은 허용 범위로 되어 1면 케이블의 사장교가 가능해졌다. 그러나 생각해 보면 왕복 4차로가 1면에 가능하게 된 데에 차로 수가 적은 왕복 2차로의 경우에는 케이블 면이 2면으로 된다는 것은 구조적으로 보면 비정상적인 형상이다. 또, 양쪽에 케이블이 있는 2차로 도로는 새장 속을 주행하는 느낌이 들어 반드시 쾌적한 주행 공간이라고는 할 수 없다. 그래서 **그림 6.25** (b)와 같이 2차로에서도 교량 면적을 대폭으로 넓게 하지 않고 1면 케이블로, 주행 공간도 쾌적한 사장교는 할 수 없는가 하고 연구하기로 한다. 교량을 조화의 중심으로 생각하게 되면 이러한 연구는 필요하지 않다. 2면 케이블 사장교의 Internal Harmony와 External Harmony를 도모하면 좋아 그 점에만 부심하면 된다. 그러나 구조적인 이상함이나 주행 공간의 쾌적함은 조금도 개선되지 않는다. 조화나 비례, 균형은 이러한 연구가 동시에 되어 있다는 것이 전제이다. 조화나 비례, 균형 등은 아름다움의 형식 원리이며, 형식은 내용을 동반하여 비로소 성립한다는 것을 명심해야 한다.

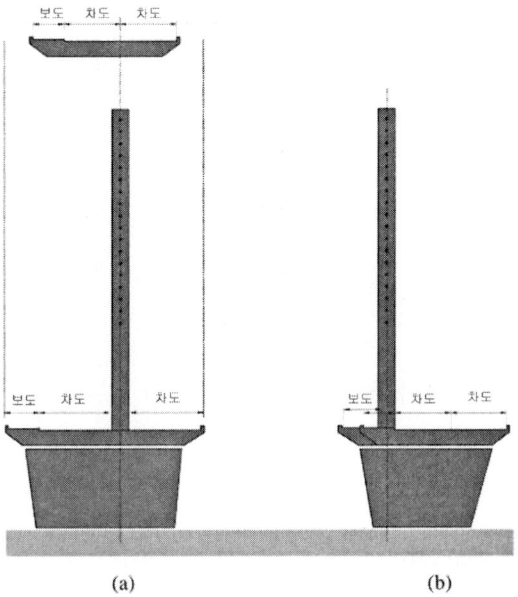

그림 6.25 왕복 2차로의 사장교

균형에 관해서 본문에서는 비대칭을 장려하는 형상으로 되어 있으나 단정하고 안정된 형상을 하고 있는 대칭형을 거부하는 것이 아니다. 그러나 지형 여하에 관계없이 대칭형을 적용시키고 있는 현재 상태에는 정말 그것이 최선인가 하고 다시 물어볼 필요는 있다고 생각한다.

연습 문제

① 프로포션(Proportion)이 아름답다고 생각되는 교량이 어떤 비례 개념에 의거하여 구성되고 있는지 도면을 기초로 분석해 본다. 적당한 정사각형을 찾아내면 황금비가 숨어 있을 가능성이 크다.

② 주탑을 끼고 좌우 비대칭으로 케이블이 쳐진 사장교의 그림을 몇 개 그려 보고 어디가 가장 균형이 잘 잡혀 있는지 검토해 본다. 그 때 좌우 케이블 각도뿐만 아니라 조밀감도 아울러 고려하여 넣으면 좋다.

③ 불균형한 예를 나타내고 왜 균형을 이루지 않았는지를 고찰한다.

④ 경관 설계의 살례를 고찰하고 **그림 6.24**의 각 란을 다시 채워 본다.

⑤ 대상이 되는 교량을 2개 선정하고 그 교량의 조화 상태를, 설계 대상을 형상, 색, 질감의 3가지로 다시 분할한 매트릭스 위에 기록하고 조화의 대상으로서 어떤 것이 많이 받아들여져 있는지, 조화는 어떤 원리가 많이 쓰이고 있는지 비교해 본다.

참고 문헌

1) 竹内：美學事典, 弘文堂 (1961)

2) 宮下：デザインハンドブック, 朝倉書店(1958)

3) 柳亮：黄金分割－ピラミッドからル・コルビュジェまで, 美術出版社(1965)

4) 杉山：橋の構造と美 (上), (下), 橋梁と基礎(1982)

5) 小川他：形の科學, 朝倉書店(1987)

6) 加藤：橋梁美學, 山海堂出版部(1936)

7) 竹内他編：日本文化の歴史 第6巻 王朝のみやび, 學習研究社(1969)

8) 高木：形の探求, ダイヤモンド社(1978)

9) 松倉他：龍安寺 京の古寺から 16, 淡交社(1997)

10) ジュディス・ヴェクスラー編：形・モデル・構造, 白揚社(1986)

11) 齋藤：虹をかける, 住友建設株式會社(1990)

12) O.Fabar：The Aesthetic Aspect of Civil Engineering Design, The Institution of Civil Engineers, London(1945)

13) 田島他：四谷見附橋物語, 技報堂出版(1988)

14) 川添, 千千岩編著：色彩計劃ハンドブック, 視覺デザイン研究所(1980)

15) 北畠編：色彩演出事典, Sekisui Interrior(1987)

16) 住宅・都市整備公團南多摩開發局：南多摩地區B－4, B－6橋梁基本計劃報告書(1986)

17) Hoshino：Gestaltung von Bruken, Verlag Konrad Wittwer・Stuttgart(1972)

18) 杉山他：橋の心的環境と橋梁形狀評価基準, 高速道路と自動車Vol.25,No.2,pp21-31(1982)

제7장

교량의 재료와 매력있게 하기

Attractiveness in Metal Bridges and Concrete Bridges

서론

공학적 소산으로 조형에 있어서 재료를 있는 그대로 이용하여 그 재료의 특질을 살린 조형을 해야 하는 것은 두말할 필요도 없다. 특히 교량의 경우 사용한 재료가 그대로 형상이 되어 나타나므로 재료의 특질, 매력이라는 것을 파악해 두어야 한다.

교량 건설은 옛날에는 나무다리와 석조 아치교가 중심이었으나 오늘날은 강교(鋼橋)와 콘크리트교 중심으로 변하고 있다. 물론 새로운 소재의 목재가 개발되고 목교(木橋)가 다시 주목을 받고 FRP의 교량이 출현하고 있으나 중심은 강교와 콘크리트교이다. 오늘날 교량 기술자는 적어도 강과 콘크리트 중 어느 하나의 역학적 특성과 시공법을 숙지하고 교량 설계를 수행한다고 해도 무방하다. 그러나 일상 업무 중에서 재료의 특질을 돌이켜 보고 그 재료의 조형적인 장점을 도출하는 연구를 할 기회가 많지는 않았다. 의도를 가지고 형상을 만들기보다는 상투적인(Routine) 재료 선택의 결과로서 어떤 형상이 만들어지고, 혹은 결정되어지는 듯하다. 또한 연구를 할 때도 강교에 콘크리트교의 특색을 추구하거나 반대로 콘크리트교에 강교가 가진 조형적인 특징을 부가하려는 예도 볼 수 있다. 그러한 시도들이 강교 또는 콘크리트교의 발달을 촉구하거나, 강교나 콘크리트교의 새로운 조형미를 이끌어내는 것으로 이어진 것도 있으나 대부분 상이한 재료에 유사할 정도로 각각의 재료가 가진 본래의 조형적 특징을 이끌어내지 못하는 경우가 많다.

따라서 이 장에서는 교량의 조형이라는 관점에서 본 강과 콘크리트의 차이점을 고찰하고 강교가 가지고 있는 조형적 특징, 콘크리트교가 가지고 있는 조형적인 특징을 정리해 보기로 하였다.

7.1 2차 소재를 이용한 형상(강교)과 1차 소재를 이용한 형상(콘크리트)의 조형적 특징

강교는 일반적으로는 먼저 제강소(製鋼所)에서 강을 판재(板材), 봉재(棒材), 관재(管材) 또는 선재(線材)로 가공된 것을 절단하거나 접합하여 형상을 만들 수 있다. 한편, 콘크리트교는 물이 그릇에 따라 모양이 변하듯이 이와 같이 거푸집을 만들고 거기에 콘크리트를 타설하여 만들 수 있다. 강교의 형상을 가공된 소재를 재가공하여 만든 형상이라는 의미에서 "2차 소재를 이용한 형상"이라고 하면 콘크리트교의 형상은 "1차 소재를 이용한 형상"이라고 할 수 있다. 2차 소재를 이용한 형상에는 그 독특한 조형적 특징이 있고, 마찬가지로 1차 소재를 이용한 형상에도 나름대로 조형적 특징이 있다[1).

7.1.1 2차 소재를 이용한 형상의 조형적 특징

강교는 판재나 봉재, 관재 등을 절단하거나 접합하여 형상을 만들 수 있다. 교량에 쓰이는 판재 두께는 자동차의 외판(外板)에 쓰이고 있는 얇은 철판에 비하면 매우 두꺼운 것이다. 현수교 주탑에 쓰이고 있는 판 두께는 3cm를 넘는 것도 있다. 따라서 프레스 가공은 말할 것도 없이 구부리는 것도 쉽지 않고, 편단면(偏斷面) 거더의 헌치(Haunch)와 같은 큰 곡면을 만들 수는 있지만 3차 곡면이나 면을 만들기는 곤란하다. 예외적으로 일본의 이다바시(飯田橋) 역 앞 보도교(사진 7.1) 거더 단면에 면을 볼 수 있고, 레인보우 브리지의 주탑에서는 단면의 두 귀퉁이에 면이 있지만(사진 7.2) 일반적으로는 서로 이웃한 2개의 면은 강판을 용접하여 형상을 만들기 때문에 예리한 모서리가 형성된다(사진 7.3)[2). 또, 강교에서는 힘이 강판에 직접 전해지면 안된다. 따라서 부재와 부재의 접합은 동일면이 단면 내부의 다이어프램(Diaphragm) 위치에 한정된다. "아주 조금 오목(凹)하게 하고 싶다"든지, "아주 조금

사진 7.1 이다바시(飯田橋) 역 앞 보도교

사진 7.3 Sharp Edge의 거더교(Rhine교)

사진 7.2 레인보우 브리지

사진 7.4 마코마나이 츄오우교(眞駒內 中央橋)

내밀고(돌출) 싶다"라고는 할 수 없다. 더구나 사람이 접근하여 용접할 수 있을 만큼의 간격(틈)을 요망할 때도 있다.

이와 같이 강교는 강판이라는 이미 가공된 소재를 기초로 절단하거나 용접하여 형상을 만들기 때문에 아무래도 형상에 제약이 있다. 그러나 이 제약이야 말로 강교의 조형적 특징을 창출하고 있는 것이다. 샤프 에지(Sharp Edge)는 사실 콘크리트로 다루기가 어려운 것이다. 콘크리트 타설의 용이함이나 결손 방지를 생각하면 각은 둥글게, 즉 모가 나지 않게 하는 경향이 있고, 샤프 에지는 강교에 독특한 것이라고 할 수 있다. 뿐만 아니라 판재, 봉재, 관재는 공장 생산하고 있는 것도 있어 그들은 면(面)의 평활성, 봉(棒)의 직선성, 관(管)의 원형성과 같은 기하학적 엄정함과 매우 정교하고 치밀함을 가지며, 샤프한 인상을 주고 있다. 일본의 마코마나이 츄오우교(眞駒內 中央橋)의 파이프 아치(사진 7.4)[3]는 그러한 2차 소재로 형성된 교량의 조형적 특징을 잘 보여주고 있다. 샤프함은 강교의 큰 조형적 특징의 하나이다.

부재간의 접합에 관한 제약은 확실히 조형의 자유도(自由度)를 좁히는 것이다. 이 제약을 제약이라고 하지 않고 반대로 역학적 명쾌함의 획득, 연출로 이어지게 하는 데는 그 나름의 연구가 필요하다. 형상의 구성 요소를 고안하는 사고와 그것을 실현하게 하는 구조적 사고를 결합시켜야 한다. 이러한 제약은 너무 자유롭게 되는 콘크리트보다도 실패가 적은 형상 만들기를 유도하기 쉽다고 하는 견해도 있으나 강교의 조형적 특징을 이끌어내는 데는 형상과 구조에 대한 사고의 결합이 바람직하다.

7.1.2 1차 소재를 이용한 형상의 조형적 특징

콘크리트가 지닌 최대 장점의 하나는 콘크리트가 거푸집의 모양에 따라 어떤 형상으로도 형성할 수 있는 점에 있다. 그러나 현실은 거푸집 제작이 곤란하기 때문이겠지만 그만큼 자유롭게 조형할 수는 없다. 강교와의 다른 점을 생각하면 콘크리트도 유연한 곡면을 성형할 수 있으면 조형의 폭이 넓어져 콘크리트교의 특징은 더욱 증가한다고 생각되는데 곡면은 그다지 사용되고 있지 않다. 곡면을 사용해도 거푸집이 그 곡면의 성격에 맞춰 제작되고 있지 않으므로 마치 미봉한 것과 같이 거푸집 자국이 곡면을 짼 것 같은 예도 볼 수 있다. 얀벨름의 고가교(**사진 7.5**)의 아름다움은 그 단면 형상도 물론이거니와 곡면과 촘촘한 거푸집 자국이 멋지게 조화되어 있다는 점에 있다. 어떻게 거푸집을 제작하는가 하는 것까지 주의를 하면서 좀더 적극적으로 곡면을 사용하면 어떨까 한다. 어쨌든 콘크리트는 거푸집만 제작할 수 있으면 자유로운 조형을 할 수 있다. 거푸집 제작에 좀더 힘을 기울여 콘크리트의 이점을 최대한으로 활용하기 바란다.

자유로운 형상을 만들 수 있다는 것은 **사진 7.6**의 일본의 하치만타이 대교(八幡平大橋)[4]의 거더와 교각 접합부와 같은 교각이 좀 돌출한 표현도 자유롭게 할 수 있다. 강교에서는 앞에서 기술한 바와 같이 부재와 부재의 접합은 동일면이 단면 내부의 다이어프램 위치에 한정되지만 콘크리트는 그 점이 자유롭다. 이 자유로움이 형상 구성 요소의 명쾌함을 담보하는 것이 되어 콘크리트교의 미적 잠재력을 높이고 있다고 할 수 있다. 교각의 단면 형상도 자유롭게 디자인할 수 있어 교각에 홈을 만들어 배수관을 묻을 수 있는 것도 콘크리트의 특징일 것이다.

사진 7.5 얀베름프러츠의 고가교

사진 7.6 하치만타이 대교(八幡平 大橋)

이와 같이 콘크리트는 세부적인 부분까지 자유로운 형상을 만들 수 있지만 거기에는 설계자가 명확한 의도를 갖고 있어야 한다. 자유롭다는 것은 때로 무조작(無造作)으로 되는 경향이 있고, 또 지나치게 표현하는 경우도 있다. 뛰어난 조형 감각이 요구된다.

7.2 Multi Piece의 아름다움과 One Piece의 아름다움

2차 요소와 1차 요소의 차이는 교량 형상을 형성할 때 부재 수(部材數)가 다르게 나타남에 있다. 강교의 경우는 부재를 조합하여 형상을 만들기 때문에 아무래도 부재 수가 많게 된다.

한편, 콘크리트교에서는 희망만 하면 아무리 긴 거더나 높은 교각도 콘크리트가 경화되면 이음매 없이 일체화된 부재로 된다. 각각 적절하게 디자인 하면 부재 수가 많은 경우의 조형적 특징, 적은 경우의 조형적 특징을 발휘할 수 있다. 전자의 조형적 특징은 Multi Piece의 아름다움, 후자의 특징은 One Piece의 아름다움이라고 할 수 있다.

7.2.1 Multi Piece의 아름다움

부재 수가 많게 되는 전형적인 예는 이음판을 두어 강판과 강판을 잇는 경우일 것이다. 그러나 여기서 말하는 Multi Piece의 아름다움이란 이음판으로 부재 수가 늘어나는 경우를 가

사진 7.7 건축의 지붕에 쓰이고 있는 파이프 트러스

리키는 것이 아니다. 현재 볼 수 있는 그런 형상의 이음판을 이용한 강판 접합은 조형적인 관점에서 원하기만 하면 이음매 없이 일체화된 부재가 되는 콘크리트로 할 수 있다는 것이 아니다.

Multi Piece의 아름다움이란 건축의 지붕 등에 쓰이고 있는 파이프 트러스(**사진 7.7**)와 같은 규칙적으로 늘어선 부재의 아름다움을 의미한다. 건축의 파이프 트러스는 트러스교의 거싯(Gusset)에 해당하는 부분에 그 나름의 부품을 개발하여 파이프라는 2차 소재가 형상의 필연성을 가지고 결합하고 있다. 이러한 아름다움은 콘크리트로는 표현할 수 없는 것이다. 이에 비해 트러스교에서는 부재가 모여 있으나 거싯이 사재와 사재를 연결하는 형상으로 생성되지 않고 마치 사재 단부에 있는 판을 첨목(添木)으로서 들러붙게 한 것과 같은 융통성 있는 인상을 주고 있다. 유감스럽지만 이지적(理知的)인 느낌은 없고, Multi Piece의 아름다움은 창출되어 있지 않다. 교량과 지붕에서는 하중 조건이 다르든지 경제성 문제도 있겠지만 2차 소재를 조합하여 강교가 Multi Piece의 아름다움을 창출하지 않는 한 One Piece의 아름다움을 스스로 창출할 수 있는 콘크리트교의 조형적 특징을 극복하지 못한다. 트러스교는 어떤 의미에서는 가장 강교다움을 발휘할 수 있는 형식이다. 조형적으로 세련된 거싯 개발을 하여 Multi Piece의 아름다움을 지닌 트러스교를 창출하기 바란다.

스페인의 카라트라바가 설계한 교량의 매력은 파이프 트러스에 볼 수 있는 바와 같은 2

사진 7.8 Ripoll의 보도교 거더 뒤쪽

사진 7.9 Ripoll의 보도교 아치 리브

사진 7.10 Creteil의 보도교

사진 7.11 하치만가와바시(八幡川橋)

차 요소와 2차 요소를 이은 부분을 꼼꼼하게 디자인하고 그들을 능숙하게 조합시켜 전체로서 Multi Piece의 아름다움을 창출한 점에 있다(사진 7.8~7.10)[5]. 부품은 단순히 강판을 절단만 한 것도 있지만 그 때문에 주조하여 형성한 것도 있다. 부품 디자인이 좋은 것도 있고, 접합 자체가 매력적인 것이 되고 있어 억지로 떠맡긴 그런 인상은 없다. 강교의 새로운 조형적 특징을 이끌어낸 것이라고 할 수 있다.

강교는 원래 주물로 만들었으므로 1차 요소의 형상을 하고 있다. 강교에서는 큰 부재의 주조는 경제적으로 곤란하다고 해도 요소요소에 1차 소재의 형상을 도입하여 강교를 더욱 매력적인 것으로 하기 바란다.

7.2.2 One Piece의 아름다움

앞에서 기술한 바와 같이 콘크리트교에서는 원하기만 하면 이음매 없는 일체화된 부재를 얻을 수 있다. 거기에 가령 콘크리트의 시공 이음(Construction Joint) 자국을 보이려고 해도(시공 이음 자국은 보이지 않는 편이 좋지만…) 그것은 하나의 순수한 부재로서 인식되며, 강교에 대한 이음판을 개입시킨 일체화한 형상과는 다르다. 사진 7.11의 하치만가와바시(八幡川橋)[6]와 같이 라멘 구조로 또한 박스형 거더를 채용하면 모두가 일체화한 One Piece의 형상을 만들 수 있다.

이 One Piece의 형상이라는 것은 승용차 디자인에서 볼 수 있다. 옛날 자동차는 말하자면 부품의 수만큼 독립된 형상을 보이고 있는 데 대해 오늘날 자동차는 적어도 고정 철문 등 자동차의 형상 전체의 구성 요소를 이해하는데 방해가 되는 그런 것을 형상 표면에 나타내는 것은 피하고 있다. 시각적으로 보이는 범위의 부품 개수는 희소한으로 적게 하여 자동차 전체의 형상을 One Piece에 수용하려고 하고 있다. 이러한 형상 제작의 경향을 자동차에만 한정하는 것이 아니다. 우리들 주변에 있는 제품은 어떤 것을 수용해도 시각적 부품 수는 매우 적다. 이와 같이 보게 되면 어째서 교량의 경우는 번잡한 외관이 보이는 거더 뒤쪽이나 무조작으로 노출된 배수관을 보이게 하는 것일까 하고 이상하게 생각하지 않을 수 없다. 교량만은 "경제성이나 유지 · 관리하기 용이함이 우선되어야 한다"고는 잘 생각하고 있지 않다. 강교에서도 시각적 부품 개수의 감소를 목표로 삼고 현장 용접 등이 진행되는 것으로 생각되지만, 콘크리트교는 자연스럽게 이 One Piece의 형상을 획득할 수 있다. 따라서 콘크리트교는 이 특질을 살린 구조의 선택과 형상 만들기를 해야 하기 때문이다. 시각적 부품 개수가 적다는 것은 각기 부재가 지닌 구조적, 시각적 의미와 역할은 더욱 선명하게 나타난다는 것이다. 만약 하치만가와교(八幡川橋)가 시각적으로 One Piece가 아니고 몇 개의 부재로 구성되어 있게 되면 라멘 구조로서의 형상 특징은 틀림없이 반감하게 된다. 마찬가지로 콘크리트 아치교의 아치 리브의 아름다움은 다만 이음매가 없을 뿐만 아니라 이음매가 없음으로써 아치 리브의 역할을 직감적으로 느낄 수 있게 될 것이다.

7.3 경쾌감과 중량감

강교와 콘크리트를 비교하면 콘크리트교는 자중 때문에 강교보다는 단면이 크게 되어 중량감이 있는 형상이 된다. 또, 강도가 다르므로 부재는 굵게 되어 사진 7.12와 같은 경쾌한 트러스교는 얻을 수 없다. 강교는 경쾌감, 콘크리트교는 중량감이 그 특징이다.

7.3.1 경쾌감

사진 7.12는 일본 쿠마모토현(態本縣)에 있는 덴몬교(天門橋)[2)]이다. 사진과 같은 거리에서 트러스교를 보면 현재(弦材), 경사재(斜材) 모두 가늘고 둥글어 대단히 가벼운 모형 비행기의 골조와 같다. 정말 떠오를 것 같은 가벼움과 투명감이 있다. 트러스교에 한하지 않고 거더교의 거더 높이, 아치교의 아치 리브의 굵기 등은 교량 길이와 대비해 보면 역시 봉(棒)과 같이 가늘어 교량 전체에는 경쾌감이 있다. 이러한 경쾌감, 투명감은 콘크리트교에서는 얻을 수 없는 것으로 강교의 매력으로서 가장 중요시해야 하는 것 중 하나이다. 사진 7.12에 보는 바와 같이 경쾌감, 투명감을 얻는 데는 판재의 이용뿐만 아니라 봉재 또는 관재 강의 이용도 좀더 생각해도 좋을 것 같다. 그러나 거기에는 앞 항에서 기술한 바와 같이 조인트부(Gusset)의 디자인 개발은 부족함이 없다. Leonhardt는 덴몬교(天門橋)와 같이 트러스 짜기를 한 일본의 쿠로세토교(黑瀨戶橋)를 가까이에서 비스듬히 하고 보았을 때 옛날 설계에서 볼 수 있는 불필요한 부재의 존재가 시각을 혼란스럽게 하고 있다고 기술하고 있는데[2)] 조인트부에 조형적 연구를 볼 수 없는 것도 시각을 혼란시키는 원인이 되고 있다. 무조작으로 부재끼리를 연결하고 있지 않고 조형적으로 아름답고 또한 각 부재가 형태적 필연성을 가지고 결합하여 상, 하현재와 경사재 또는 횡부재 등 부재의 역할을 명확하게 한 조인트부의 개발로 시각은 정리된 것으로 생각된다. 적절한 조인트부가 개발되면 최근에는 그다지 쓰이지 않은 브레이스드 리브 아치(Braced Rib Arch) 등도 새로운 부재 처리로 경쾌감, 투명감이 있는 교량이 될 것이다.

사진 7.12 덴몬교(天門橋)

7.3.2 중량감

콘크리트교는 자중 때문에 강교에 비해 단면이 크게 된다. 연속 거더 지점 위의 거더 높이가 높아 중량감이 있어 너무 무거운 인상을 주고 있는 교량도 많이 볼 수 있다(사진 7.13). 또, 거더 아래에 여유가 없을 때에는 거더 아래 공간을 압박하여 바람직하지 않은 경우가 있다. 따라서 일반적으로 교량에 경쾌함이 요구되는 경우에는 콘크리트교는 불리하게 되어 콘크리트교가 가지고 있는 중량감은 바람직하지 않은 조건이 된다. 그러나 그 중량감은 가교 지점에 따라서는 사람들에게 편안감을 주는 장점이 될 수 있다. 가교 지점의 경관에 여러 가지 형태나 소재가 혼재하여 번잡할 때에는 전체 경관을 야무지게 하는 요소로도 된다. 콘크리트를 어떻게 경량화하는가에 부심하기보다도 콘크리트의 중량감을 살린 디자인을 하는 편이 좋다고 본다.

사진 7.13 지점 위가 너무 중량감이 있는 거더교

7.4 광택 · 색채 · 질감

강교는 코르텐 강을 제외하고 부식 방지를 위해 반드시 도장되어 있으므로 색채가 있는 것이 특징이다. 한편 콘크리트교는 그 질감을 자유롭게 컨트롤할 수 있는 것이 특징이다. 또, 빛의 반사 상태, 즉 광택도 달라지고 있다. 각 특징을 강교 혹은, 콘크리트교의 조형미로서 활용하기 바란다.

7.4.1 광택

강과 콘크리트의 빛에 대한 반사는 상당히 차이가 있다. 도장된 강교면은 콘크리트에 비하면 빛을 잘 반사하고(광택값은 22 전후), 보이는 입체의 3개 면의 밝기 차이는 두드러지고 있다. 그러나 콘크리트면은 빛을 확산 반사하므로 3개 면의 밝기 차이는 완만하다(광택값은 4 전후). 즉, 강교에서는 빛이 닿는 면과 빛이 닿지 않는 면의 밝기 차이는 심하지만 콘크리트면은 빛이 닿고 있는 면도 그렇게 밝지 않지만 빛이 닿지 않는 면도 유연하게 밝다. 따라서 그림자도 유연하게 비치고 있다.

그리고 포토몽타주나 컬러 투시도에서는 콘크리트면에도 마치 강교와 같은 또렷한 그림자를 묘사하고 있는 것이 많은 경우를 보면 포토몽타주나 컬러 투시도를 작성하는 사람들조차 이러한 사실을 의외로 깨닫지 못하는 것 같다. 콘크리트의 부드러운 빛 반사는 대개가 빛을 확산 반사시켜 유연한 그림자를 그리는 자연 환경 중에서는 동질이며, 콘크리트교가 자연 환경에 친숙하기 쉽고 돌출하지 않는 최대 이유가 되고 있다. 따라서 어떠한 곳(場所)에 건설하려 하고 있는 콘크리트교의 완성 예상도를 마치 강교와 같이 표현하려 한다면 큰 잘못이다. 마찬가지로 콘크리트면의 마무리를 좋게 하는 것만을 생각하고 함부로 표면을 매끄럽게 하려고 하는 것도 잘못이다. 표면은 경면(鏡面) 반사에 가깝고, 인공적인 느낌이 강하여 자연에 친숙하지 않게 되어 버린다. 오히려 의식적으로 표면을 거칠게 하여 좀더 자연에 어울리게 하는 것을 생각해야 한다.

반대로 유리면이나 금속면 등 경면 반사하는 소재가 많은 도시 환경에서는 확산 반사하는 콘크리트교는 이질적인 존재가 되기 쉽고, 광택이 있는 강교 쪽이 친숙하기 쉽다. 의도적으로 이질을 형성할 때는 어쨌든 강교를 자연 환경에, 콘크리트교를 도시 환경에 친숙해지게 하는 데는 두 교량 형식의 광택을 조절해야 한다.

7.4.2 색채

강교가 여러 가지 색채를 가질 수 있다는 것은 강교의 큰 이점의 하나이다. 교량을 색채로써 주변 환경에 친숙해지게 하거나 구조 형상의 특질을 색채로써 보강하거나 이해하기 쉽게 하거나 할 수 있다. 또, 예를 들면 적색인 일본의 와카토 대교(若戸 大橋)와 같이 색채가 기호로서 작용을 하여 교량을 친숙하기 쉬운 것으로 하는 역할을 하고 있는 것도 놓쳐서는 안 된다. 색채를 강교의 매력으로서 크게 활용할 수 있다. 교량의 색채를 어떻게 계획해야 하는가에 대해서는 제3장에서 자세히 기술하였으므로 참조하기 바란다. 여기서는 기호로서 작용하고 있는 색채 다루기에 대해서 언급한다.

사람들의 기억 속에 있는 교량 색은 상당히 막연하여 재현성(再現性)이 낮은 것이다. 우체통의 적색을 견본색 중(여러 가지 명도, 채도, 색상의 적색이 포함되어 있다)에서 정확하게 추출할 수 있는 사람은 매우 적다. 마찬가지로 와카토 대교가 적색이라고 알고 있는 사람들에게 견본색 중에서 정확하게 와카토 대교의 적색을 추출할 수 있는 사람은 적다. 사람들은 막연하게 적색을 기억하는데 불과하다. 이것은 새로운 교량의 색채 계획을 할 때 기존 교량에 사용되어 있던 색, 예를 들면 적색에 주민들이 깊게 친숙해져 있으므로 친숙함의 원리를 적용하여 적색을 사용하고 싶다는 방향으로 되었다고 해도 기존 교량과 동일한 적색을 사용할 필요는 없다는 것을 의미하고 있다. 적색이라고 부르는 범위에서 주변 환경 변화에 대응한 적색, 도료의 성능 향상에 따르기보다 매력적인 적색을 선택하면 된다.

7.4.3 질감

콘크리트는 자연 소재에 가깝고 사람들에게 포근함과 친밀함을 주고 있다. 색도 황색을 띤 회색이므로 배경색이 어떤 색이라도 조화하기 쉽다. 마른 콘크리트의 백색 표면도 비에 젖은 안정된 색조도 각각 주변 환경과 친숙하기 쉽다. 뿐만 아니라 콘크리트 자연 그대로의 표면은 자유롭게 연출할 수 있다. 다마(多麻) 뉴타운의 츠루노바시(鶴の橋)(사진 7.14)는 가까이서 볼 수 있는 경우가 많은 교량이지만 연마하여 마무리한 광택이 나는 면과 빛의 확산을

사진 7.14 츠루노바시(鶴の橋)

좀더 강조한 거친 면을 조합하게 함으로써 단조롭게 되는 경향이 있는 면에 변화를 갖게 하여 재미있는 색을 연출한 예이다.

이와 같이 자연 그대로의 표면을 연출할 수 있다는 것은 콘크리트교의 큰 이점 중 하나이지만 그에 비해 교대(Abutment)나 현수교의 앵커리지(Anchorage)와 같은 거대한 콘크리트면은 방치된 그대로 되어 있는 것이 많다. 이러한 거대한 면까지 콘크리트의 이점을 살려 기분 좋은 자연 그대로의 표면을 얻도록 하기 바란다. 이어 붙인 석재 표면이나 크게 패인 돌을 본뜬 면을 연출할 때에는 거푸집의 반복을 전혀 하지 않도록 충분한 수의 거푸집을 준비해야 한다. 반복이 분명한 경우는 꺾인 각(折角)의 의도와는 정반대로 오히려 연출이 혐오감을 주므로 주의해야 한다.

역시 질감에 대해서는 제4장에서 자세히 기술하였으므로 참조하기 바란다.

결론

여기에 나타낸 강교와 콘크리트교의 조형적 특징은 각각 인정을 받은 측면도 있다. 그러나 거기에 만족하여 무조작으로 형상 만들기를 한 결과 시각 적합성이 결여된 교량도 많이 볼 수 있다. 또, 조형적 특징을 잘못 생각하고 적용을 그르치게 되면 큰 실패를 초래하게 된다. 각각 인정받은 측면을 잘 활용하도록 항상 주의하여 교량 조형에 대처해야 한다.

교량의 역사적 전개에서는 "19세기가 철의 시대이었던 바와 같이 20세기는 콘크리트교의 시대이다"라고 빌링톤이 말했다[7]. 확실히 로베르・마이얼이 20세기 초두 토오토교나 자기나 토베르교(**사진 7.15**)[8]에서 그때까지의 석조 아치교의 전통을 구조적으로나 형태적으로도 깨끗이 치우고 콘크리트 특성에 어울리는 설계를 한 이래 콘크리트교의 형태는 현저히 개량되었다. 그리고 1980년에는 크리스찬・멘이 간타교(**사진 7.16**)[8]를 완성시키는 등 콘크리트교는 구조적으로도 미적으로도 매우 잠재력이 높은 것을 나타내고 있다. 그러나 강교에도 구조 형식으로서 아주 새로운 것을 볼 수 없었을지는 모르지만 신선한 시도는 몇 가지 볼 수 있다. 조형적인 측면에서 카라트라바 교량에서 볼 수 있는 바와 같이 새로운 강교의 특징을 이끌어낸 것이다. 그러나 재료의 특성을 얼마만큼 이끌어냈는가 하는 관점에서 말하면 일본 동경도청 자리에 건설된 동경 국제 포럼(**사진 7.17**) 등의 건물만 봐도 교량보다는 건축 쪽이 강의 새로운 조형적 특성을 이끌어낸 것과 같이 생각된다. 손에 익은 재료 다루기만을 고

집할 것이 아니라 새로운 강교의 조형미, 새로운 콘크리트교의 조형미를 이끌어내는 그런 디자인을 하기 바라는 것이다.

사진 7.15 자기나토베르교

사진 7.16 간타교

사진 7.17 동경 국제 포럼의 내부

연습 문제

① 카라트라버의 교량에서 본 재료 처리의 특이한 점을 구체적으로 지적하고 그 매력을 고찰해 본다.

② 최근에 복합 구조를 채용하는 교량이 늘어나고 있다. 복합 구조에는 복합 구조 나름의 매력이 있다. 그 조형적 특징에 대해서 고찰해 보자.

참고 문헌

1) 杉山：コンクリート橋の魅力, プレストレストコンクリートー新たな展開を示すPC構造 (1991)
2) Leonhardt : Bridges, The MIT Press (1984)
3) (社)日本道路協會：橋の美Ⅲ橋梁デザインノート (1992)
4) 齊藤：虹をかける, 住友建設株式會社 (1990)
5) Shinohara : Visual Structure, Japan Steel Bridge Engineering Association (1993)
6) 土木學會出版委員會, 美しい橋のデザインマニュアル編集小委員會編：美しい橋のデザインマニュ

アル第2集, 土木學會 (1993)

7) Billington : The Tower and The Bridge, Basic Books (1983)

8) (財) 海洋架橋調査會 : 橋と景觀, ヨーロッパ編 I (1989)

제 8 장

디자인 사상의 변천

-현수교 주탑 형상을 중심으로-

Changes in Design Philosphies Focusing on Suspension Bridge Tower Design

서론

오늘날 교량 기술자의 기본적인 조형 사상(造形思想)은 기능주의, 합리주의에 있다고 할 수 있다. 기능주의란 "하나의 체계 내부에 대한 제반 요소간의 필연적인 관계에 주목하고 목적과 수단 관계를 일종의 함수 관계"로서 받아들이려고 하는 입장이며, 합리주의란 "개별적·우연적인 것을 배격하고 모두가 보편적 법칙의 논리적 필연에 따라 지배되고 있다"라고 생각하는 태도이다[1]. 교량 또는 넓게 토목이 가지고 있는 이러한 사상은 오랜 전통을 계승하고, 전체적으로 보면 건축이나 공업 디자인에 비하면 그 사상적 요동은 적은 것 같다. 그러나 교량 형상을 자세히 관찰하고 사상의 변천을 좇아 보면 도저히 기능주의, 합리주의만으로는 설명할 수 없다는 것을 알 수 있다. 교량 기술자가 보는 조형 사상은 건축이나 공업 디자인과 같은 다른 분야의 조형 사상과 마찬가지로 유용(有用)을 목적으로 한 것 전반의 조형 사상에서 영향을 받음과 동시에 한편으로 영향을 주어 온 것이다.

이 장에서는 교량 기술로 본 조형 사상이 어떻게 변천해 왔는가를 더듬어 이제부터 조형의 방향성 검토에 이바지하기로 한다. 주로 문제삼는 것은 현수교의 주탑 형상이다. 근대 현수교는 철의 발달과 함께 발전하고 있는데 그 시기는 정확히 이른바 모던 디자인이 전개되려고 하는 시기와 겹쳐져 교량의 조형 사상을 더듬는 데에 안성맞춤이며, 그 주탑은 현수교의 얼굴로서 조형 사상을 단적으로 드러내고 있다[2].

디자인 역사에 관해서는 많은 서적이 출간되어 있으므로 흥미를 가진 분은 이들 책을 읽어 보기 바란다.

8.1 장식 시대

8.1.1 아름답게 하는 것=장식을 하는 것

모던 디자인이 전개되기까지는 "아름다움"은 예술 세계에만 존재하는 것이라고 생각해 왔다. 유용물(有用物)은 기술의 주도(主導)에 따라 유용성의 실현을 목표로 삼는 것이며, 그

사진 8.1 바라의 조각 기계 : 공작 기계까지 꾸민 장식

가치에서 "아름다움"과는 이질(異質)이고 소원(疎遠)한 것이라고 생각된다. 물론 유용물이 추악하기를 바라는 것은 아니다. 유용물에 대해서도 아름답게 보인다, 멋지게 보인다, 호화롭게 보인다는 것(그것을 아름답다고 하는지의 여부는 차치하고)을 바란다고 해도 이상할 것 없다. 그러나 그렇게 하기 위한 방법으로서 오직 하나 생각나는 것은 유용물을 장식으로써 화려하게 꾸미든지(사진 8.1), 고딕 양식 등 역사적 양식을 흉내내든지, 이국(異國)의 양식을 받아들여 이국 정서를 갖게 하는 것이다[3].

8.1.2 장식으로써 화려하게 꾸민 교량

이러한 사상이 현저하게 드러나는 현수교로서 템즈 강을 가로지른 Hammersmith교(Bazalgette, 1887)(사진 8.2)를 들 수 있다. 주탑은 고딕 양식을 본떠 만들고, 앵커리지(Anchorge)에는 오너먼트로서 산뜻하게 채색된 큰 귀족 문장의 돋을새김을 하고 있다.

프랑스의 세느 강을 가로지르는 AlexandreⅢ세교(1896)는 교량 장식으로써 화려하게 꾸민 예라고 할 수 있다.

모던 디자인의 전개는 통상 1850~1900년을 선기(先期, Preeding)로 하여 1900~1930년이 개화기였다고 한다[3]. 두 교량의 건설 시기는 모두 선기, 즉 정한 기한보다 앞서지만 형상 만들기는 거기까지의 사상을 답습한 것이 된다.

사진 8.2 Hammersmith교

사진 8.3 Alexandre Ⅲ세교

8.2 모더니즘의 사상 습득에 대해서

모더니즘이란 전통적 권위에 반항하여 자유나 평등 그리고 시민 생활이나 기계 문명을 구가하는 사상과 예술의 풍조를 가리키며 오늘날까지 이어지고 있는 사상이다[1]. 그 초기에 아름다움을 예술의 세계로 본 것이 아니고 신변의 일상 생활에 존재하는 아름다움, 그 참 아름다움이라는 의식 개혁과 도회지 생활의 좋음을 믿고 기계 시대가 가져온 신발명이나 진보를 받아들여 그들로써 안정된 미래가 약속되는 것을 확신하는 것이 필요하였다.

8.2.1 미술 공예 운동

전자(前者)의 의식 혁명을 주도한 것은 W.Morris의 미술 공예 운동(Arts and Crafts Movement) 이었다[3), 4)]. 산업 혁명 이후 여러 가지의 것이 임금이 싼 노동자 손에도 들어오게 되었다. 그러나 기계로써 장식한 그들 디자인은 속되고 나쁜 것밖에 없었다. 예술가가 그들에 관여하는 것이 아니고 예술을 위한 예술을 창작할 뿐이었다. 그래서 Morris는 "만인이 구분할 수 없지만 예술은 무엇이 유용한 것인가?"하고 묻고, 예술을 단순히 "인간이 하는 노동의 기쁨 표현"이라고 정의하고 유용물에도 아름다움이 존재하는 것, 오히려 유용물에 그 참 아름다움이 있다는 것을 주장하였다[5)]. 미술 공예 운동은 결과적으로 디자인의 속되고 나쁨을 만들어 노동의 기쁨을 빼앗는 것은 기계에 있다고 하여 수공예의 부활을 강조하고 기계를 부정하게 되었기 때문에 사회적으로는 벽에 부딪치지 않을 수 없었지만 의식 개혁에 부과한 역할은 크다.

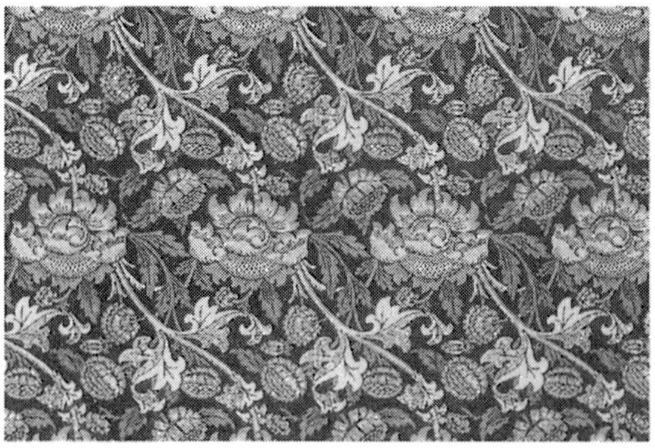

사진 8.4 W.Morris 디자인의 벽지[4)]

8.2.2 철구조 기술

후자에 영향을 준 것은 교량 등의 철구조 기술이다. 모던 디자인의 전개를 기록한 페브스너나 기디온은 모두 1775~1779년에 건설된 세계 최초의 주철 아치교 Iron Br.(Darby, 100ft.)(사진 8.5)[4)]와 선드랜드교(Paine, 1796, 206ft.) 또는 Telford가 제안한 600ft.의

사진 8.5 Iron Br.

사진 8.6 런던교의 교체 案

사진 8.7 Menei Strait교

사진 8.8 Clifton교

런던교의 교체 案(**사진 8.6**)[4]과 같은 주철 아치교를 거론함과 동시에 Menei Strait교(Telford, 1826, 580ft.)(**사진 8.7**)나 Clifton교(Brunel, 1864, 700ft.)(**사진 8.8**) 등 현수교의 눈부신 발달에 주목하고 있다[5),6)]. 페브스너는 Clifton교에 대해서 다음과 같이 기술하고 있다[5)].

"이러한 구조의 아름다움이 아주 우연적인 것이라고는 아무리 해도 생각할 수 없다. 지적인 공학 기술의 성과이다. …순수하게 기능적인 힘이 깊은 계곡의 두 연안(兩岸) 700ft. 사이를 멋진 곡선을 그리면서 정복하고 있다. 불필요함은 한마디 말로 할 수 없고 타협적인 형태는 어디에도 없다. 주탑의 형상 의미는 그리스 양식을 리바이벌한 것이지만 이상하게도 근대적으로 보이고 그 거대한 단순함은 철골조의 투명성에 대해서 장대한 균형을 유지하고 있다. 이러한 고상하고 원대한 정신이 유럽 건축을 지배한 것은 일찍이 단 한번만, 즉 아미안이나 보베나 케른이 대성당이 지어졌을 때뿐이다."

Ammann(Verazano-Narrows교 설계자)도 초기 영국의 현수교에 대해서 "전체적으로 심플한 외관, 플랫한 현수 곡선, 경쾌함, 우아한 현수 구조부, 꾸미지 않고 중량감 있는 그러므로 기념 건조물(Monumental)다운 주탑"과 그 질(質)을 찬양하고 있다[7]. 확실히 "건축물의 주요부를 이루는 것은 장식하는 것이다"(Ruskin)라고 생각하고 있던 시대에 흔히 이러한 꾸미지 않은 심플한 주탑 형태를 만들 수 있는 것이다. 페브스너도 말한 바와 같이 Telford나 Brunel에게는 의도적인 예술적 야심이 없고 그 시점에서는 그것으로 만족했을 것이다[5].

1851년 런던에서 개최된 세계 최초의 만국 박람회의 전시관으로서 건설된 수정궁(水晶宮)(사진 8.9)[4], 1889년 파리 국제 박람회의 기계관(사진 8.10)[5]도 현수교와 마찬가지로 철에 대한 단호한 신뢰를 선언한 건축물이다[5].

이와 같이 철구조 기술의 성과는 그렇다고 해도 실현할 수 없는 큰 기둥 없는 공간을 만들어 내 진보가 안정된 미래를 약속하는 것을 상징적으로 나타냄과 동시에 장식에 의지하지 않은 아름다움의 방향성도 나타낸 것이다.

근대 현수교의 원형을 만들어 낸 것은 일반적으로 미국의 James Finley라고 되어 있다. 1801년 그는 펜실베니아에 자동차도 통행 가능한 Jacob's Creek교(약 70ft.)를 설계하였

사진 8.9 런던 만국 박람회의 전시관 : 수정궁

사진 8.10 파리 국제 박람회의 기계관

사진 8.11 Brooklyn교

는데 그 주탑은 목제였다[8), 9)]. 그러나 목제의 주탑은 Menei Strait교나 Clifton교 같이 바로 석조 주탑이 대신하고 있다.

석탑(石塔) 시대를 매듭짓는다고 생각되는 Brooklyn교(**사진 8.11**)의 주탑도 건축적인 외관이지만 꾸미지 않은 기념 건조물 같은 형태를 갖고 있으며, F.L Wright나 Manford에게 감명을 주었다. Manford는 "과거의 메시브(Massive)하고 프로텍티브(Protective)한 건축은 경쾌하고 양광(陽光)으로 향하여 넓은 공간적, 미래적인 건축을 맞이하였다"라고 찬양하고 있다[7)].

8.2.3 아르 누보(Art Nouveau)

아르 누보(Art Nouveau)는 1895년에 파리에서 오픈한 화랑(畵廊)의 이름에서 유래하였는데 그로부터 10년간 국제적인 인기를 독차지한 장식 스타일을 말한다. 식물, 곤충, 여성의 누드나 여러 가지 연상을 유인하는 상징을 사용하여 대상성과는 연고가 없는 유연한

선, 자연의 형태에 가까운 꾸불꾸불한 형상이 특징이다[10]. 아르 누보의 가장 주목해야 할 공적은 철이나 유리와 같은 신재료를 사용하여 이들 모티프를 장식으로서 실현한 것이다(사진 8.12, 8.13)[4].

페브스너는 아르 누보의 공적을 다음과 같이 기술하고 있다.

"모리스는 신재료의 적극적인 가능성을 판단할 수 없었다. …다른 한편 기술자는 자신의 몸도 마음도 떨리는 그런 신발견에 너무 정신이 팔리고…기술자는 기술자로서 예술에 무관심하였다. 아르 누보의 지도자들은 이 양면을 최초에 이해한 사람들이 없다. 그들은 모리스가 설명한 예술의 사명에 대한 새로운 반가운 소식을 받아들였다. 그러나 그들은 새로운 시대는 기계 시대라는 것도 인식한 것이다. 이것이 그들의 명성을 오래 남긴 신분의 하나인 것이다."

모더니즘의 사상은 모리스의 운동과 철구조 기술의 발달 및 아르 누보가 결합되어 서서히 침투해 왔다고 한다[5].

아르 누보가 단명(短命)하였기 때문인지 교량의 난간에는 사용되지 않았는가 생각되지만 전체를 아르 누보 양식으로 디자인한 교량은 눈에 띄지 않는다.

사진 8.12 집합 주택 "카스테르 베링제"의 문짝

사진 8.13 파리의 지하철 입구에 둘러친 주철 울타리

8.3 모던 디자인

모더니즘 사상이 침투하고 인공물의 아름다움, 근대 생산 방식에 지탱된 미래에 대한 지향이 전제가 되면 철구조 기술이 나타내고 있는 조형의 방향성은 더욱 선명하게 본보기로서 의미를 갖게 된다. 재료의 진실을 추구하고 실용적인 기능을 만족하게 하여 경제적으로 생산하는 것, 그것이 디자인하는 것의 의미라고 하는 기능주의, 합리주의 사상이 지배적으로 되어 "형태는 기능에 따른다"라는 기능주의의 표어가 모던 디자인을 대표하는 말로 되었다[10]. 그러나 그 구체적 방법을 습득하기란 그렇게 간단하지 않아 여러 가지 방향으로 바운드하면서 결과적으로 어떤 방향에 수렴해 가는 볼과 같이 해석이나 방법에는 우여곡절을 볼 수 있다. 현수교 주탑 형상에도 그 궤적을 볼 수 있다.

8.3.1 강재 주탑에서 본 기능주의 · 합리주의

뉴욕 허드슨 강에 설치된 Williamsburg교(사진 8.14)는 1903년 L.Buck가 설계한 세계 최초의 강재 주탑을 갖춘 현수교이다. 당시 Brooklyn Daily Times는 이 교량을 평하여 "그리스 시대의 아름다움을 목적으로 한 것에 대해 오늘날의 목적은 효용이다. Williamsburg교는 그 효용을 달성한 견본이다"라고 기술하고 있다[7]. 확실히 그러한 것이지만 효용을 달성하면 아름다움은 버려도 된다고 생각한 것일까? Williamsburg교가 그 아름다움 때문에 알려진 것이 아니다. 꺾인 타워로 하고, 기초를 작게 하는 단경간으로 설계하여 측경간의 행어(Hanger)를 없애는 등 형상 만들기가 철저한 효용주의에 일관하고 있지만 그것은 동시에 그들 하나하나가 아름다움을 이른바 결단냈다고 비판받는 원인도 되고 있다. 당시의 "Scientific America"가 "디자인의 결여이며, 노골적으로 효용 이외에 주목하고 싶다고 생각되는 것이 아무것도 없다"라고 혹평하고 있다[7]. 이와 같이 석탑 시대에 가지고 있던 간결하고 강력한 외관과는 동떨어져 있다. Buck가 기계 출신의 엔지니어이기 때문에 건축적으로 조화되는 구조를 창출하는 것에는 그렇게 흥미를 가지고 있지 않았다는 것도 생각할 수 있다. 그러나 석조 주탑의 경우에는 기술자가 형상을 사고(思考)하기 전에 건축의 역사적 양식이든 석조 아치의 형상이 본보기로 펼쳐져 있는데 대해 강이라는 새로운 재료를 정면에서 스스로의 힘으로 창조에 맞서야 한다. 새로운 재료에 몰두하고 거기에 상응한 형태를 찾아내

사진 8.14 Williamsburg교

는 것은 그만큼 쉽지 않다는 것을 증명하는 것 같다. 즉, 효용주의를 일관하고 역학적 합리성에 따라서만 조형을 한다는 자세는 평가되지만 그것을 구현화하는 방법과 결과는 받아들이지 않았던 것이다.

8.3.2 장식적인 주탑으로 복귀

Manhattan교(사진 8.15)는 Williamsburg교 바로 이웃에 6년 후 1909년에 건설되었다. 설계는 L.Moisieff가 하였다. 발주자 쪽의 관리였던 Lindenthal은 Williamsburg교에 대한 미적 후퇴의 반성으로서 Manhattan교에서는 강재 주탑에도 건축적 요소를 채용하여 기술과 예술의 융합을 도모하기로 하였다. 자료[7]에 따르면 건축가를 채용하고 "파리의 현관 Porte St. Denis를 본뜬 바로크 아치, 열주(列柱)는 로마의 St. Peter's 사원을 모방하였다"고 한다. Lindenthal에게 있어서 기술과 예술의 융합이란 종래부터 있던 방법인 역사 양식을 받아들인 것이었다. 기술적으로는 처음에 유연성(Flexible) 있는 주탑을 채용하

사진 8.15 Manhattan교

사진 8.16 St. John's교

사진 8.17 Tribrough교

는 등 혁신적인 면이 있는 반면에 조형 사상은 이전의 장식 시대로 되돌아가 버린 것이다. 이 교량 이후 대부분의 주탑 형상은 Williamsburg교와 같은 3차원적 구성이 아니고 Manhattan교와 같이 평면적인 형상이다.

이 시기, Macknac교를 설계한 D. Steinman도 포트랜드(미국)에 고딕풍의 St. John's교(1931)(사진 8.16)[11]을 설계하고, Verazano Narrows교를 설계한 Ammann도 교회풍의 외관을 가진 Tribrough교(1936)(사진 8.17)를 설계하였다.

8.3.3 아르 데코(Art Deco)

1925년에 파리에서 개최된 국제 장식 예술 근대 산업 박람회(Exposition Internationale des Arts Decoratifset Industriels Modernes)에서 한쪽에서는 "주택은 거처하기 위한 기계이다"라고 기술하고, 기계의 아날로지(Analogy)에 따라 기능주의·합리주의를 설명하고 르 코르뷔지에가 에스프리 누보관에서 자신의 주장을 실천하고 있는데, 다른 한쪽에서는 박람회 명칭에 관련해 아르 데코(Art Déco)라고 부르게 된 새로운 장식 양식이 나타났다[12]. 아르 데코는 아르 누보의 유기적인 곡선에 대해서 직선과 원호의 조합에 따른 기하학성이 그 큰 특징이고 지그재그 무늬나 계단상의 반복 형상이 자주 쓰이고 있다[13]. 아르 데코의 대중

사진 8.18 크라이슬러 빌딩

사진 8.19 Golden Gate교

화가 특히 큰 의미를 갖는 것은 미국이다. 극장에서 냉장고까지 모든 것이 아르 데코의 세례를 받았다. 뉴욕에서는 엠파이어스테이트 빌딩이나 크라이슬러 빌딩(1930)(사진 8.18)[13]을 비롯한 마천루에 아르 데코 양식이 받아들여졌다.

1937년 J. Strauss가 설계한 Golden Gate교[14](사진 8.19)의 메인 타워 형상에도 아르 데코의 세례를 볼 수 있다. 샤프트와 수평재와의 우각부 조형적 처리, 수평재 리브의 반복 무늬 등 아르 데코의 요소가 이르는 곳마다 포함되어 있다. 수평재가 위로 감에 따라 그 간격 및 두께를 작게 하고, 위로 향한 소점(消點)을 강조하여 우뚝 솟은 인상을 강하게 한 점은 주탑 형상으로서는 새로운 연구이다. 장식적 요소가 많이 나타나는 주탑 형상은 이 Golden Gate교의 최후의 모습을 사라지게 하고 있다.

8.3.4 합리성 추구

Williamsburg교는 미적으로는 성공하지 않았지만 그렇다고 Manhattan교나 St. John's 교와 같이 장식이 경사져 있지 않고 역학적 합리성을 기지면서 강의 독특한 조형이라는 것은 기능주의, 합리주의의 사상을 선취하고 있는 교량 기술자에게는 당연히 받아들여야 하는 과제일 것이다. 장식적인 주탑으로 복귀를 거친 후는 기능주의·합리주의에 의거하여 강의 독특한 형상 탐색이 중심이 된다. 다만, 대개의 교량에서는 주탑 형상의 미적 구성을 염려한 때문인지 어딘가에 장식적 요소가 남아 있다.

1924년에 건설된 Bear Mountain교(미국)(**사진 8.20**)와 1929년에 건설된 캐나다의 Grand Mere교는 거의 같은 주탑 형상을 하고 있는데 노면 상부에 아치 모양의 복부재(Web Member)에 장식적 기울기가 남아 있다. 같은 해에 건설된 Mount Hope교(미국)(**사진 8.21**)에서는 하층 경사재(斜材)와 샤프트 사이에 큰 완화(緩和) 곡선에 장식적 요소를 볼 수 있다(모두 D. Steinman의 설계). 캐나다의 L'ile D'Orleans교(1935)의 주탑에는 만곡된 주탑 정상부 수평재, Lions Gate교(1939)(**사진 8.22**)에는 그 뿐만 아니라 Mount Hope교와 마찬가지로 하층 경사재의 큰 완화 곡선에 장식적 요소를 볼 수 있다. Macknac교(1957, D. Steinman)(**사진 8.23**)의 주탑 형상도 이 그룹에 속한다고 할 수 있다. 수평재 두께는 같지만 Golden Gate교와 마찬가지로 우뚝 솟은 인상을 강조하기 위해 그 간격은 위

사진 8.20 Bear Mountain교

사진 8.21 Mount Hope교

사진 8.22 Lions Gate교

사진 8.23 Macknac교

로 감에 따라 작게 되어 있다. 라멘 트러스 부재는 굵고 매끈하여 남겨진 공간이 거꾸로 도적(圖的)(그림과 바탕에 대한) 다루기로 되고, 또 수평재 하연(下緣)에 곡선을 그려 장식적인(Ornamental) 느낌을 연출하고 있다.

장식적 기울기를 전혀 볼 수 없는 것은 미국에서 최초로 주경간이 500m를 넘는 Benjamin Franklin교(1926년, 533m)(**사진 8.24**)[11]이다. 이 교량 설계자 Modjeski는 같은 항 Ambassador교(1929), Mid Hudson교(1930)와 연이어 현수교를 설계하고 있는데 어느 것이나 장식적으로 기울기는 나타내고 있지 않다.

이들 주탑 형상은 아직도 구조 미학적으로 세련된 것이라고는 말할 수 없지만 다행한 것은 Manhattan교 이후의 교량에서는 2차원적인 유연성 있는 주탑이 채용되어 있었으므로 Williamsburg교와 같은 시각적 번잡함은 없고, 설계자가 의식하고 있는지의 여부를 알 수 없지만 결과적으로 그 나름대로의 형상이 구성되어 있다. 그러므로 이후의 현수교 주탑의 형태적 전개에 하나의 형을 제시한 점은 평가받아야 할 것이다. 1936년 C. Purcell이 설계한 SanFrancisco-Oakland Bay교(**사진 8.25**)도 장식적 기울기를 볼 수 없다.

사진 8.24 Benjamin Franklin교

사진 8.25 SanFrancisco-Oakland Bay교

8.3.5 자할리히카이트

공작물의 주목해야 하는 것은 "단순히, 뛰어난 내구성이 있는 작업을 남기고 결점이 없는 좋은 재료를 사용할 뿐만 아니라 그에 따라 즉물적인(Sachlich), 고귀한 그리고 예술적인 1개의 유기체에 도달하는 것"이라고 기술한 것은 H.Muthesius이다[3]. 그의 이 말이 단서가 되어 1907년 독일에 독일 공작연맹(Deutsche Werkbund)이 결성되었는데 거기에는 기능주의・합리주의의 사상에 찬동하는 많은 건축가, 디자이너가 계획에 참여하고 있다. 르 코르뷔지에도 있고 1919년에 설립되고 기능주의・합리주의의 정착에 공헌한 디자인 학교 "바우하우스"를 통솔하게 된 그로피우스도 있다. 즉물적(卽物的)이란 적절하다든지 당연하다든지 여분(餘分)이 있는 것이 아닌 산뜻하다는 것을 동시에 의미하는 말이지만[5] Muthesius의 사상을 단적으로 나타내는 말로서 독일 공작연맹에 적당한 말이 되었다. 물론 이 말에는 장식에 대한 안티테제(Antithese, 對立命題)의 의미도 포함되어 있다.

포션에 대해 이것을 브레이싱(Bracing)으로 구성하면 1 내지는 2층의 경사재당시에 건설된 유럽의 현수교 주탑 형상에는 이 자할리히카이트의 사상을 묻고 있다. 유럽 현수교는 Forth Road교(1964)(**사진 8.32**)에서 최초로 주경간이 1,000m를 넘지만 대개의 현수교, 특히 독일의 현수교는 강에 가로지르는 교량으로 주경간이 300~500m로 현수교로서는 비

사진 8.26 구(舊)Koln Rodenkirchen교

사진 8.27 Little Belt교

교적 짧은 교량이 많다. 따라서 주탑 높이 및 노면 상부의 주탑 높이는 비교적 낮지만 그에 비해 폭이 넓고 주탑 형상은 땅딸막한 모양의 프로포션의 것이 많다. 이러한 프로가 시각적으로 돌출하여 매우 모양이 나쁜 형상이 된다. 당연한 결과로 스트럿(Strut)으로 구성되는 주탑이 많아진다. 1915년에 건설된 구(舊) Koln Mulhen교는 유럽에서 최초에 강재 주탑을 실현한 현수교이다. 구조적으로나 시각적으로도 대단히 산뜻하게 한 이 문형(門型) 라멘 형상은 구(舊)Koln Rodenkirchen교(1938)(**사진 8.26**)[11]에 이어지고, Moselle교(1946, 프랑스), 신(新)Koln Mulhen교(1951), 신(新)Koln Rodenkirchen교(1954), Tancarville교(1959, 프랑스), Emmerich교(1965), Little Belt교(1966, 덴마크)(**사진 8.27**)[11]로 이어지고, 일련의 유럽의 현수교 주탑의 원형이 되고 있다. 스트럿으로 한 구성도 다행히 Muthesius의 사상 반영을 볼 수 있다.

8.3.6 기하학적 합리성

기능주의·합리주의가 근대적인 소재와 공업적인 생산 기술을 전제로 한 시점에서 기하학적인 형태는 기능주의·합리주의를 특징짓는 형태가 되었다. 자할리히카이트의 조형도 기하학성에 기초를 두고 있고, 바우하우스에서 하는 교육도 단순한 기하학 도형을 사용한 훈련법이 받아들여졌다. 네덜란드에서 모더니즘의 활동 그룹 "더 스틸(De Stijl)"은 기하학적 형태라는 관점에서는 가장 엄격하여 기하학이 가장 합리적이라고 보고 있다[3]. 르 코르뷔지에도 순도(純度)가 높은 포름(Formt, 프랑스)과 간결함에 기초를 두고 보편적으로 싫증나지 않는 기하학성을 옹호하고 있다[10].

Bronx-Whiteston교(1939)(사진 8.28)를 설계한 Ammann에게 있어서 기하학적 형태란 다만 단순한 만큼의 형상으로 정리하지 않은 주탑 형상이 아니라 각기의 구성 요소를 하나의 단순한 기하학적 형태로 정리한 것이라고 생각된다. 게시탈트 심리학에 따르면 사람이 형상을 인지하는 것은 게시탈트성(形態質)이라고 하는 정리의 어떤 형상을 개입시키고 있다고 되어 있는데[15] Bronx-Whiteston교의 주탑 형상에는 이 게시탈트성이 확보되어 있다. 당시로서는 매우 참신한 것으로 "Bronx-Whiteston교는 그 간결함과 단순함에서, 또 경쾌함이나 오너먼트가 없는 점에서 유례를 볼 수 없는 것이다. 현수교로서 최초의 정말 기능적인 건축물이다"라고 하는 당시의 평론[7]을 들고 나올 것까지도 없이 모든 구조적 요건을 아치 모양의 하나의 형태로 정리한 주탑은 이제까지의 것과는 매우 다르다. 주탑 정상에 있는 6개의 창은 선진성(先進性)에 대해 조금이나마 "자랑"한 것일까?

그의 대표작이라고도 할 수 있는 Verazano-Narrows교(1964)(사진 8.29)[11]의 주탑도 이와 거의 같은 형상을 하고 있다. Delaware Memorial교(1951)와 Throgs Neck교(1961)의 주탑 형태도 형상이 가지고 있는 까닭은 아치의 곡선이 샤프트에 완화한 원(圓)이

그림 8.28 Bronx-Whiteston교

그림 8.29 Verazano-Narrows교

사진 8.30 George Washington교

사진 8.31 화강석을 붙일 예정이었던 완성 예상도

아니고 좀더 큰 곡선으로 처리되어 약간 다르지만 아치 모양의 게시탈트성을 유지하고 있는 점은 같다.

Ammann가 이러한 조형을 획득할 수 있었던 것은 George Washington교(1932)(사진 8.30)에서의 경위(經緯)가 큰 경험이 될 것이다. Ammann은 당초 건축가의 조언으로 주탑에 화강석을 붙일 예정(사진 8.31)[11]으로 트러스를 짜 그 골조를 만들었다. 최종적으로는 예산 관계와 공학적 구조를 감추고 치장 붙이기를 하는 시대가 끝났다고 인식하는 화강석 붙이기를 그만 두고 노출된 골조를 그대로 보이게 한 것이다[8), 11)]. 이러한 경위를 보면 Ammann은 어쩌면 그리크 리바이벌인 Clifton교의 주탑 형상을 근대적인 생산 방식에 맞춰 기하학적으로 정리한 것 뿐이었을지도 모른다. 그러나 결과적으로는 여러 가지 구성 요소를 하나의 단순한 기하학적 형태로 정리한 것의 가치를 날카롭게 느끼고 받아들인 것이 아닐까 한다.

8.4 장대 현수교를 통해서 본 조형 사상

8.4.1 강철 무게 최소화(또는 원가 최소화)

1,000m를 넘는 해협 현수교에서는 노면 상부의 주탑 높이도 높고, 주탑의 프로포션은 유럽 것에 비교하면 상당히 가늘고 긴(細長)것이 된다. 그래서 복재(腹材) 형식으로서는 다층

라멘으로 구성하기보다는 다층의 경사재로 구성하는 쪽이 샤프트 단면도 작게 할 수 있어 구조적으로는 일반적으로 효과적이다. 따라서 결과적으로는 전체 강철 무게를 최소화하는 방향 또는 원가를 최소화하는 방향으로 설계가 된다. 언뜻 보면 빈약하기 짝이 없는 주탑 형상도 볼 수 있다. 그 중에는 좌굴 길이를 짧게 하기 위해 도로의 건축 한계에 근접하게 경사재를 내려 자동차의 주행 기능을 저해하는 것이 아닌가 할 만큼 구조를 우선하여 조형을 한 현수교도 있다.

이런 형식에서 주탑 정상 수평재는 그것을 제거해도 구조적으로는 그런 대로 성립하는 것 같지만 가설 순서와 유지관리하기가 용이함 등의 이유로 반드시 남아 있다. 이 주탑 정상 수평재가 굵게 되면 문형 라멘에 가는 경사재가 조합된 복합 형태가 강조되어 조형적 처리가 곤란하게 되지만 Chesapeake Bay교(1952, 미국, D.Smith 설계), Forth Road교(1964, 영국, F.F.P. 설계)(사진 8.32)[11], 4월 25일교(Tagus교)(1966, 포르투갈, Steinman 설계)(사진 8.33)[11] 등에서는 가급적 타워 정상 수평재를 가늘게 하고 경사재의 리듬을 유지하려고 하고 있다. 1,000m를 넘는 장대 현수교에서는 공사 비용도 막대한 것이 되어 원가 최소화의 방향이 신중해야 한다는 것은 논할 여지도 없다. 또, 경관적 배려는 때때로 원가 최소화의 방향과는 평균을 취하는(Trade-Off) 관계에 있는 것도 사실이다. 그러나 원가 최소화의 방향이 어느 경우에도 경관적 배려에 우선하는 것이 없다고 하면 그것은 우리들의

사진 8.32 Forth Road교

사진 8.33 4월 25일교(Tagus교)

사회적 가치의 균형을 잃는 것이 되어 디자인 사상사(思想史)와는 연고가 없는 것이 된다.

8.4.2 장대 현수교를 통해서 본 자할리히카이트

Severn교(1966, 영국)(사진 8.34)[11], Bosporus교(1973, 터키), Humber교(1981, 영국)(사진 8.35)[11]를 설계한 것은 Freeman, Fox & Partner이다. 이들 주탑 형태에는 자할리히카이트의 조형 사상이 계승되고 있다고 생각된다. 이들 교량의 주경간은 각각 988, 1,014, 1,410m로 크고 거기에 따른 노면 상부의 주탑 높이도 사진 8.26의 Rodenkirchen교 등에 비하면 한 단 높게 된다. 주탑 형태를 1층 라멘으로 구성하는 것으로는 좋지 않아 조형 처리가 귀찮게 되지만 원가 최소화의 발상뿐만 아니고 자할리히한 외관을 구하려고 노력하고 있다.

Severn교, Bosporus교는 정확하게는 전자가 4층, 후자가 3층(노면 상부)의 라멘 주탑이지만, 중간 수평재를 근접시켜 사이에 복부를 넣음으로써 시각적으로는 2층 라멘으로 보이게끔 하고 있다. 이것을 원가 최소화의 사상에서 설계하면 중간 수평재를 적당히 분산시키는 쪽이 유리할 것이며(그 이전에 브레이싱으로 구성하는 편이 더 유리한지도 모르지만…), 자할리히카이트한 외관 확보를 우선하고 시각적인 부재의 수를 억제하는 연구가 되어 있다. 이들은 어느 것이나 내풍 대책으로서 박스형 거더를 채용하고 있는데 이것은 박스형 거더 쪽이

사진 8.34 Severn교

사진 8.35 Humber교

자할리히카이트한 외관을 가지고 "현수교 거더는 중량감이 아니라 경쾌하고 우주에 뜬 것 같은 느낌이 들어 좋다"(Leonhardt)[11]고 하는 미의식이 작용하고 있는 듯하다. 라멘 주탑 형상은 이 박스형 거더와의 형태상 정합성에서 오고 있는 것도 쉽게 상상이 간다. Humber교는 현재 세계 제2위의 주경간 길이를 과시하고 있지만 그 주탑에서는 그것뿐만 아니라 각(角)에 곡선을 취하고, 콘크리트가 아니고 할 수 없는 부드러운 형상을 만들고 있다. 수평재가 3개로 약간 자할리히카이트한 인상은 덜하지만 주탑 정상부 수평재를 내린 유니크한 형상을 하고 있다.

8.5 포스트 모던

끝으로 포스트 모던에 대해서 언급한다. 포스트 모던이라는 말 자체는 1977년 R. Jencks가 저술한 "The Language of Post-Modern Architecture"로 세상에 퍼져 1920년대부터 1960년대에 걸쳐 20세기 디자인을 리드한 모더니즘 사상에 대한 반론으로서 출발했다[9]. 그 원리는 교조적(教條的)이며, 그 형태는 무미건조한 것으로서 비판하는 소리가 나타나기 시작한 것이다. McDermott는 다음과 같이 기술하고 있다[10].

"제2차 세계대전의 신세대에서 보면 모더니즘의 접근(Approach)은 너무 제약이 많고 너무 엄격한 것 같이 생각될 것이다. 모더니즘의 이상(理想)은 장식이나 대중의 취향을 거절해 버린 많은 평론가들도 느낀 바와 같이 인간에 특유한 욕구까지도 경원(敬遠)하게 되었다. 포스트모더니즘은 디자인에 대한 모든 접근에 길을 터서 모더니스트들에 따라 봉인(封印)된 사상, 소재, 이미지를 부활시켰다."

포스트 모던 디자인으로서 잘 알려져 있는 것은 이탈리아의 소트서스 등이 멤피스의 숍(Shop)을 위해 디자인한 가구가 있다. 건축에서는 필립 존슨이나 마이켈 그레이브스, 일본의 이소자키(磯崎 新) 외(外)가 고전적 의장을 복잡하게 조작하는 포스트 모던 특유의 수법을 확립하고 있다. 구조나 설비 배관이 외부로 노출되어 도장되고 있는 파리의 퐁피두 센터(R. Piano 외의 설계)(**사진 8.36**)[13]도 포스트 모던의 사고 방식이다[13].

1980년대 후반에 세계적으로 유행한 데콘스트럭티비즘(Deconstructivism)[16], 통칭 생략하여 데콘이라고도 하는 스타일도 모더니즘에 반발한 것이다. 컨스트럭티브(Constructive, 구조적, 건설적)의 반대로 수직, 수평적인 구성을 고의로 무너뜨려 비스듬하게 하거나 부수

사진 8.36 퐁피두 센터

사진 8.37 데콘 형상을 한 교대

사진 8.38 시라시키시(倉敷市) 세토대교(瀨戶大橋)(일본) 가교 기념관 주최 "미래 교량의 이미지" 국제 설계 공모 입상작도 데콘적 분위기를 가진다

거나 허물어뜨린 형상을 디자인의 모티브로서 채용한 것이다(사진 8.37, 8.38). 이 개념이 인식된 것은 프랭크 게리의 자택을 시초로 홍콩(香港)의 저 피크의 설계 공모(Competition)(1983)에 당선된 자하 하디드의 작품으로 널리 알려지게 된 것으로 이후 램 크루하우스, 바너드 튜미, 스티븐 홀 등이 데콘파의 기수(旗手)로서 알려져 있다[16].

이들 디자인은 모더니즘으로 교육을 받은 사람에게는 매우 자극적이다. 조형에는 기능주의·합리주의로서는 커버할 수 없는 영역이 있는 것도 포스트 모던으로 배웠다. 사람의 행동이나 태도 자체가 기능적 또는 합리적이지 않는 것이 많기 때문이다. 어메니티(Amenity)나 아이덴티티(Identity), 액티비티(Activity)의 디자인이 부르짖은 것도 그 때문일 것이다. 그런 의미에서는 포스트모더니즘에도 귀를 기울여야 한다.

하나 확실한 것은 한신(大阪・神戶)・아와지(淡路) 대지진을 경험한 일본에서 데콘은 의미를 두지 않게 되었다는 것이다. 건조물은 완강하고 안정한 것이라는 신뢰감이 있어야 비로소 데콘의 형상은 자극적인 것이다. 건조물 자체가 데콘의 형태로 된 모습을 본 후에 데콘을 이용한 형상 만들기는 분별없는 것일 것이다.

결론

오늘날 교량 기술은 완전히 모더니즘 사상, 즉 기능주의・합리주의 사상에 지지를 받고 있다. 교량이 기술적 대상으로서 받아들여질 때는 그래서 좋다고 할 수 있겠다. 그러나 사회적 대상으로서 교량의 조형에는 앞에서 기술한 바와 같이 사람의 행동이나 태도 자체가 기능적 또는 합리적이 아니므로 포스트모더니즘 사상에 귀를 기울이는 것도 중요하다. 그 때 포스트모더니즘을 부정(否定)한 것으로서 받아들일 필요는 없다. 모더니즘만으로는 대응할 수 없는 장면이 있다는 것을 인식하는 수단으로서 생각하면 된다. 포스트 모던에는 가치관의 다양화에 대응하는 것과 같이 "뭐든지 존재한다"는 경향이 있다. 그러나 포스트 모던의 이름 아래 "만드는 교량"의 출현을 정당화하는 데는 좋지 않은 것이다. 포스트 모던을 교량에 적용하는 데는 세심한 주의를 해야 한다.

연습 문제

① 자기 마음에 드는 교량이 디자인 사상의 변천 중에서 어떻게 자리매김하고 있는지를 고찰해 보자.

② 기능주의의 사고 방식에는 다윈(Darwin)이 아니라 라마르크(Lamarck)의 진화론이 영향을 주고 있는 것으로 되어 있다. 어떻게 영향을 끼치는지를 생각해 보자.

참고 문헌

1) 山崎, 市川編 : 現代哲學事典, 講談社 (1970)

2) J.Tajima,K.Sugiyama : Historical Transition of Suspension Bridge Tower Forms in Japan, Bridge Aesthetics Around The World, Transportation Research Board, National Research Council (1991)

3) 川添, 高見 : 近代建築とデザイン, 近代世界美術全集-11, 社會思想社 (1965)

4) 阿部 : 世界デザイン史, 美術出版社 (1995)

5) Pevsner : Pioneers of Modern Design, Museum of Modern Art (初版 : 1936)

6) Giedion : Space, Time and Architecture, Cambridge Harvard Univ. Press (初版 : 1941)

7) Reier : Bridges of New York, Quadrant Press (1977)

8) F. Drew : Tensile Architecture, Granada Publishing (1979)

9) H. Straub : 建設技術史, 鹿島出版會 (1964)

10) マクダーモット : モダン・デザインのすべて, スカイドア (1996)

11) F. Leonhardt : Bridges, Deutshe Verlags-Anstalt (1982)

12) 竹原 : モダンをめぐって, 20世紀デザインの精神史, 美術手帳49/740, 美術出版社 (1997)

13) 態倉他 : 西洋建築様式史, 美術出版社 (1995)

14) S. Cassady : Spanning The Gate, Squarebooks (1979)

15) ギョーム (八木譯) : ゲシタルト心理學, 岩波書店 (1952)

16) 西 : 朝日現代用語 (1994)

제9장

디자인 컨셉
Design Concept

서론

형상을 발의(發意)하거나 형상의 방향성을 논의할 때에 자주 쓰이는 말로 "컨셉"이 있다. 설계에 컨셉을 사용하는 방법은 건축이나 공업 디자인 분야에서는 빈번하게 이루어지고 있지만 토목 분야에서는 그리 친숙하지 않다. 그러므로 토목 기술자는 경관 설계에서 컨셉이 설계를 리드하는 그런 장면에 마주치면 상당히 당황할 것으로 생각된다. 그러나 실제로 컨셉이 사용되고 있는 장면에서 컨셉이 적절하게 사용되고 있는지의 여부는 의문이다. 컨셉에 따라 무엇인가를 특정하고 컨셉을 설계 프로세스 중에서 어떻게 유용하게 하려고 할 것인지 컨셉이 해야 할 역할에 대한 충분한 인식도 없는 채 까닭이 있음직하게 둘러대어 사용하거나 무엇인지 논의해야 하는 것으로서 홀로 걸어야 하는 경향을 엿볼 수 있다.

사전[1)]에 보면 컨셉이란 (1) 개념, (2) 생각이라고 되어 있다. 통상적으로 디자인 컨셉 또는 조형 컨셉이라고 할 때는 "목적", "목표", "아이디어", "사고 방식", 생각(상상) 또는 "작업가설(作業假說)"과 같은 뜻으로 사용되고 있고, (2)의 "생각"의 말뜻으로 사용되고 있다. 기존의 "교량이라는 개념"을 타파하고 새로운 교량의 개념을 새로 만들어 내야 하는 논의로 하고 있는 것이라면 컨셉은 "개념"으로서 받아들이는 쪽이 좋다. 실제로 이러한 무게가 나가는 말로 사용하는 쪽이 적절할 때도 있겠지만, 통상적으로는 상징의 표현이라든지 지역성의 표현과 같은 "교량이라는 개념"의 변용(變容)까지에는 이르지 못한 디자인이나 조형의 "목적", "목표", …와 같은 뜻으로 쓰이고 있다. 이 장에서는 일반적으로 쓰이고 있는 "목적", "목표", …와 같은 뜻의 컨셉이 포함되어야 하는 내용, 설계 프로세스에 대한 역할 등에 대해서 검토한다.

9.1 컨셉이란?

9.1.1 컨셉이 포함되어야 하는 내용

어느 가전(家電) 메이커는 "컨셉"을 다음과 같이 정의하고 있다.

"설계 대상의 이상(理想) 상태를 전략적으로 나타낸 것"

컨셉에 대한 일반적 인식을 단면으로 나타낸 정의라고 할 수 있겠다. 여기서는 설계 대상의 이상 상태(理想 狀態)는 하나가 아니고 다의적(多義的)으로 몇 개의 선택폭이 있다는 것을 전제로 그 방향성을 전략적으로 나타낸 것으로 하고 있다. 그러나 이상 상태(理想 狀態)란 진・선・미를 동반한 절대적인 상태를 뜻하고 있다고 한다면, 그것이 다의적으로 몇 개의 선택폭이 있다는 전제에는 의문이 남고, 또 그러한 상태를 인간의 지혜에 미치는 범위에서 받아들일 수 있을 것인가 하는 의문이 있다. 여기에서는 이상 상태라고 하기보다는 "이상 상태로 보이는 것" 또는 "설계 대상에 요구되는 요건"으로서 해석하는 쪽이 좋을 것 같다. 그렇다고 하면 그들이 다의적이라는 전제도 이해할 수 있을 것이다.

"전략적"이라는 말도 심한 경쟁 중에 있는 가전 메이커에 있어서는 중요하겠지만 공공(公共)에 이바지하는 것을 목적으로 하는 교량에는 컨셉이 전략적일 필요는 없다. 그렇다고 하면 상기의 정의에서 "전략적"의 말을 빼게 되면 컨셉은 이상 상태로 보이는 것 또는 설계 대상에 요구되는 요건을 모두 포함하게 되어 실용상 의미가 없게 된다. 따라서 "전략적"이라는 말은 이상 상태로 보이는 것 또는 설계 대상에 요구되는 요건 중 지금 설계하려고 하는 대상(교량)에 특유한 것이고 또한 몇 개의 선택폭에 방향성을 부여하는 것으로서 이해하는 쪽이 좋다.

9.1.2 교량에 요구되는 요건과 컨셉

컨셉의 의미, 자리매김을 좀더 명확하게 하기 위해 교량에 요구되는 요건을 그림 9.1과 같이 분류해 본다.

"교량에 요구되는 요건"은 우선 "어떤 교량에서도 요구되는 요건"과 "해당 교량에 요구되는 요건"의 두 가지로 나눌 수 있다. 또한, 각각은 "사람들의 의견 차이가 없는 것(또는 선택폭이 없는 것)"과 "사람들의 의견 차이가 있는 것(또는 몇 개의 선택폭이 있는 것)"으로 나눌 수 있다[2).

(1) 태도 요건

먼저, "어떤 교량에서도 요구되는 요건"에서 "사람들의 의견 차이가 있는 것"은 교량에 대한 "태도 요건"이라고도 부르지만 일반적으로는 "좋아함"이라고 해석할 수 있다. 예를 들면 "교량에는 R 등을 만들지 않는 쪽이 좋다. R을 만들면 힘이 달아나는 느낌이 들어 싫다"라든지 "교량은 마땅히 당당한 모양(느낌 또는 분위기가)을 지녀야 한다"와 같은 태도, 의견에는 그 사람에게 있어서는 교량의 이상 상태가 나타내져 있을지도 모르지만 당연히 반론이 예상된다. 개인 소유가 되는 주택이나 공업 제품에서는 이러한 좋아함을 앞에 내세워 집을 짓거나 제품을 구입하는 것이 가능하므로 디자인하는데 있어서는 사람들의 좋아함도 무시할 수는

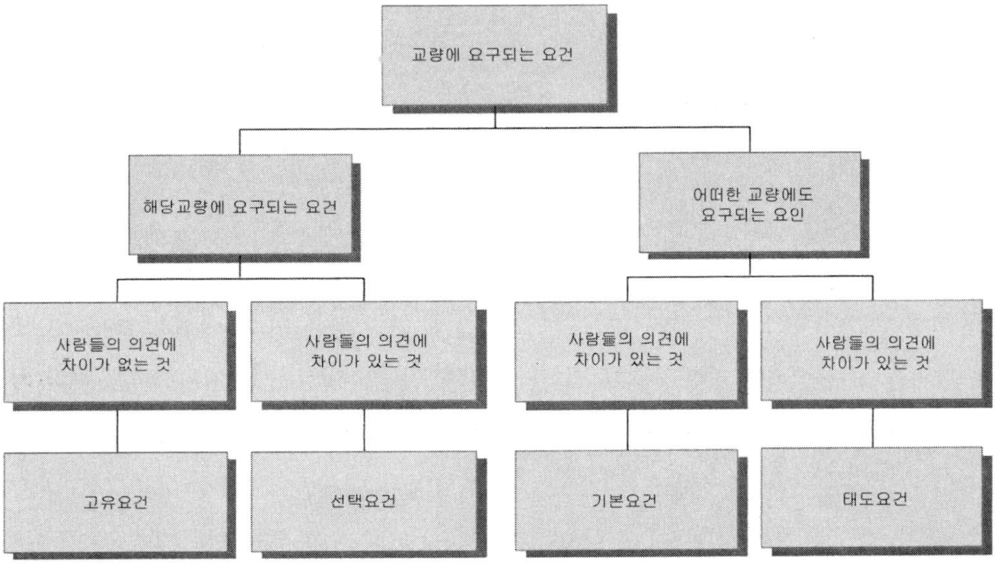

그림 9.1 교량에 요구되는 요건의 분류

없지만, 교량은 많은 사람들이 사용하고 많은 사람들에게 친밀해야 하는 공공 구조물인 이상 이러한 좋아함은 무시할 수 없다.

(2) 기본 요건

"어떤 교량에서도 요구되는 요건"에서 "사람들의 의견 차이가 없는 것"은 설계의 "기본 요건"이라고 할 수 있다. 교량이 튼튼하고 안전성과 내구성이 있어야 한다는 것은 논의할 여지가 없이 어떤 교량에서도 요구되는 것이며, 교량 설계는 이것을 기본적 요건으로서 구성하고 있다.

공공 재산으로서 건설되는 만큼 경제적이어야 한다는 것(싸다는 뜻이 아님)도 "기본 요건"의 하나이지만 동시에 미래의 자본(Stock)이 되는 건전한 아름다움이 있는 교량이라는 것도 "기본 요건"의 하나임에 틀림없을 것이다.

(3) 고유 요건

"해당 교량에 요구되는 요건" 중 "사람들의 의견 차이가 없는 것"이란 해당 교량에 고유하게 반드시 지켜야 하는 요건, 즉 "고유 요건"이다. 예를 들면 강(하천)에 가로놓는 교량의 경우에는 교각의 하천 점유율이나 이안 거리(離岸 距離), H.W.L.보다 아래에 받침 등을 설치하지 않는 등 이러한 여러 가지 하천 조건은 반드시 지켜야 한다. 아래에 도로가 놓이는 경우에는 그 도로의 건축 한계가 고유 요건의 하나가 된다.

지방자치체가 작성한 종합 계획 등 상위 계획(上位 計劃)에 따라 해당 교량의 성격이 이미 정해져 있는 경우가 있는데 이 경우의 교량 성격도 "고유 요건"의 하나이다. 또, 가설 지점의 여러 가지 상황으로 보아 교량의 상태(모양)가 저절로 간파될 때에는 그 상태(모양)도 "고유 요건"에 포함해야 한다.

(4) 선택 요건

"해당 교량에 요구되는 요건" 중 "사람들의 의견 차이가 있는 것"이란 이른바 해당 교량에 대한 태도 요건이다. 교량 전반에 대한 "태도 요건"과 다른 점은 이것을 다만 "좋아함"으로서 무시할 수는 없다는 점에 있다. 왜냐하면 실체(實體)로서의 형상을 얻기 위해서는 여러 가지 의견 차이가 있는 선택폭에 방향성을 부여하고 풀어나가야 하기 때문이다. 그런 뜻에서 해당 교량에 대한 태도 요건은 "선택 요건"이라고 할 수 있다.

즉, 컨셉이란 몇 개의 선택폭에 방향성을 부여하는 것이라고 기술하였는데 교량에 요구되는 요건 분류상에서는 "선택 요건에 부여하는 방향성"으로서 컨셉을 자리매김할 수가 있다[3).

9.2 설계 방법과 컨셉

9.2.1 고유 요건과 컨셉

이상과 같이 컨셉을 자리매김하게 되면 설계에 앞서 컨셉을 설정하고 그에 따라 설계 전체를 좇는다는 것은 불가능하다는 것을 깨달아야 한다. 왜냐하면 앞에서 기술한 바와 같이 교량에는 많은 제약 조건이 있음과 동시에 상위 계획에서 오는 교량의 성격 부여 등이 있으므로 먼저 이러한 고유 요건을 모두 철저히 밝혀내고 그 고유 요건에 따라 정해진 형상 또는 방향성을 분명하게 한 후에 컨셉을 성립하기 때문이다. 이른바, 고유 요건으로는 정할 수 없는 부분의 형상에 대해서 컨셉이 필요한 것이다. 더구나 설계 진행과 함께 여러 가지 요인 관계를 볼 수 있고, 맨 처음에는 선택 요건이었던 것도 고유 요건으로 전화(轉化)하여 컨셉은 서서히 그 범위를 좁히는 일도 많다. 고유 요건이 교량에 비하면 적다고 생각되는 건축에서도 설계가 진행됨에 따라 "컨셉이 보이고 있다"고 하는 표현법이 있듯이 설계에 앞서 컨셉을 설정하기란 대개의 경우 불가능한 것이다. 설계란 어떤 면에서 보면 선택 요건을 고유 요건으로 전환시키는 행위라고도 할 수 있다. 컨셉의 설정은 고유 요건과의 주고받음에 따라 성립하고 있음에 유의해야 한다.

9.2.2 컨셉이 필요 없는 디자인 방법

그렇다면 컨셉을 필요로 하지 않는 디자인 방법은 어떤 것이 있을까? 다음의 2가지 경우에는 컨셉을 책정하지 않더라도 형상 만들기를 할 수 있다. 그 하나는 전체 선택 요건을 평가하는 방법이고 다른 하나는 암묵(暗默)의 컨셉이 설계를 좇는(Drive) 방법이다.

(1) 선택 요건의 평가

만약 선택 요건을 모두 추출할 수 있고 그들을 기본 요건에 따라 평가하여 풀어나갈 수 있다면 컨셉은 필요 없다. **그림 9.2**는 어떤 가설 지점에 대한 교량 형태를 생각할 수 있는 데까지 추출하고 그 대표적인 예를 나타낸 것이다. 이 교량에서는 이와 같은 선택폭을 경제성, 구조성, 시공성, 경관성과 같은 기본 요건에 따라 종합 평가하고 교량 형태를 좁혀 나간다. 컨셉을 책정하는 것이 아니고 전체 선택폭을 기본 요건에 따라 평가함으로써 해법을 좁히는 것이다. 이와 같이 생각할 수 있는 선택폭을 모두 또는 몇 안(案)을 만들고 이것을 구조성이나 경제성 등

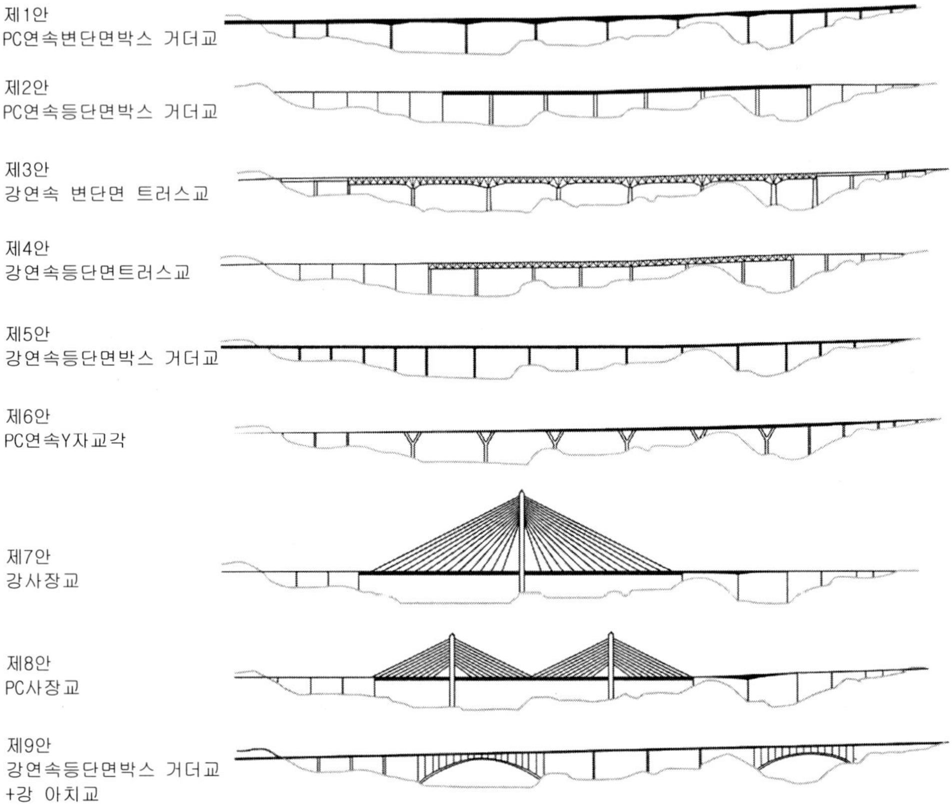

그림 9.2 어떤 가교 지점에 대한 교량 안(案)의 대표 예

몇 개의 관점에서 평가하여 가장 적합한 안(案)을 좁혀 나가는 방법은 토목 분야에서는 일반적으로 이루어지고 있는 구성 방법이다. 따라서 토목 기술자에게는 친숙하기 쉬운 방법이므로 경관 설계에서도 똑같은 방법이 널리 쓰이고 있다.

다만, 선택 요건을 모두 추출하고 그것을 평가한다는 것은 컴퓨터를 이용한 설계 지원 시스템 등이 충실함으로써 이제부터는 쉽게 될 것이라고 생각되지만 현재 상태로서는 굉장한 노력을 필요로 한다. 해당 교량이 안고 있는 과제가 복잡하게 되면 될수록 전체 선택 요건의 추출과 그 평가는 더욱 귀찮은 존재가 된다. 예를 들어, 컴퓨터의 지원을 받았다고 하더라도 가능한 선택폭의 모두를 추출하고 그것을 평가하는 데에만 정력이 쏟아져 도저히 하나하나를 꼼꼼하게 검토하고 각각의 조형적 가능성을 찾는다는 검토는 하기 어렵다. 이와 같이 검토가 모두에게 혜택이 돌아가도록 될 위험성을 안고 있는 경우에는 컨셉을 도입하여 선택 요건의 폭을 좁혀 더 꼼꼼하고 또한 효율적인 검토를 하는 쪽이 좋다고 생각된다. 특히 선택 요건에 새로운 연구를 필요로 할 때에는 컨셉으로 해법의 폭을 좁혀 놓지 않으면 해법은 발산(發散)할 뿐이고 수렴되지 않아 좋은 연구가 나오지 않는다.

(2) 암묵 컨셉

또 하나의 컨셉이 필요 없는 디자인 방법은 "암묵 컨셉"이 설계를 리드하는 방법이다. 예를 들면 해당 교량으로서 교량 길이 30m의 교량이 있다고 하자. 그리고 이 교량은 어떤 관점에서 보아도 극히 일반적으로 어디에나 있는 교량이라도 좋고, 어떤 인식이 설계에 좋다라고 모든 사람에게 공통하고 있으면 형상 만들기에서는 "이것은 이러한 설계, 이러한 형상이라는" 것과 합의해 가는 것만으로 좋고, 일부러 컨셉을 세울 필요는 없다. 이른바 "극히 일반적으로 어디에나 있는 교량"이라는 공통 인식이 설계에 종사하는 모든 사람에게 암묵의 컨셉으로서 공유하고 있는 경우이다. 또는 그 결과로서 선택 요건이 매우 적게 되어 있는 경우로 생각할 수 있다.

일본의 가전 메이커는 상당히 많은 제품을 이 암묵의 컨셉에 따라 디자인하고 있다. 즉, 일본의 가전 제품은 현상품의 매상 여하에 관계없이 차기 상품을 시장에 내보내는 시스템을 채용하고 있다. 그러므로 제품 개발에 종사하는 모든 사람은 제품 흔적(Product Trajectory)을 그리면서 일을 하고 있고, 웬일인지 "차기 상품은 이 방향으로"라는 공통의 이미지를 가지고 있다. 더욱더 이것을 강화하는 일로써 사외비(社外秘)의 기술전(技術展)을 열고 기술 부문이나 디자인 부문과 같은 개발에 관계하고 있는 각 부문이 차기 상품이나 차차기 상품을 제안하고 있다. 그렇게 함으로써 디자인 부문이 나타내는 벡터를 기술 부문은 그것을 지원할 수 있도록 기술 개발 벡터를 맞게 하거나 반대로 디자인부는 기술 부문이 나타내는 기술 품종(Seeds)를 받아들인 디자인 개발을 함으로써 치열한 제품 개발 경쟁에 대응하고 있다. 실제로 차기 상품 프로젝트를 진행하고 나서 기술 개발을 한다는 것은 맞지 않기 때문이다.

교량의 경우도 각각의 사업 주체는 매년 몇 개의 교량을 설계, 시공하고 있다. 그러나 현재 상태에서는 설계에 종사하는 모든 사람이 설계가 시작되기 전에 해당 교량의 최종 형상에 대한 이미지를 공유하고, 암묵의 컨셉이 설계를 리드하여 좀더 좋은 성과를 거두는 장면은 극히 적다. 한 교량 한 교량 제로(0)에서부터 설계를 진행시키고 있어 비효율적이라고 할 수 있다. 장대 교량과 같이 예산적으로나 시간적으로도 비교적 여유가 있는 교량에서는 무언가 대응할 수 있다고 하더라도, 그러한 여유가 없는 중소 규모의 교량에서는 가전 제품과 마찬가지로 프로젝트가 진행되고부터는 새로운 연구를 동반하는 그런 검토는 하기 어렵다. 교량의 경우 기술전(技術展)과 같은 선행 제안을 하는 장을 마련하기가 곤란하다고 한다면 거기에서 변하는 것은 경관 매니지먼트(Management)일 것이다. 사업 주체가 건설할 예정인 교량 전체를 전망하고 각 교량의 성격 부여를 하는 것만으로도 선택 요건의 폭은 좁아지고 설계 효율화를 도모할 수 있을 것이다. 아무쪼록 이러한 경관 매니지먼트를 도입하여 대상물을 좁힌 검토에 의해 좀더 좋은 성과를 거두기 바란다.

9.2.3 컨셉 주도형 디자인

컨셉이 필요 없는 디자인 방법과는 반대로 다음과 같은 경우에는 컨셉 주도형의 디자인 방법을 채용할 수 있다.

(1) 고유 요건이 적은 경우

정원교(庭園橋) 같이 교량 길이나 거더 아래 공간에 아무 제약이 없고 그들을 자유롭게 결정할 수 있는 고유 요건이 적은 교량에서는 컨셉을 설정하고 거기에 따른 방향 부여를 하지 않으면 설계는 진행할 수 없다. 사진 9.1의 교량이 실제로는 어떤 경우로 건설된 것인지는 알 수 없으나 이런 교량에서는 정원의 산책길과 손님방에서 보임을 감안하여 "이 부근에 교량을 놓고 싶다"고 하는 생각을 우선시킬 수 있다. 선택 요건이 극히 적고 암묵의 컨셉이 생긴 것과는 정확히 반대의 경우이다.

그런데, 건축에는 여러 가지 분야가 있어 일률적으로는 말할 수 없지만 주택 설계 등은 고유 요건이 적은 분야라고 할 수 있겠다. 예를 들면 $50m^2$의 공간은 건축주로부터 각별한 희

사진 9.1 정원교

사진 9.2 가츠세바시(勝瀬橋) 신교량 계획안

망이 없으면 그것을 일본풍으로 하거나 스페인풍으로 하는 것은 자유이다. 해당 건설에서 그 전체를 검토하기는 불가능하므로 컨셉이 주도하여 검토 방향을 결정해야 한다. 따라서 이러한 설계 방법에 익숙해진 사람은 고유 요건이 많은 일반 교량에도 그 방법을 강요하려고 하는 경향이 있어 그 자리에 어울리지 않는 교량을 만들어 문제로 되는 경우가 있다.

(2) 고유 요건을 대충 파악하고 있을 경우

고유 요건이 경관 매니지먼트 등에 따라 대충 파악할 수 있을 때에는 갑자기 컨셉을 설정할 수 있다. 일본의 사가미(相模) 호수에 가설되는 가츠세바시(勝瀬橋)는 일본에서 최초에 건설된 사장교이다. 현재 이 교량에 인접하여 새로운 교량이 계획되고 있다(사진 9.2). 이 새로운 교량 계획은 일본의 제2차 신가라가와(新神奈川) 계획의 일환으로서 책정된 "사가미 사카와 9교(SS9교) 긴급 정비 계획"에 의거한 것인데 구체적인 계획에 앞서 "사가미 사카와 9교(SS9교) 경관 등 검토 위원회"를 설치하고 9교 전체를 전망한 다음에 각 교량의 경관 정비에 대한 기본적인 사고 방식을 정리하고 있다. 새로운 교량의 구체적인 경관 검토는 이 정비 방침에 기초를 두고 있고, 교량 형식도 2경간의 강사장교로 정해져 있다. 이와 같이 고유 요건이 상당히 명확하게 되어 있으므로 가츠세바시 신교량의 경관 검토에서는 ① 주탑 형상은 현교량과 신교량에 유사성을 갖게 하여 조화를 도모한다, ② 케이블 개수는 작게 하여 심플하게 보이는 형식으로 한다, ③ 하부공을 가능한 한 작게 하여 전망을 좋게 한다, ④ 가능한 한 스케일을 콤팩트하게 정리한다 등 4가지의 구체적인 컨셉을 검토에 앞서 설정할 수 있고, 대상물을 좁힌 면밀한 검토를 하고 있다.

(3) 고유 요건이 경합하고 있을 경우

고유 요건끼리 트레이드 오프(Trade Off) 관계에 있을 때는 컨셉에 따라 태도를 분명하게 해야 한다. 예를 들면 고유 요건으로서 한편으로는 랜드 마크(Land Mark)가 되도록 하는 Symbolic한 교량이 요망되고 있고, 다른 한쪽에는 풍경에 서로 어울리는 안정된 교량이 요구되고 있다고 한다. 그 때 그 양쪽을 만족하게 하는 형상을 만들어 낼 수 있다면 문제는 없으나 일반적으로는 어느 쪽이 만족되고 어느 쪽이 무시되는 형상이 된다. 이와 같이 한쪽의 고유 요건을 만족하게 되면 다른 한쪽의 고유 요건의 충족이 곤란하게 되는 경우에는 하나의 방법으로서 컨셉을 세워 태도를 분명하게 하는 방법을 채용하고 있다.

다만, 컨셉을 세워 한쪽의 고유 요건을 잘라 버림으로써 트레이드 오프를 해소한다는 것은 창조의 큰 기회를 놓치는 경우도 있다. 심벌화(Symbolic)하고 또한 안정된 교량 형상을 탐구함으로써 새로운 가능성을 얻는 경우도 많다. 따라서 설계에서는 고유 요건끼리 트레이드 오프 관계에 있기 때문이라고 해서 곧 컨셉을 세우는 것이 아니고 양자를 만족하게 하는 형상의 탐구를 몇 시까지 하는가 하는 타이밍을 예측하는 것이 중요할 것이다.

(4) 설계 대상이 경쟁하고 있을 경우

예를 들면 강줄기에 두 교량을 300m 정도 떨어져 건설하는 계획이 있다고 하자. 두 교량의 계획 교통량이나 두 교량에 대한 하천 조건도 양안(兩岸)의 환경이나 문화도 거의 같고, 고유 요건도 똑같다고 하면 고유 요건만으로 두 교량은 똑같은 형상으로 하지 않을 수 없다. 그러나 모처럼 거액을 들여 건설하는 것이므로 차별화를 꾀하려고 한다면 컨셉을 설정하고 그 주도에 따라 형상 만들기를 하게 된다. 이와 같이 고유 조건이 거의 같고 그것을 만족시키는 것만으로는 유사한 결과로 되어 버릴 경우 컨셉이 차별화의 수단이 된다.

자동차나 가전 제품도 기술적 조건이 거의 같고 타깃 유저(Target User)층도 같으면 경쟁하는 다른 회사 제품과의 차별화를 꾀하는 수단은 컨셉이라는 것이 된다. 컨셉에 따른 차별화를 항상 요구해 온 사람은 어떤 교량에도 컨셉을 설정하고 차별화를 꾀하려고 하지만 교량의 경우는 항상 차별화가 요구되는 것이 아니므로 주의해야 한다.

(5) 부가 가치를 높일 경우

해당 교량이 "장해가 되는 공간을 가로질러 통로를 대안(對岸)에 잇는 것"이라는 이제까지의 교량 기능에 더해 무엇인지 새로운 가치를 지니고 싶다고 한다면 선택 요건의 폭은 지금까지보다도 넓게 컨셉을 설정하고 방향을 정해야 한다. 예를 들면 "광장의 교량"이라든지 "만

사진 9.3 휴식 시설이 있는 교량(福博)

남의 장의 교량"과 같은 컨셉을 도입하여 보도 폭을 넓게 잡거나 벤치나 발코니가 설치된 지금까지의 교량과는 내용을 다르게 한 교량이 출현하고 있다(그림 9.3). 이와 같이 해당 교량에 요구되는 요건을 초월하여 좀더 적극적으로 교량의 부가 가치를 높이려고 할 때 컨셉이 도입되고 새로운 가치가 있는 형상을 탐구하게 된다.

이상의 5가지 경우 중 (1)을 제외하고 컨셉은 고유 요건을 만족하게 한 다음에 성립하고 있으며, 컨셉 주도이지만 고유 요건을 분명하게 하기 전에는 컨셉을 설정할 수 없다는데 새삼 유의해야 한다.

9.3 고유 요건이나 컨셉의 구현화 방법

고유 요건에는 "건축 한계 클리어(Clear)"와 같은 직접, 형상을 지시하는 내용과 함께, 앞에 기술한 바와 같은 "심벌화(Symbolic)한 교량"과 같은 충분한 형상과 직결하고 있지 않은 내용도 포함된다. 컨셉도 이러한 추상적인 말로 나타내는 경우가 많다. 일반적으로 고유 요건이나 컨셉에 포함되는 이러한 추상적인 내용은 복수 개(複數 個)가 있는 것이 일반적이지만 이들을 형상으로서 구현화(具現化)하는 방법에는 (1) 통합형, (2) 분담형의 두 가지가 있다. 어느 쪽의 방법으로 구현화하는지에 대해서도 미리 검토해 두는 것이 중요하다.

9.3.1 통합형

예를 들면 A, B, C와 같은 3가지 내용에 대해 "A 또는 B 나 C"로 이루어지는 형상을 창

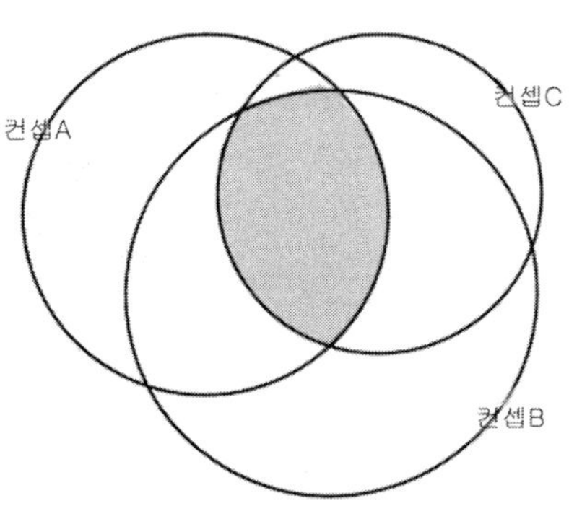

그림 9.3 통합형의 구현화 방법

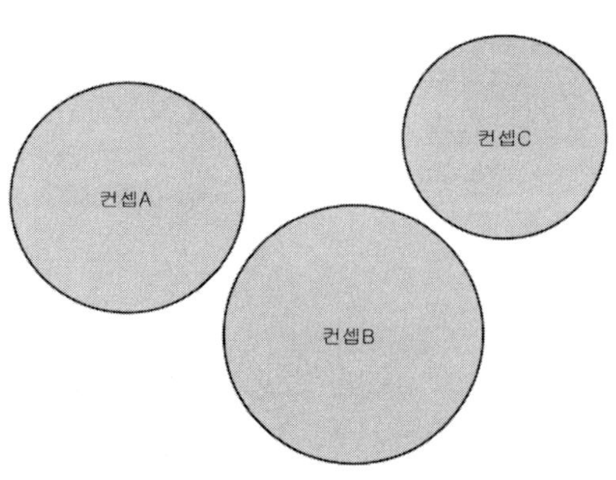

그림 9.4 분담형의 구현화 방법

사진 9.4 쿠지라교(컬러 퍼스펙티브)

안하듯 적집합적(積集合的) 사고 방식의 형상 만들기 방법을 통합형이라고 한다(그림 9.3). 우선 한쪽에서 랜드 마크가 되는 그런 심벌화(Symbolic)한 교량이 요망되고 있고, 다른 한쪽에서는 풍경에 서로 어울리는 안정된 교량이 요구되고 있는 것 같은, 일반적으로는 트레이드 오프 관계에 있다고 보여지는 고유 요건의 양자를 만족하는 그런 형상의 탐구는 창조의 큰 기회라고 기술하였는데 이러한 탐구가 바로 통합형 형상 만들기 방법이다. 쿠지라바시(鯨橋)라고 이름 붙여진 이나기(稻城) 중앙공원 연락교(사진 9.4)는 심벌화(Symbolic)하면서 가설 지점의 풍경에 서로 어울리는 것을 목표로 한 것이라고 할 수 있겠다.

9.3.2 분담형

A, B, C라는 3가지 내용에 대해 A는 구조형으로 표현하고, B는 교량의 색채로, C는 난간으로 표현하는 것과 같이 교량의 각 부위를 분담하여 구현하는 방법이 분담형이다(그림 9.4). 3가지의 내용을 형상으로서 통합하는 것이 아니라 개별로 표현해 두고 사람들의 인상 중에서 통합하여 맞아들이는 것을 기대하는 것이다. 다른 내용을 각각으로 구현화하여 모으는 것이므로 위화감 없이 전체를 정리하는 데에는 그 나름의 주의가 필요하다.

결론

이제까지 컨셉은 상당히 모호하게 사용되어 왔다고 할 수 있다. 그러나 컨셉을 위와 같이 받아들이게 되면 컨셉은 어떠한 경우에 무엇에 대해서 필요한가를 명확하게 할 수 있을 것이다. 컨셉을 확실하게 사용함으로써 쓸데없이 컨셉에 휘둘리거나 반대로 컨셉을 세워야 하는 곳에 세우지 않아 헛되게 될지도 모르는 해답의 탐색을 하게 되지 않도록 디자인 프로세스를 제어하는 것이 중요하다.

교량 디자인에서는 발주자측의 담당자 이동이나 설계를 수주하는 쪽을 미리 확정할 수 없는 등의 이유로 앞에 기술한 암묵의 컨셉은 잘 생기지 않는 상황에 있다. 설계는 항상 제로(0)에서 출발할 수는 없다. 제로에서 출발하는 데는 그 나름의 좋은 점도 있겠지만 교량군 전체와의 밸런스를 깨는 논의를 낳게 하는 원인이 되거나 비효율적인 점은 부정할 수가 없다. 경관 매니지먼트의 도입을 도모하여 좀더 암묵의 컨셉을 활용하는 것을 연구해야 할 것이다.

연습 문제

① 구조 설계에서는 컨셉을 세우는 일은 거의 없다. 그럼 왜 구조 설계에는 컨셉이 필요하지 않는지 고찰해 보자.

② 상품에 대한 디자인 컨셉의 승인은 그 상품의 매상에 많은 영향을 끼치므로 상당히 신중히 해야 한다. 그럼 공공 재산으로서 교량 디자인 컨셉의 승인은 어떻게 해야 하는가를 상품과 대비하여 고찰해 보자.

참고 문헌

1) Kenkyusha : New English-Japanese Dictionary, Kenkyusha (1967)

2) 杉山 : 今日における景観設計の留意点, 施工技術 (1994)

3) 杉山 : 土木デザインにおける形態形成, JUDI NEWS 024, 都市環境デザイン會議 (1995)

연습 문제 해답집

1.① 1장의 켄트지(300×600mm)에 끝이 뾰족한 연필 모양의 것으로 직선이나 곡선의 끊어진 자국을 내고 그 자국에 따라 꺾어나가 조명 기구의 갓(Lamp-Shade)과 같은 원통 모양의 아름다운 형상을 만든다. 다만, 켄트지에 칼집을 내거나 잘라 버리면 안된다. 끝으로 통 모양으로 할 때에는 풀을 사용해도 된다. 작은 종이 조각으로 몇 번이나 접는 법을 시험삼아 해보고 만들 것

모델 1

모델 4

모델 2

모델 5

모델 3

모델 6

1.② 1장의 켄트지(300×600mm)를 가공하여 아치 리브 모양의 형상을 만든다. 다만, 그 위에 3cm 정도의 두툼한 사전(책)을 올려놓아도 찌부러지지 않을 정도로 튼튼한 구조체를 만든다. 또, 풀칠은 전혀 하지 않는다. ①과 마찬가지로 종이 조각으로 몇 번 시험삼아 해보고 만들 것

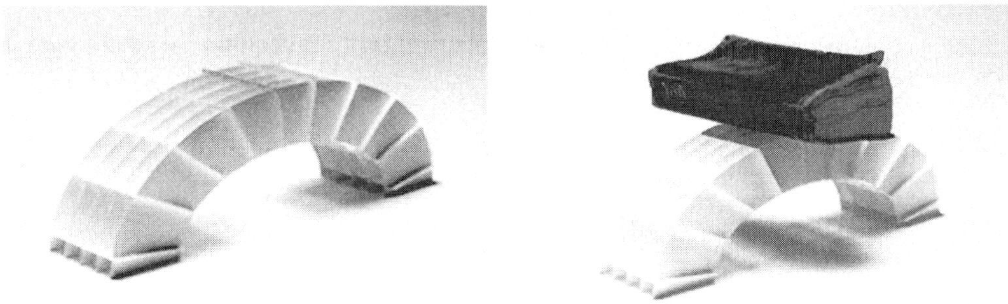

모델 1

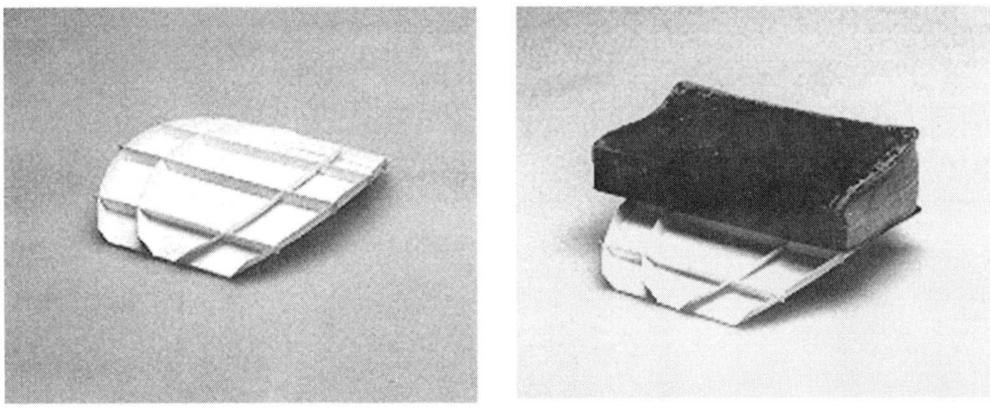

모델 2

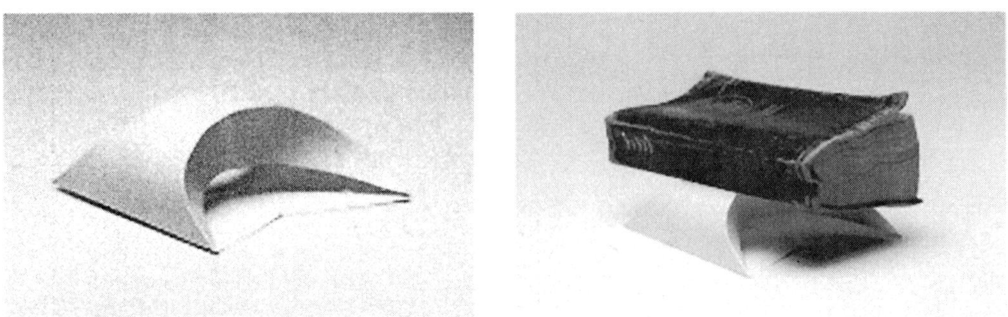

모델 3

1.③ 생략

1.④ 교량의 일반도를 참조하면서 정육면체를 분할·증식시킨 틀 속에 그것을 프리핸드(자를 보조적으로 사용해도 된다)로 그린다.

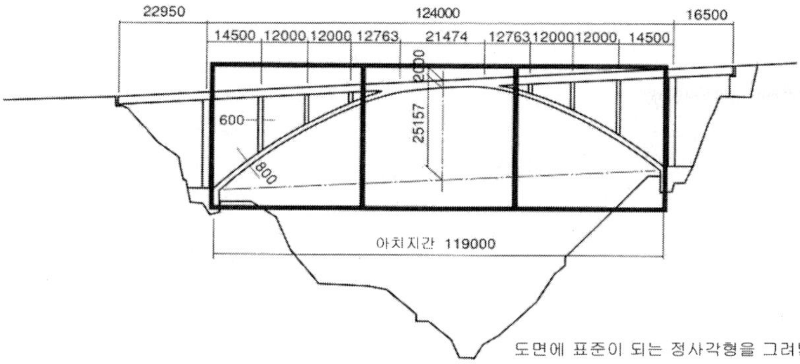

도면에 표준이 되는 정사각형을 그려넣는다

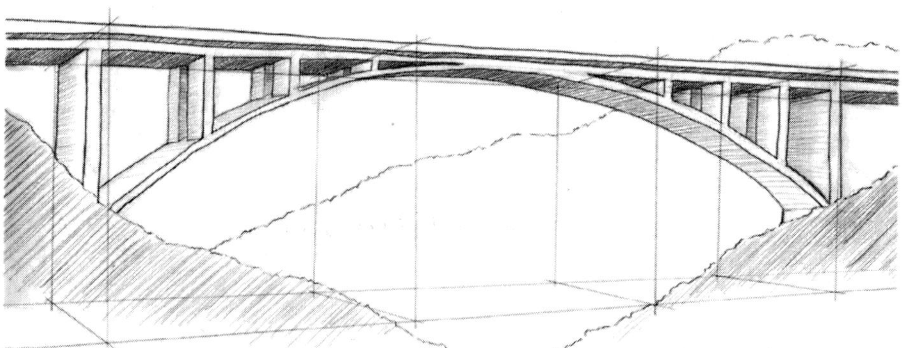

프리핸드로 그림을 그린다

자로 선을 정돈한다

1.⑤ ④에서 그린 교량의 투시도를 그림 1.21의 투시도 수정 방법을 사용하여 수정, 그림을 그린다.

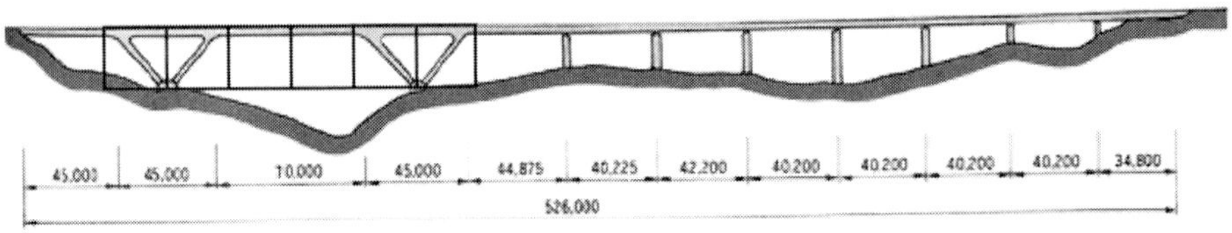

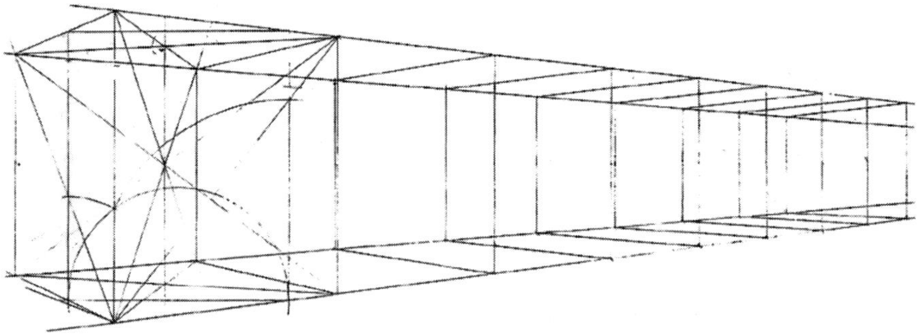

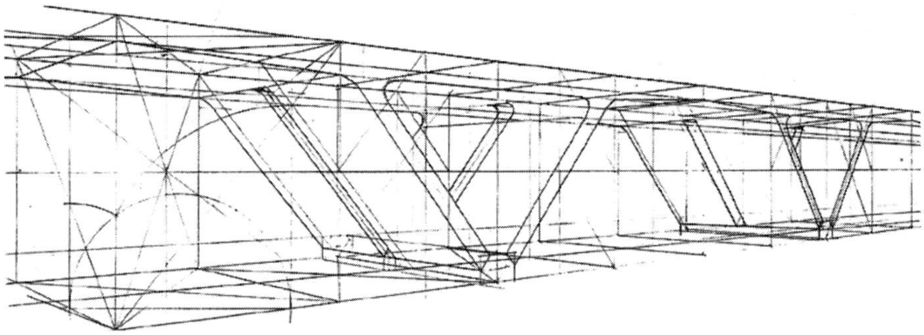

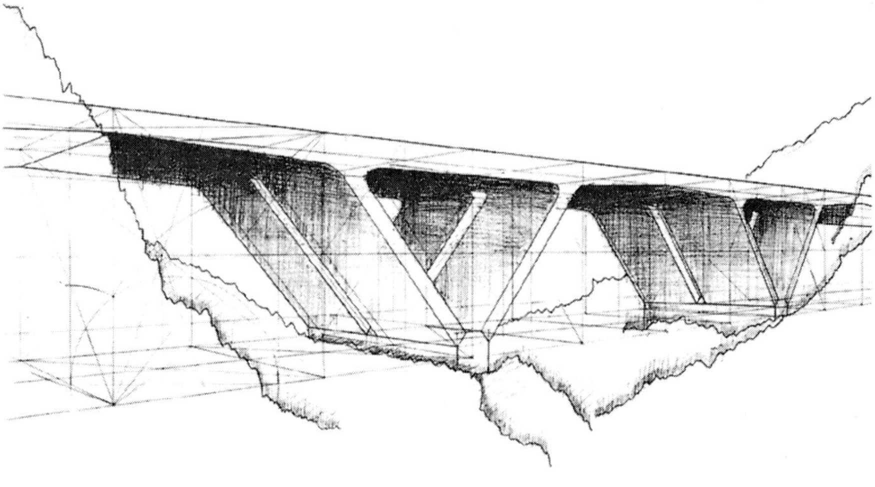

1.⑥ 교량 가설 지점을 상정하고 거기에 상응한다고 생각되는 교량을 스케치, 모델을 사고(思考)의 도구로 하여 디자인한다. 그 디자인 案의 모형을 작성하여 교량 가설 지점의 모형에 끼워 넣어 본다.

여기에서는 고속도로 위를 건너는 오버브리지(Over Bridge)의 3가지 안을 생각해 본다.

1안 : 거더교

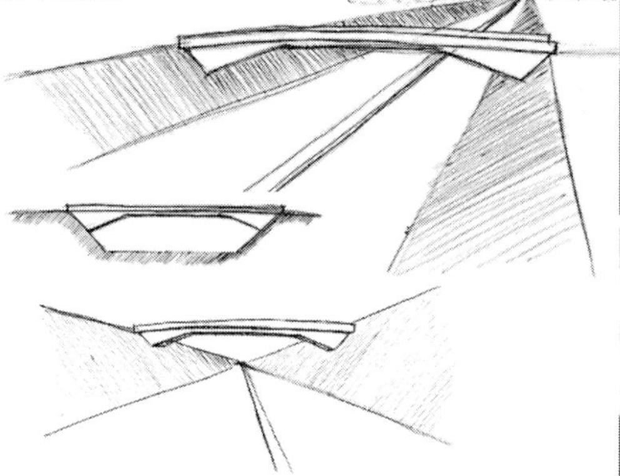

2안 : Land Mark를 겨냥한 아치교량

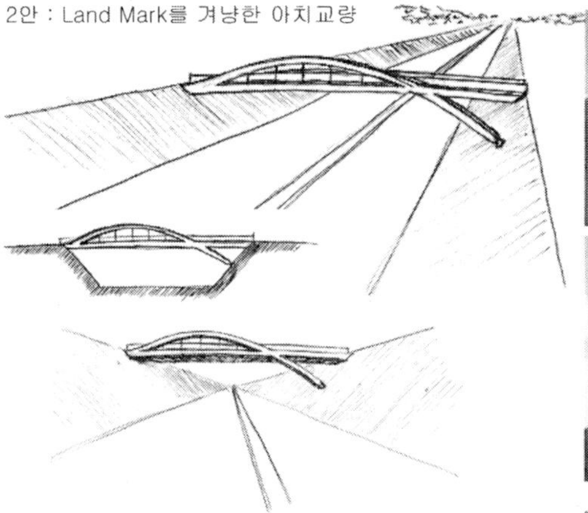

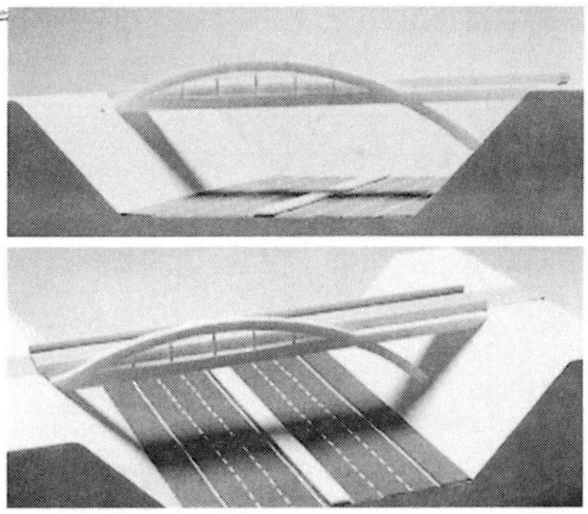

3안 : PC아웃케이블(out cable)교량

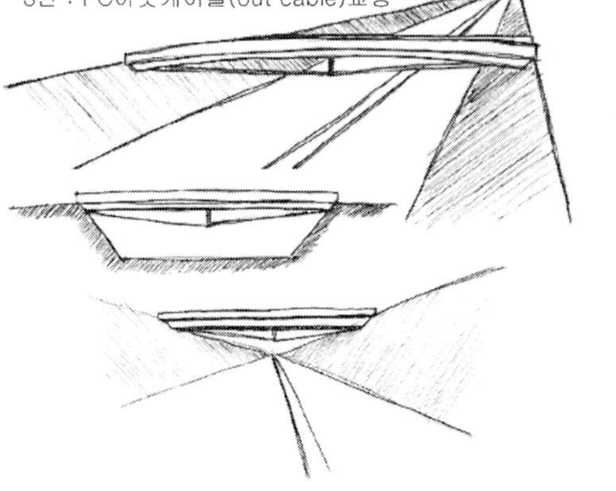

2.① **그림 2.7**과는 반대로 윗면이 원, 아랫면이 정사각형일 때에 두 면을 단조로운 관계로 연결하는 입체를 비례법, 스위프법, 감산법, 가산법의 4종류로 고안한다.

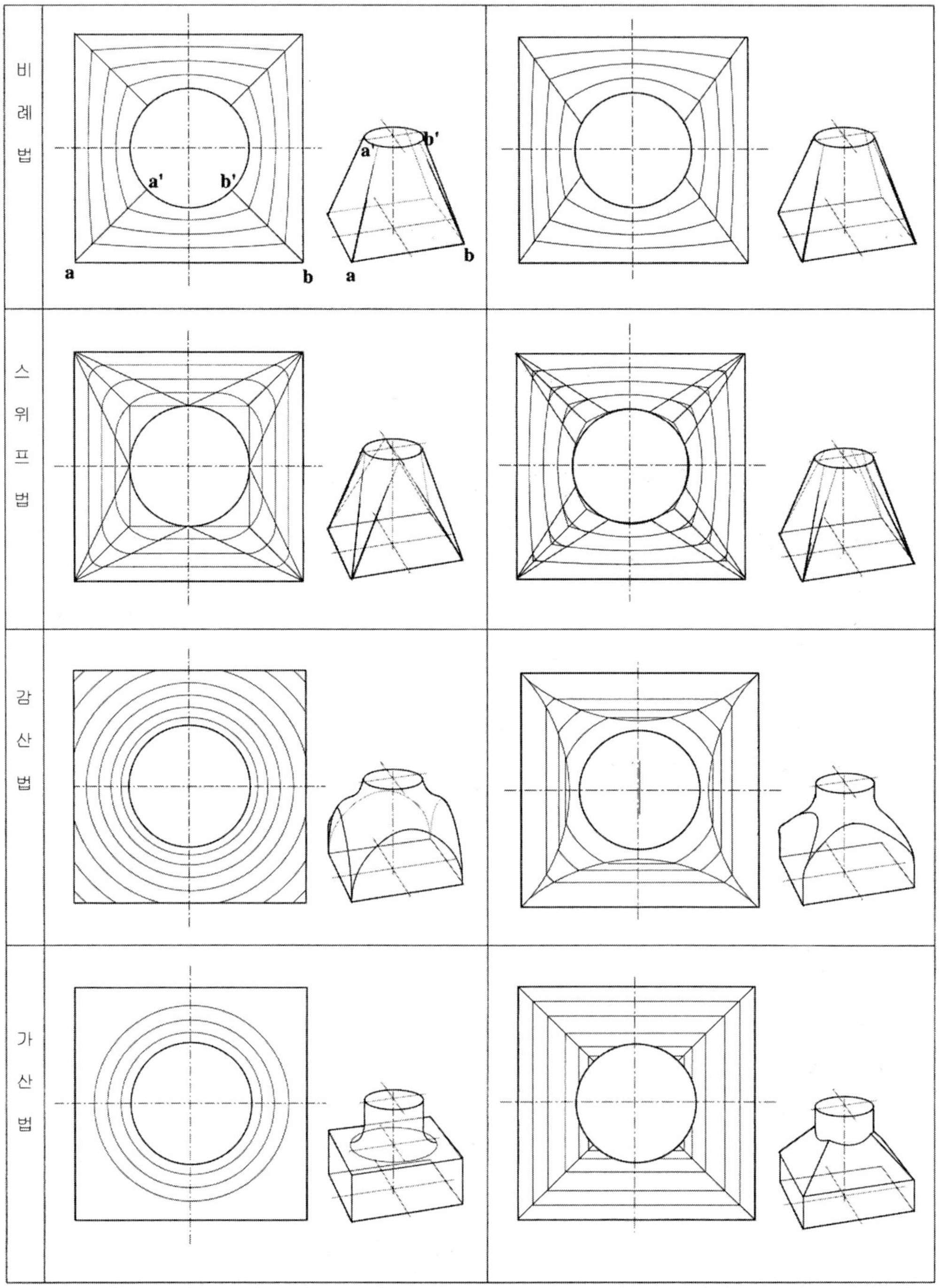

2.② 십자형 단면의 형상 구성을 5案 이상, 본문에 나타낸 이외의 것을 고안한다.

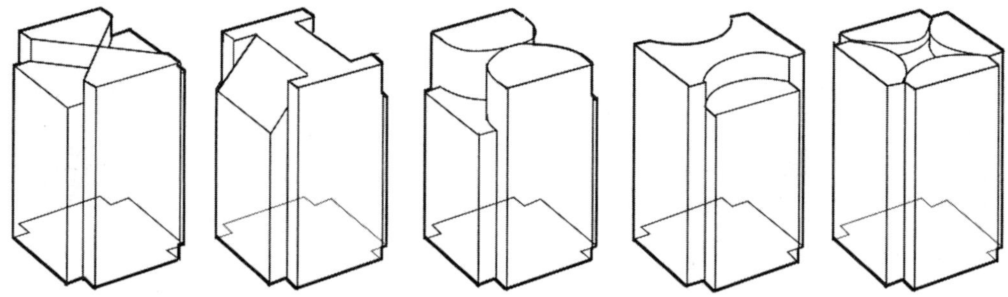

2.③ T자형 교각의 형상 구성을 10案 이상, 본문에 나타낸 것 이외의 것을 고안한다.

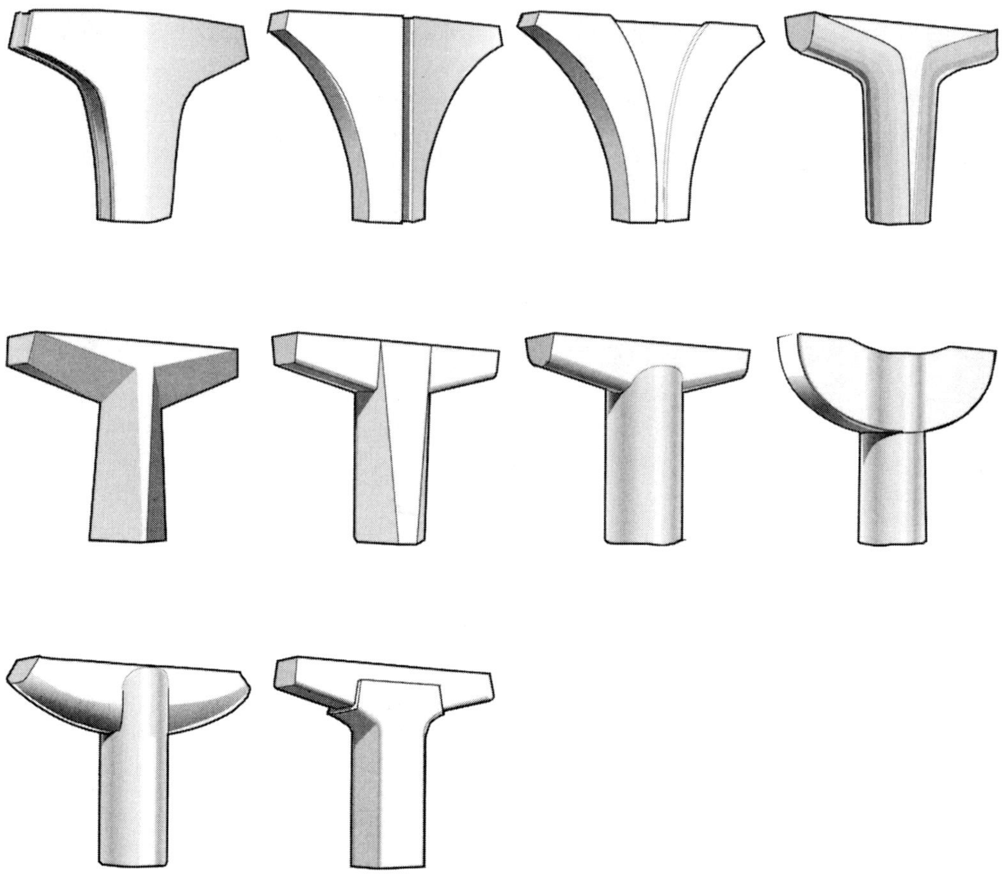

2.④ 문형(門型) 라멘 교각의 형상 구성을 12案 고안한다.

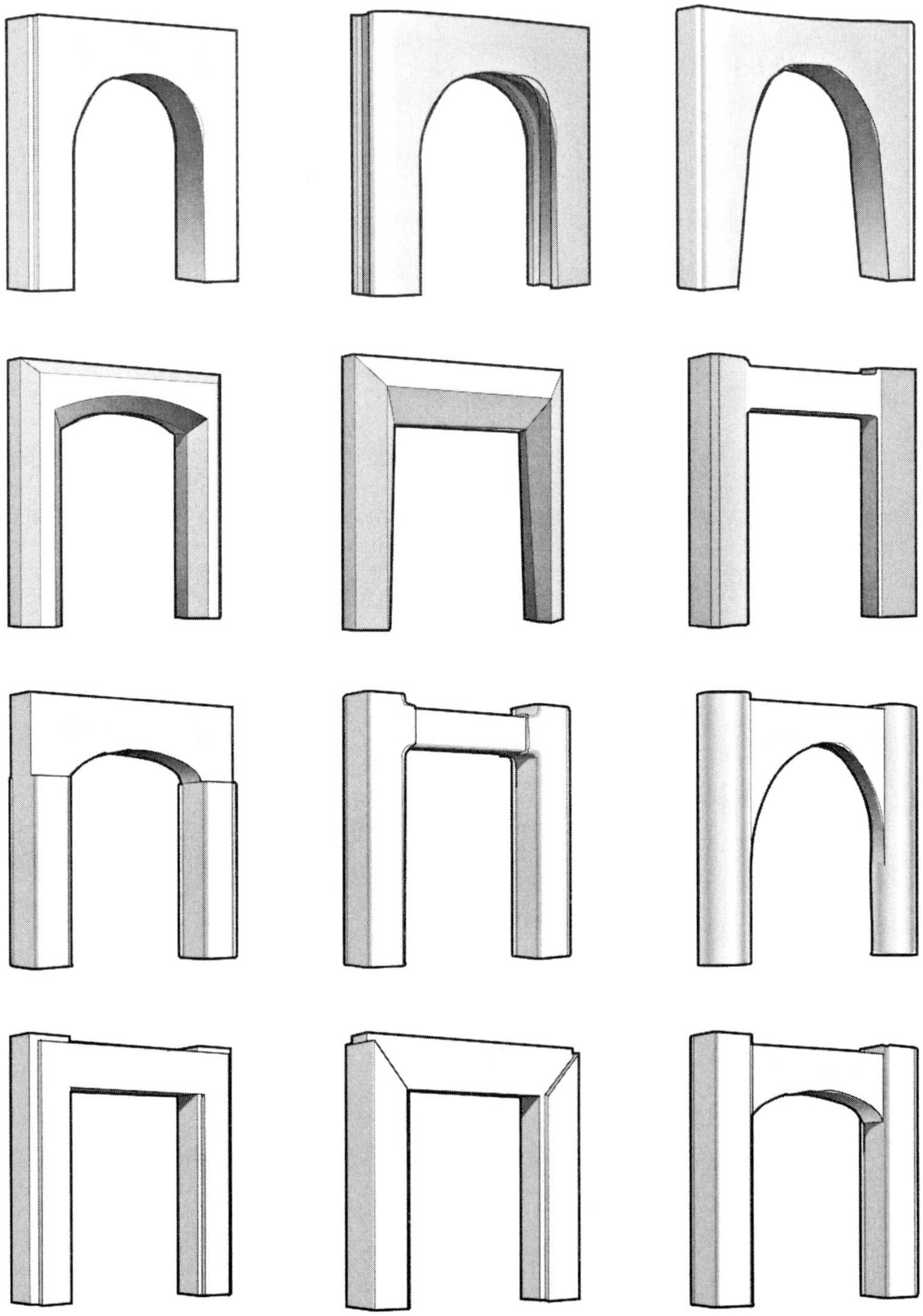

2.⑤ 주변에 있는 교량을 1개 선정하고 형상의 구성을 해석해 본다. 구성이 선명하지 않은 곳이 있으면 그것을 어떻게 수정하면 좋을지 대안(代案)을 스케치해 본다.

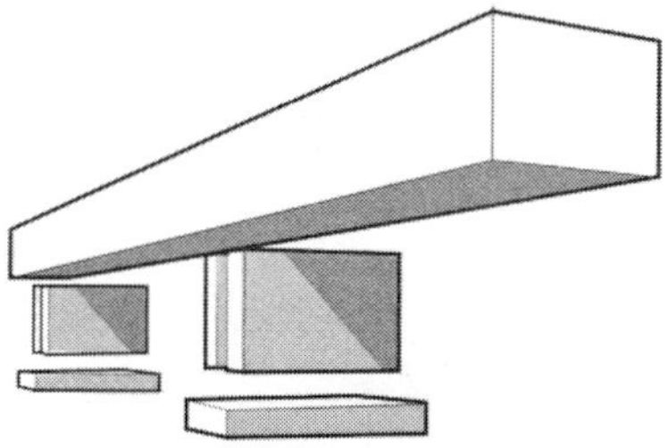

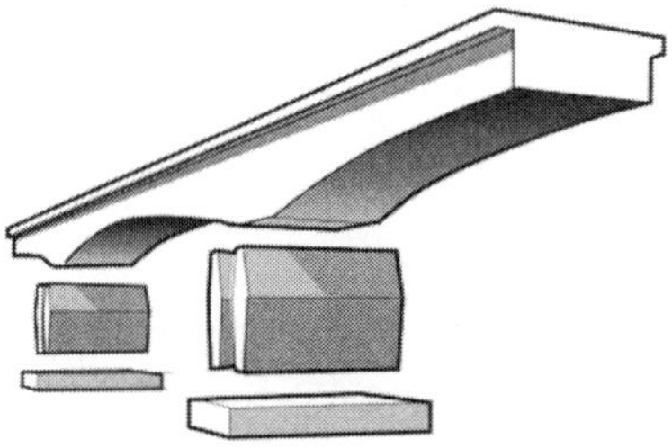

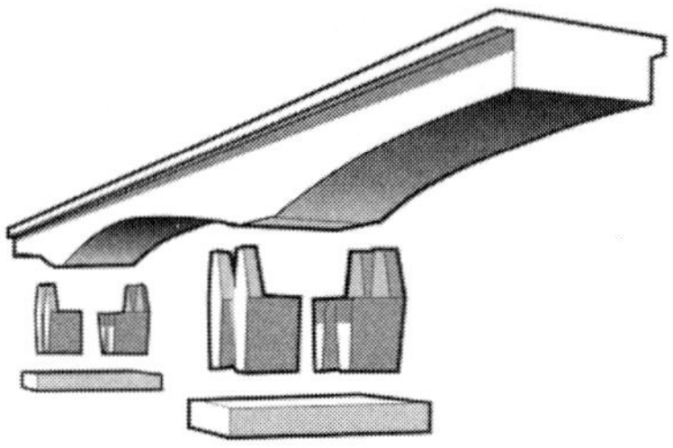

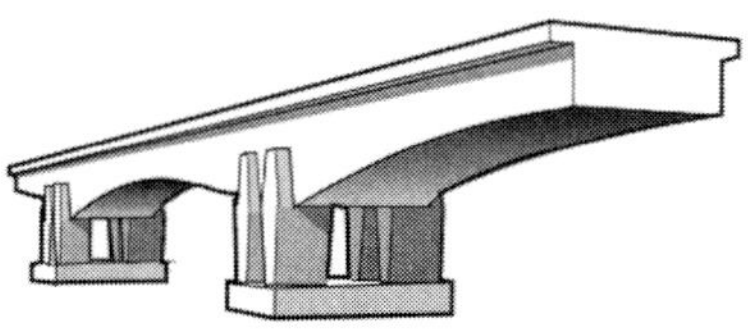

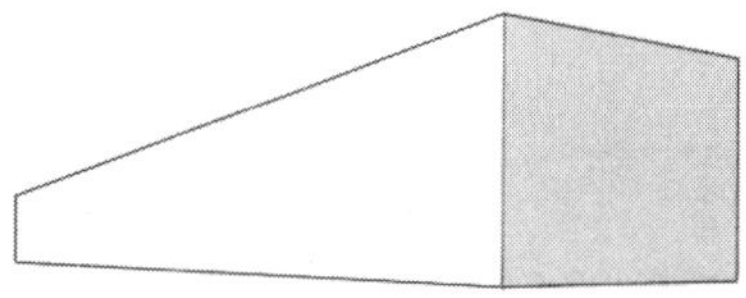

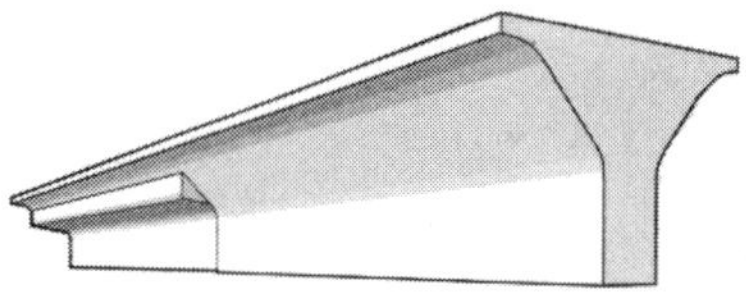

Y자형 교각부에서 역L자형 교각으로의 이행(移行)이 원활하지 않다. 다음과 같이 천이구간(遷移區間)을 설정하고 이행을 원활하게 한다.

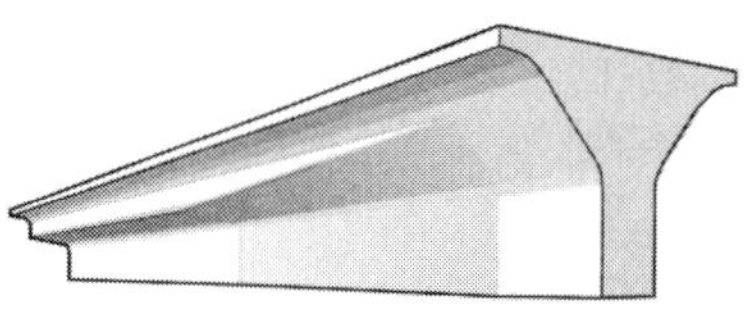

가바하나교

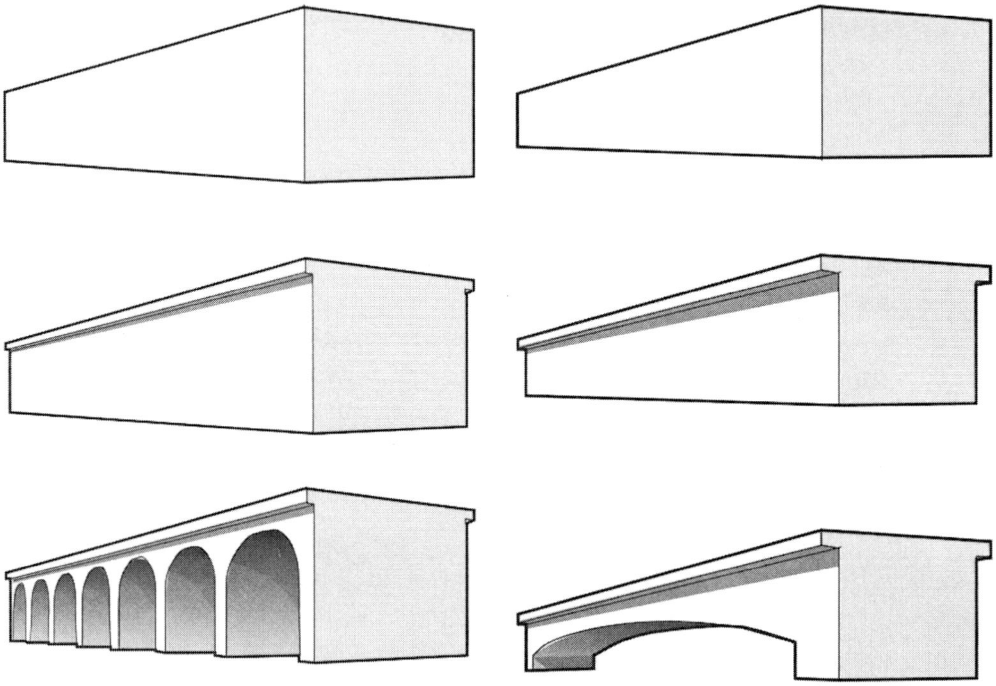

2.⑥ 농구공 모양의 하로(下路) 아치교는 통상적으로 가산법에 의해 형상 만들기를 하는 경우가 많지만 감산법으로 형상 만들기를 생각해 본다.

2.⑦ **그림 2.14**에 나타낸 지정된 R의 크기로 아래 그림에 나타낸 입체 R 만들기를 한다.

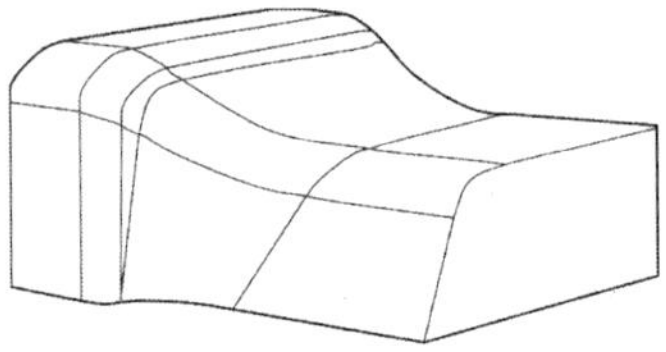

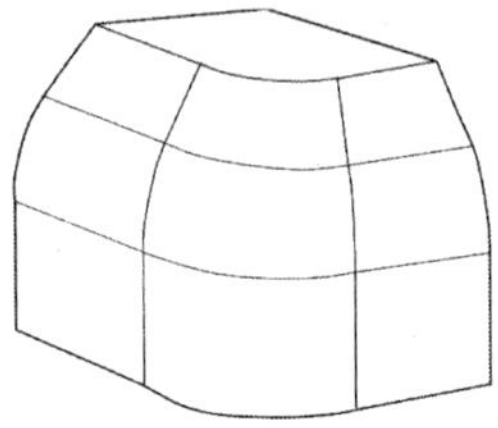

2.⑧ **그림 2.15**의 R 크기는 각각 다르다. 정점(頂点)의 수렴형 형상은 본문에 나타낸 R 만들기한 면이 아니다(단면은 R이 아님). 그 이유를 고찰한다.

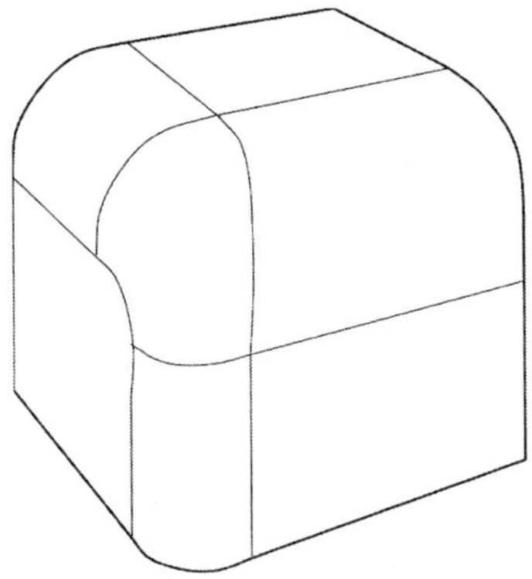

3개의 R 크기가 다를 때는 R 만들기 법칙에 따라 큰 R로 만들어야 한다. 그러나 **그림 2.15**의 경우는 3개의 R을 한꺼번에 만들려고 하였으므로 정점의 수렴형 형상은 R 만들기 면으로 되지 않았다.

따라서 바른 R 만들기 방법은 처음에 가장 큰 R의 능선을 R 만들기 하고, 나머지 2종류의 R은 조르기형의 R 만들기를 해야 한다.

2.⑨ 5경간 연속 거더의 스팬 분할을 검토해 보자.

교량 길이를 250m로 가정하고 중앙 경간 길이를 60m, 70m, 80m로 하였을 때의 스팬 분할

① 임의 길이의 a-a′를 중앙 경간 왼쪽 교각 위에 잡는다.

② a′와 오른쪽 끝 교각 위의 점 d를 잇고 중앙 경간 오른쪽 교각 위의 점 b에 세운 매달은 선과의 교점을 p로 한다.

③ p-b의 1/2 길이를 p의 바깥쪽에 잡고 b′로 한다.

④ a와 b-b′의 중간점 n을 잇는 선이 a-d와 교차하는 점 c는 구하려고 하는 교각의 위치이다.

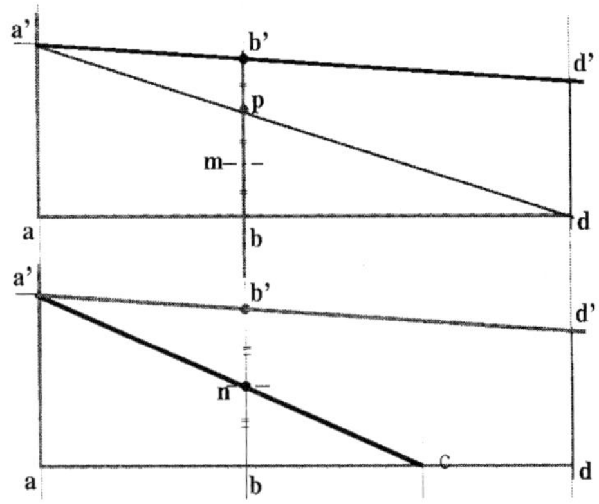

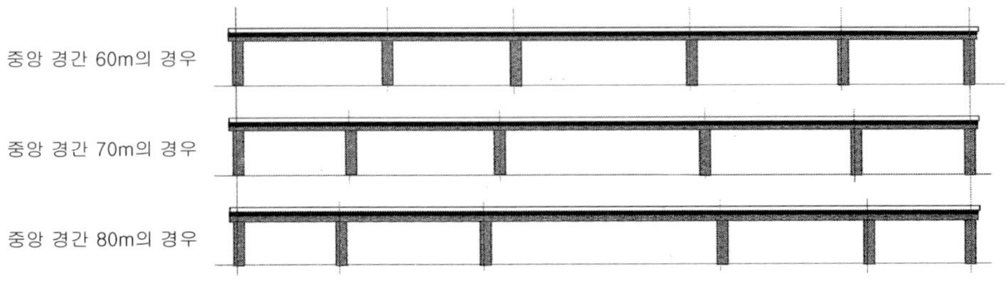

2.⑩ 7경간 연속 거더의 중앙 경간 길이가 200m, 등간격 설치 교량의 경간 길이가 45m일 때의 스팬 분할을 검토해 보자.

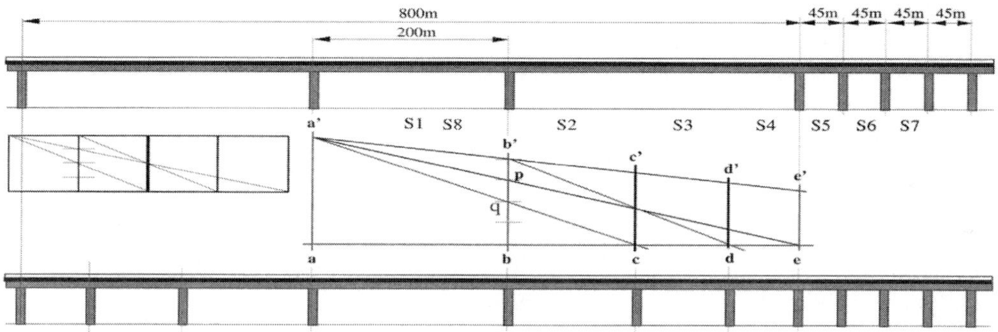

각 스팬을 차례로 S1(중앙 경간), S2, S3…로 한다.

스텝 1 : 7경간의 스팬 분할

① 그림 2.42의 방식에 따라 a′e와 b에 세운 매달은 선과의 교점을 p로 한다.

② a′와 bp의 2/3 점 q를 연장한 선이 ae와 교차하는 점 c는 S2의 스팬을 정하는 교각 위치이다.

③ bp의 1/3을 바깥쪽에 잡고 b′로 한다. b′와 c에 세운 매달은 선 위의 a′e와의 교점을 잇는 선을 연장하여 ae와의 교점 d를 구하면 d는 S3의 스팬을 정하는 교각 위치이다.

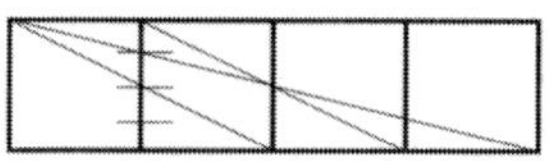

이상의 조작은 왼쪽 그림의 4개의 정사각형 각각의 대각선을 당긴 조작과 같다.

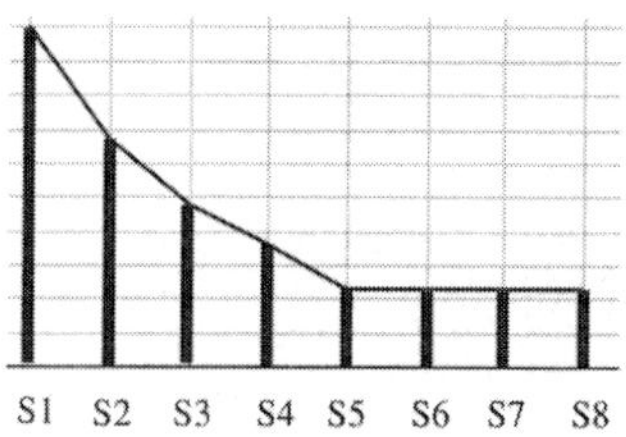

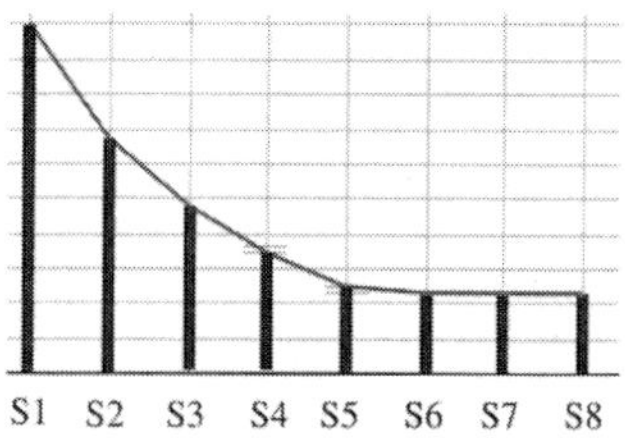

스텝 2 : 착시에 대한 대응

스텝 1로 구한 스팬 분할의 서서히 변하는 선(이하, 徐變線이라고 한다)을 그리면 오른쪽 그림 위와 같게 된다. 서서히 변하는 선은 S5의 지점에서 꺾여 있으므로 오른쪽 그림 아래와 같이 S2를 약간 짧게 하고 그것과 같은 만큼 S5의 스팬을 길게 하여 徐變線을 매끈하게 한다. 아래 그림은 구하는 스팬 분할의 그림이다.

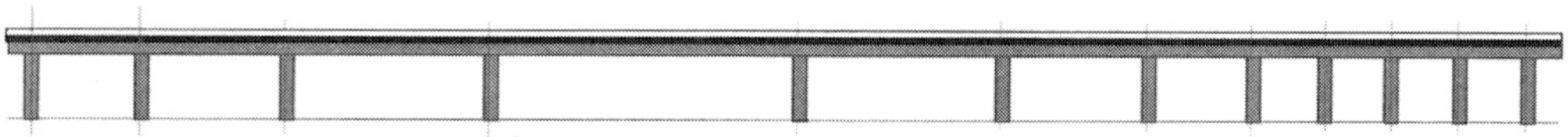

3.① 먼셀 기호에 대응하는 색 이름을 선으로 연결해 보자.

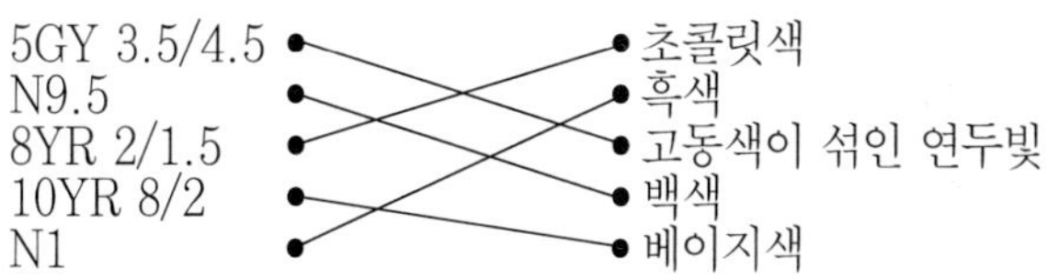

4.① 자기 사무실의 벽, 천장, 바닥, 사무실 가구, 퍼스널 컴퓨터 등 비품류의 광택을 7단계로 평가하고 분포도를 그려 보자. 그 밖의 광택과 차이가 크게 난 것이 있으면 그것이 위화감을 주는지의 여부를 검토해 보자. 똑같은 평가를 회의실, 응접실에서도 하여 사무실와 비교해 보면 재미있을 것이다.

대학의 S연구실은 블라인드가 돌출한 광택값을 나타내고 있다. 그 이외는 광택값 1~3의 낮은 광택 값으로 되어 있어 비교적 안정된 분위기를 자아내고 있다. 통상, 블라인드는 청소하기 쉽기 때문인지 광택이 나지만 광택의 관점에서는 그다지 광택이 없는 소재가 바람직하다.

대학의 I회의실도 S연구실과 거의 같은 광택값인데 백판(白板)이 높은 광택값을 나타내고 있다. 기업의 회의실 등에는 백판 앞에 방 분위기에 맞춘 문을 설치하는 경우가 있는데 문의 연출적 측면도 물론이거니와 광택의 관점에서도 바람직하다고 할 수 있다.

대학 회관 로비는 유리, 계단 측면이 돌출된 광택값을 나타내고 있으며 이들의 영향으로 로비 전체도 광택값이 높은 인상을 주고 있다. 이것은 로비라는 성격상에서 기분의 고양을 높이는 점과 갠 날을 연출하는 것 등이 의도되어 있기 때문이라고 생각한다.

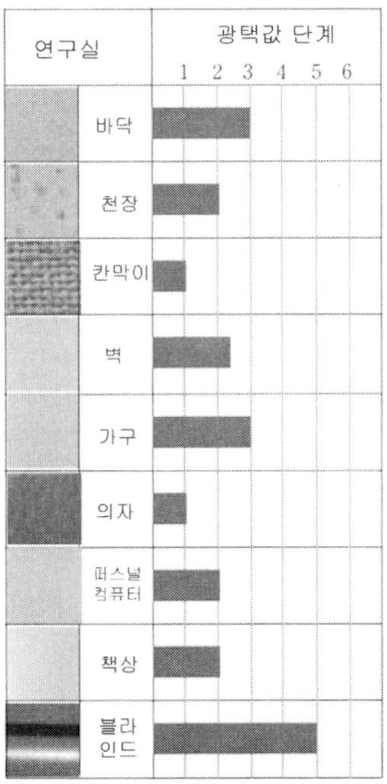

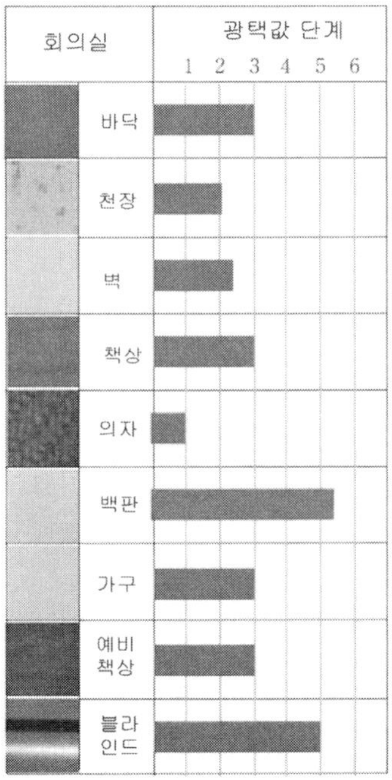

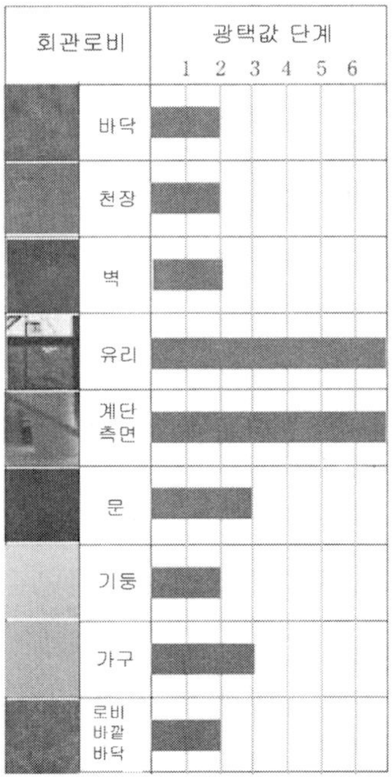

4.② 교대 벽면의 위압감을 경감하기 위해 벽면에 질감을 나타내고 싶다. 어느 정도 진폭의 질감을 사용하면 좋은지? 사람은 교대 가까이에도 접근하지만 200m보다 멀리에서 바라보는 일은 그다지 없다고 한다.

근경(近景)에서는 영역 (1)(기복 특징을 식별할 수 있는 거리), 교대와의 거리가 200m 이내로 되는 중경(中景)에서는 영역 (2)(기복 특징이 평면 무늬로 보이는 영역)가 좋다고 하면 **그림 4.9**의 기복 특징의 식별 거리에서 벽면 질감의 진폭은 23mm 이하로 해도 된다.

4.③ 콘크리트 거더교의 거더에 질감을 갖게 하려면 어떤 질감이 좋은지를 교량 가설 지점이 도시일 경우와 자연이 짙게 남아 있는 장소의 두 경우를 생각해 본다.

일반적으로 교량의 주위 환경 광택은 도시에서는 광택값이 높고 자연에서는 광택값이 낮다고 생각된다. 이 사고 방식을 기초로 하여 콘크리트 거더교를 주위 환경에 친숙하게 하는 경우와 두드러지게 하는 경우에 질감의 구성 요소(표면 형상 및 지각(知覺))를 어떻게 하면 좋은지 생각한다. 이들을 정리한 것이 다음 표이다.

	도시의 질감		자연이 풍부한 곳의 질감	
	표면 형상	지각(知覺)	표면 형상	지각
잘 어울리게 한다	주변 환경과 동등한 높은 광택값, 진폭(振幅)이 작은 질감	반들반들한 질감	주변 환경과 동등한 낮은 광택값, 진폭이 큰 질감	자연에 가까운 까칠까칠한 질감
두드러지게 한다	주변 환경과 이질(異質)의 광택값, 광택값에 알맞는 진폭의 질감	까칠까칠한 질감	주변 환경과 이질의 광택값, 광택값에 알맞은 진폭의 질감	반들반들한 질감

5.① 교량 슬라이드와 하드 카피(Hard Copy)를 준비하고, 슬라이드를 보고 그 교량의 디자인을 평가해 보자. 이때 자기가 슬라이드의 어디를 보고 있는지를 하드 카피에 동그라미 표시를 하고 평가 결과와 동그라미 표시가 다른 사람과 어떻게 다른지를 비교, 검토해 보자.

• 아라미로교

경사진 타워에 가해지는 중력을 이용하여 긴 스팬의 메인 거더를 매달고 있는 점이 특징적인 사장교이다. 디자인은 타워 정상부의 상승성(上昇性)을 의식한 형태, 기둥 근원 부분(물건이 붙어 있는 부분)의 지면에 대해서 매끈한 헌치를 만든 형태, 케이블의 흐름을 느끼게 하는 정착부 등 세부에 걸쳐서 고려하고 있어 피실험자의 평가는 높다. 다만 타워 기초 부분(基部)의 넓이가 지면으로 통하지 않는 것이 마음에 걸린다.

○표시가 되어 있는 피실험자의 시선 유인 개소는 케이블 면이 만들어 내는 삼각형의 각 정점, 즉 타워 정상부, 타워 기초 부분, 가장 바깥쪽 케이블 정착부에서 피실험자 A, D와 같이 그 전체를 지적한 사람도 있는가 하면 피실험자 B, C와 같이 타워 기초 부분에 주목하는 사람, 타워 정상부와 케이블 정착부에만 주목하는 사람도 있다. 피실험자들은 반드시 이 교량 구조의 구성 요소를 정확히 이해하는 것이 아니지만 타워 정상부, 가장 바깥쪽 케이블 정착부 또는 타워 기초 부분을 통하여 타워가 거더와 밸런스를 잡고 있다는 것을 이해하려고 함과 동시에 마치 꽃꽂이한 꽃을 보는 것 같이 경사진 타워에 대해서 시각적으로 균형이 잡힌 개소를 피실험자 자신 중에서 찾아내도록 한다.

A : 30대 남성

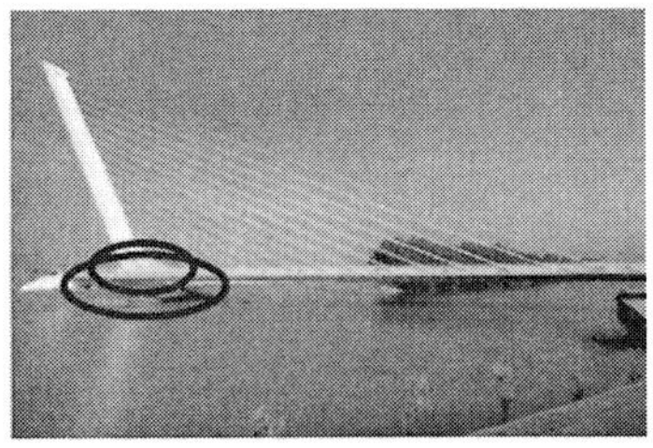

B : 20대 여성

C : 20대 남성

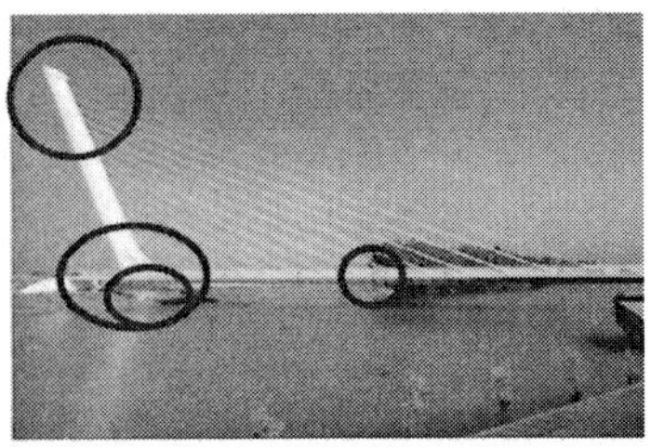

D : 20대 남성

원(圓) 크기는 주목(注目) 정도를 나타낸다.

• 우시부카(牛深) 하이야교

A : 30대 남성

B : 20대 여성

C : 20대 남성

D : 20대 남성

원(圓)의 크기는 주목(注目) 정도를 나타낸다.

이 교량은 일본의 우시부카(牛深) 만내(灣內)에 큰 반달(弧)을 그려 가로놓은 강제 곡선 박스형 거더교로, 그 평면 선형의 아름다움과 거더 단면의 곡선이 특징적인 교량이다. 그러나 4사람의 피실험자의 시선 유도 개소를 보면 먼저 전원이 자기 앞 교각의 받침부 부근에 시선을 집중하고, 2사람이 자기 앞의 메인 거더 브래킷에, 또 2사람이 후방 교각 받침부에 주목하고 있는데 누구나 거더가 크게 구부러져 있는 개소(2번째 교각 근처의 거더)나 거더 단면의 특징이 잘 보이는 거더 뒤쪽에는 주목하고 있지 않다. 사실 4사람의 피실험자로부터는 선형에 대해서도 단면에 대해서도 그와 같은 평가는 없었다. 오히려 브래킷이 규칙적으로 깨끗하다든지, 싫다든지(양쪽의 의견이 있었다)하는 평가나 교각이" 굴곡이 없이 밋밋하다"고 하는 평가를 들었다. 교량 기술자 사이에는 특징적인 거더 단면이나 어떤 방법으로 교량 전체가 만내(灣內)에 깨끗이 받아들여져 있는지를 평가하고 있는데 이러한 일반인의 시선 유인 개소나 평가는 의외인 것임에 틀림없다. 그러나 여기에 사용된 슬라이드는 일반적으로 잘 나오고 있는 각도이며 거기에 대해서는 자기 앞쪽 교각의 받침부나 자기 앞쪽의 브래킷이 시선 유인 개소로 되어 있는 것이다. 그렇다면 특히 교각에 관해서는 주된 시선 유인 개소에 상응한 조형이 되어도 좋은 것 같다.

5.② 5. ①의 동그라미 표시는 반드시 2극(極) 구조로 되지 않을지도 모른다. 그래도 역시 대상을 2극 구조로 받아들인다고 한다면 어디가 관조(觀照)의 중심적 위치이고, 어디가 그 대극(對極)인지, 또 그들은 거기에 상응한 조형이 되어 있는지의 여부를 검토해 보자.

• 아라미로교

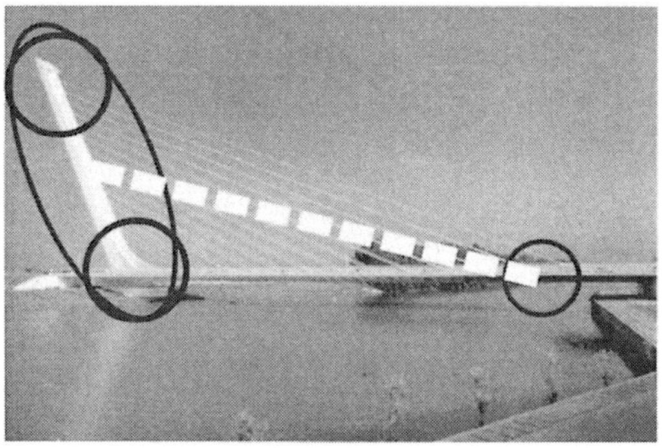

자세히 보면 피실험자 A는 4극, B는 1극, C는 2극, D는 3극으로 되어 있다. 그러나 전원이 타워에는 주목하고 타워 정상 또는 타워 기초 부분 또는 그 양쪽을 보고 있고, 왼쪽 그림에 나타낸 바와 같이 타워 정상, 타워 기초 부분을 포함한 타워가 관조(觀照)의 중심적 개소로 되고 있다고 할 수 있겠다. 그 대극(對極)은 피실험자 중 3사람이 주목하고 있는 가장 바깥쪽 메인 거더 케이블 정착부일 것이다.

바로 꽂꽂이한 꽃에서 말하는 "天"과 "地"(타워 정상 또는 타워 기초 부분)에 따라 크게 기울어진 균형을 가장 바깥쪽 메인 거더 케이블 정착부가 "人"으로서 전체를 긴장시키고 있다.

• 우시부카(牛深) 하이야교

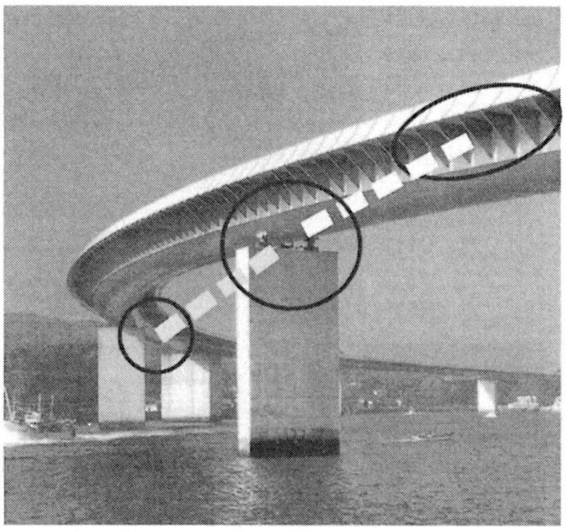

실험 결과에서 보면 제1극은 자기 앞쪽 교각의 받침부이며, 제2극은 자기 앞쪽 메인 거더의 브래킷부 또는 후방 교각의 받침부라고 생각된다.

자기 앞쪽 메인 거더의 브래킷부가 하나의 극을 형성하고 있는 것은 형상 만들기 본래의 목적이 아닐 것이다. 앞에서 기술한 바와 같이 자기 앞쪽 교각이 강한 시선 유인 개소가 될 수 있다고 하면 그것이 관조의 중심적 개소가 될 것이고 거기에 상응한 형상 만들기가 되어도 좋지 않을까 한다. 후방 교각도 거기에 따른다고 한다면 제2극은 후방 교각으로 좁혀져 자기 앞쪽 메인 거더의 브래킷부는 관조의 보조적 역할을 하는 정도가 되어 형상 만들기 목적에 일치하고 있는 것 같이 생각된다. 또, 자기 앞쪽 교각에서 뒤쪽 교각에 대한 시선 도중에 이 교량의 특징적인 거더 단면이나 크게 만곡된 선형에 주목할 기회를 줄 수도 있다.

6.① 프로포션(Proportion)이 아름답다고 생각되는 교량이 어떤 비례 개념에 의거하여 구성되고 있는지 도면을 기초로 분석해 본다. 적당한 정사각형을 찾아내면 황금비가 숨어 있을 가능성이 크다.

이구치교(生口橋)

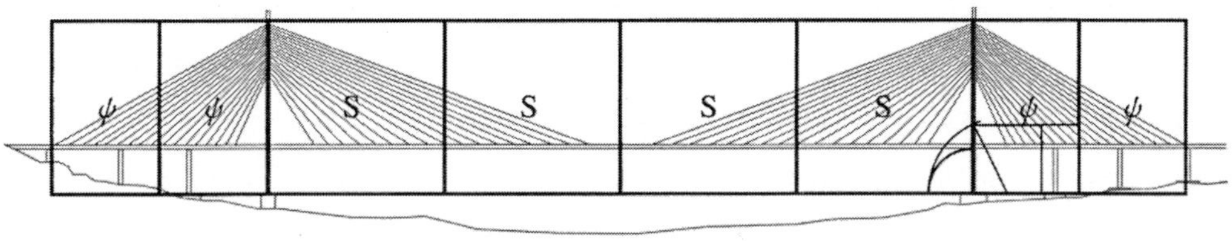

일본의 이구치교(生口橋)는 중앙 경간이 4개인 정사각형과 측경간이 2개인 ψ 직사각형으로 구성되어 있다. 거더 위치는 단순한 황금 분할이 아니고 **그림 6.11**의 골든 게이트교와 마찬가지로 높이 방향으로 황금 분할하고, 그 작은 ψ 직사각형의 단변(높이 방향)을 다시 황금 분할한 위치에 있다.

오미시마교(大三島橋)

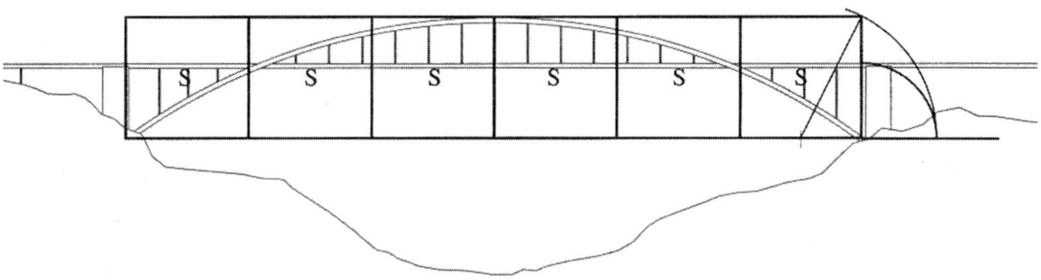

역시 일본의 오미시마교(大三島橋)는 6개의 정사각형으로 구성되어 있다. **그림 6.10**의 헬 게이트교와 마찬가지로 전체는 황금 비율을 구성하고 있지 않지만 거더 위치는 높이 방향을 황금 분할한 위치에 있다. 중로(中路) 아치교의 거더 위치는 높이 방향을 황금 분할한 위치에 있는 경우가 많을 것이다.

아카시(明石) 해협대교

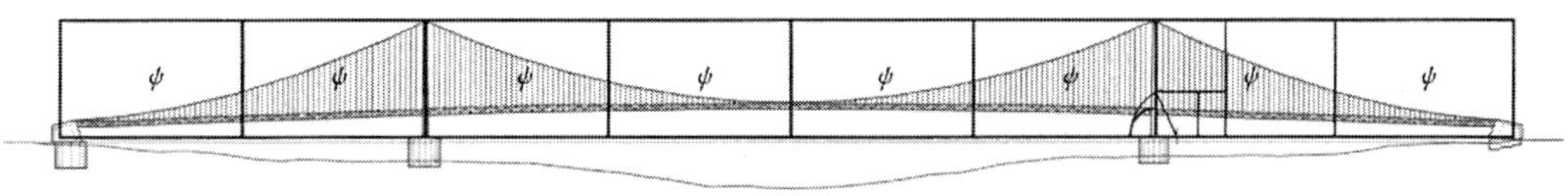

아카시(明石) 해협대교는 8개의 ψ 직사각형으로 구성되어 있다. 거더 위치도 골든 게이트교와 마찬가지로 높이 방향을 황금 분할하고, 그 작은 ψ 직사각형의 단변(높이 방향)을 다시 황금 분할한 위치에 있으며 교량 전체가 황금 비율로 구성되어 있다.

6.② 주탑을 끼고 좌우 비대칭으로 케이블이 쳐진 사장교의 그림을 몇 개 그려 보고 어디가 가장 균형이 잘 잡혀 있는지 검토해 본다. 그 때 좌우 케이블 각도뿐만 아니라 조밀감도 아울러 고려하여 넣으면 좋다.

다음에 나타낸 좌우 케이블 각도, 케이블의 조밀감 차이에 의한 사장교 15종류에 대해 남녀 5인의 학생에게 밸런스가 좋은 교량을 3개 선택하게 하였다. 오른쪽 아래 숫자는 득표수를 나타낸다.

결과를 보면, 다음과 같은 것을 알 수 있다.

① 비대칭함을 강조한 Proportion 쪽이 선호되고 있다.

② 케이블은 드물게 배치하기보다 빽빽하게 배치하는 쪽이 선호되고 있다.

③ 비대칭이라면, 케이블이 드물더라도 선호되고 있다.

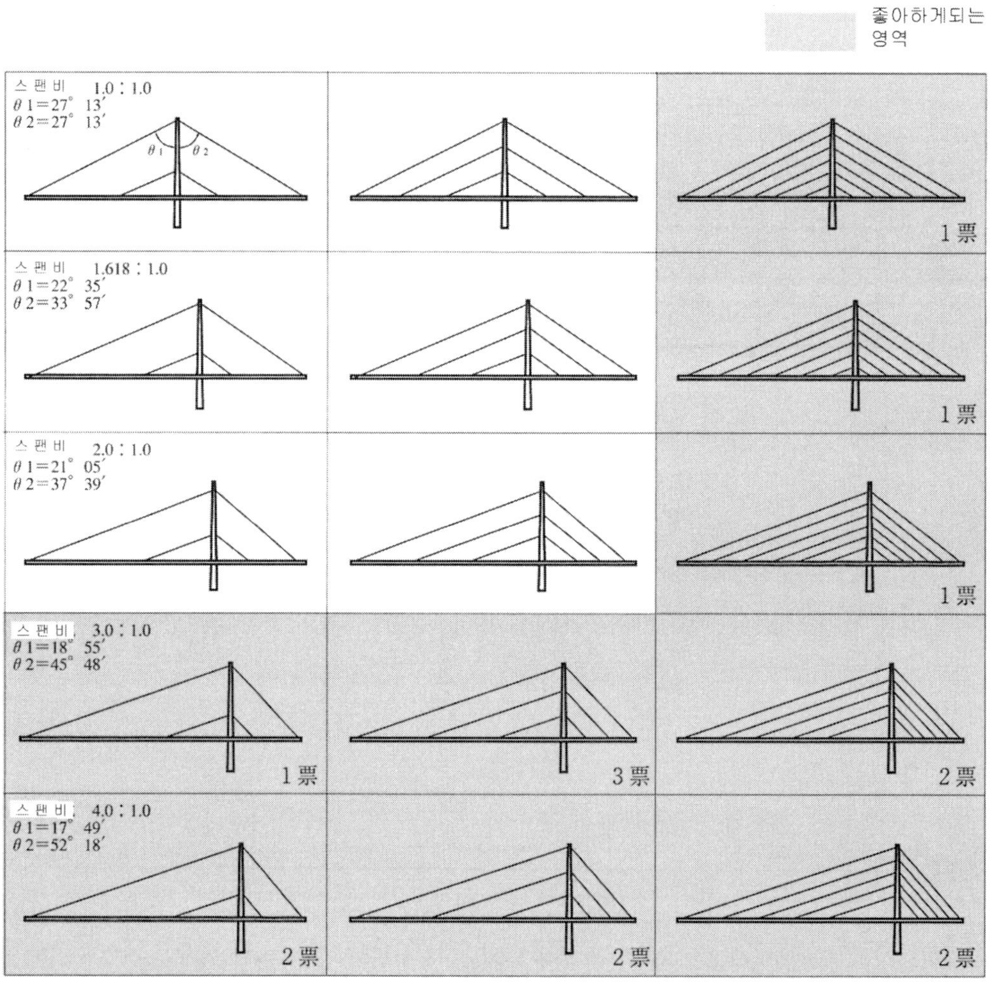

6.④ 경관 설계의 사례를 고찰하고 **그림 6.24**의 각 란을 다시 채워 본다.

조화의대상 / 조화의원리	Internal Harmony	
	(설계대상과는 다른 부위의) 구조형	(설계 대상과는 다른) 부속물
공통요소의 원리	 강결부(剛結部)와 Shoe부의 교각형상을 통일	생략 부속물과 구조형의 항(왼쪽경사하부)와 동일
조화의 대상과 무엇인가의 공통 성질을 가진것은 조화한다	아치를 모티브로 디자인한 교량 	교명주, 조명, 난간의 이미지를 통일  요코하마
질서의 원리	동일형상, 스팬분할의 상하선 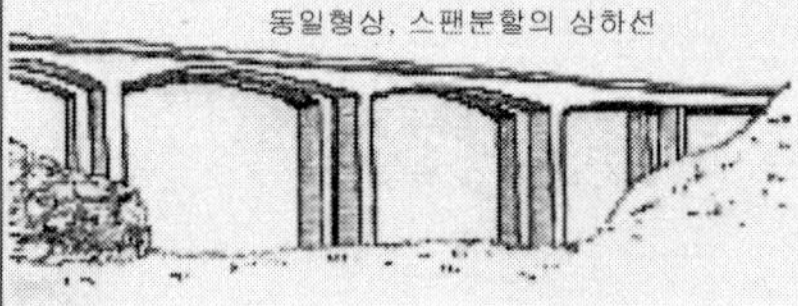	생략 부속물과 구조형의 항(왼쪽경사하부)와 동일
조화의 대상에 대해 질서를 잡아 계획한 것은 조화한다	트러스 거더의 내부에 난간을 설치  스톡홀름	 난간의 수직재에 끼워넣은 조명 . 동경
명료성의 원리	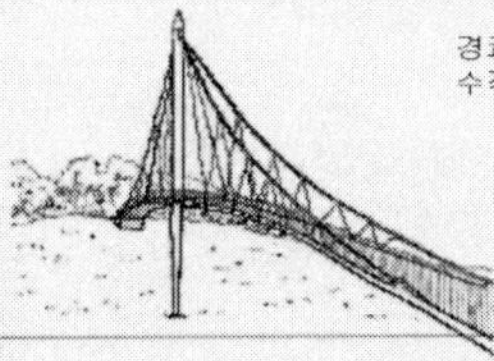 경쾌한 구조로 주탑의 수직성을 강조 슈트트가르트	생략 부속물과 구조형의 항(왼쪽경사하부)와 동일
구조물이 조화의 대상에 대해 명료성을 가지고 있을 때에는 조화한다	배수관을 강조한 디자인 	구심적(求心的)인 디자인의 다릿목 광장 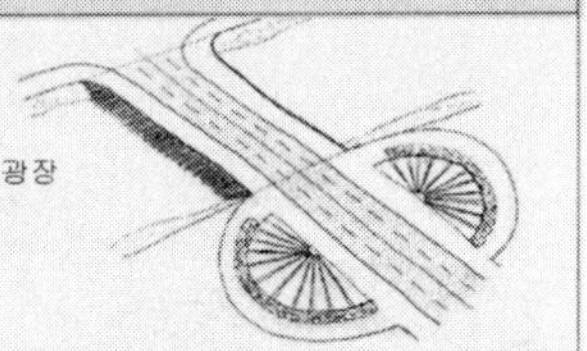
친숙함의 원리	 교량 재가설전의 교량형식을 의식한 교량	생략 부속물과 구조형의 항(왼쪽경사하부)와 동일
사람은 친숙해진 것을 좋아한다	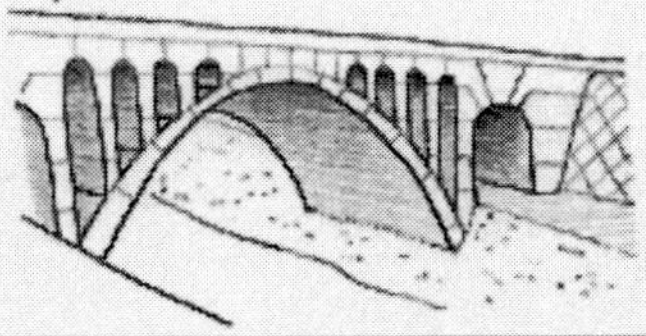 원설계를 답습한 치장 손질	절의 교량에는 파꽃 모양의 난간이 어울린다 

External Harmony		조화의 대상 / 설계대상
Route ·도회지/지형·주변환경	기타시설 ·구조물	
	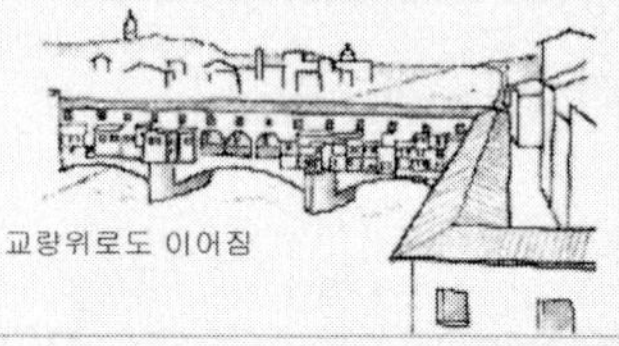	구조형 형 색 텍 스 처 –
		부속물 형 색 텍 스 처 –
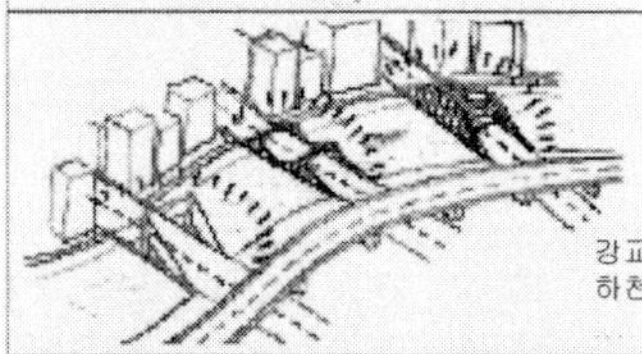		구조형 형 색 텍 스 처 –
		부속물 형 색 텍 스 처 –
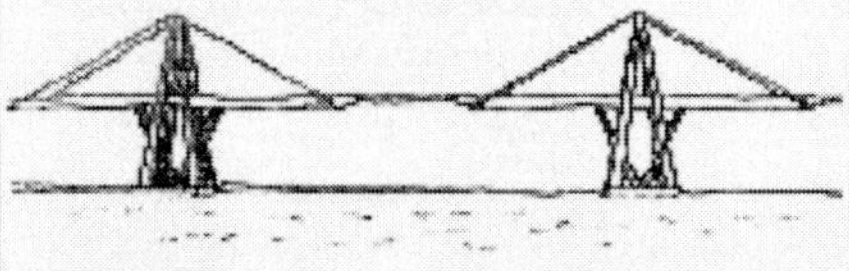		구조형 형 색 텍 스 처 –
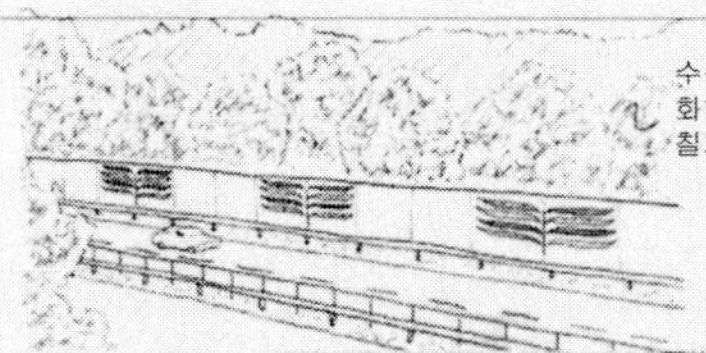		부속물 형 색 텍 스 처 –
	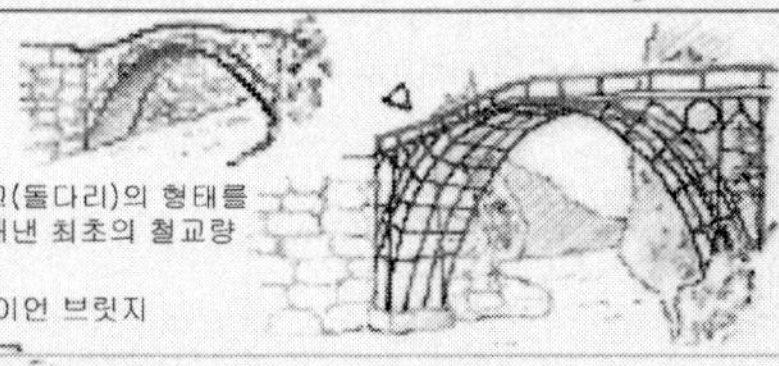	구조형 형 색 텍 스 처 –
		부속물 형 색 텍 스 처 –

6.⑤ 대상이 되는 교량을 2개 선정하고 그 교량의 조화 상태를, 설계 대상을 형상, 색, 질감의 3가지로 다시 분할한 매트릭스 위에 기록하고 조화의 대상으로서 어떤 것이 많이 받아들여져 있는지, 조화는 어떤 원리가 많이 사용되었는지 비교해 본다.

쥬오우가와교(十王川橋)와 야기사와교(柳澤橋)의 두 교량을 비교하고 그 조화 상태를 다음과 같이 정리한다.

쥬오우가와교는 험악한 자연 속을 다이내믹한 교각 형상으로 건넌다고 하는 교량을 강조한 명료성의 원리가 사용되어 있다. 그것을 조금이나마 부드럽게 하려고 하는 것이 자연과 가까운 콘크리트의 표면이다.

한편, 야기사와교는 자연 속에서는 눈에 띄기 쉬운 표면과 광택을 가진 강교이지만 배경이 들여다보이는 트러스를 사용함으로써 비명료성(**그림 6.23**의 반대를 노린 것)을 꾀함으로써 자연과 서로 어울리게 하려고 하고 있다.

두 교량 모두 자연에 어울리도록 하기 위해 그것을 저해하는 요인을 소재나 구조 형상을 적절하게 선택하여 조금이나마 조화의 방향으로 향하도록 연구를 하고 있다.

		쥬오우가와교(十王川橋)	야기사와교(柳澤橋)

공통요소의 원리	형상	· 교각 형상의 통일	· 교각 형상의 통일
	색	· 라멘 구조이므로 전부 콘크리트색	· 주경간, 측경간 모두 같은 색으로 갖춤 · 배수관도 거더와 같은 색을 갖춤
	질감	· 모두 동일한 콘크리트 표면	· 주경간, 측경간 모두 같은 강교로 갖춤
질서의 원리	형상	· 시메트리(Symmetry)한 교량 형상	· 규칙적인 리듬의 트러스
	색		
	질감		
명료성의 원리	형상	· 골짜기에 묘사한 다이내믹한 교각 형상	· 배경이 들여다보이는 형상=비명료성
	색		· 녹음 속에 조화된 오렌지색
	질감		· 자연 속에 볼 수 없는 광택
친숙함의 원리	형상		
	색		
	질감	· 자연 광택에 가까운 콘크리트 · 바위 표면을 연상하게 하는 콘크리트	

7.① 칼라트래버의 교량에서 본 재료 취급의 특이한 점을 구체적으로 지적하고 그 매력을 고찰해 본다.

Créteil의 보도교는 이른바 바구니 손잡이(Basket Handle)형의 파이프 아치이다. 이 교량에서는 파이프나 판재(板材)와 같은 2차 소재를 많이 사용하고 그들의 가공, 조합으로 디자인의 통일을 꾀하고 있다. 감각적으로는 마치 스치롤 보드로 모델을 만든 것 같아 직감으로 작용하는 가공의 알기 쉬움이 매력이 되고 있다.

교문구(橋門構, Portal Bracing)나 상부 횡구(Lateral Bracing)는 안쪽, 뒤쪽에 보강 리브가 설치되어 있는데 평판을 절단한 만큼 산뜻한 디자인으로 되어 있다(사진 (a, b)). 아치 리브와는 용접되어 있고, 또 중앙 이음매에는 고장력 볼트 인장 접합(Tension Joint)으로 하여 이음매가 눈에 띄지 않도록 연구하였다.

브래킷도 평판을 도려내 만들었다(사진 (c, d)). 그 끝부분은 행어 로프의 정착부가 되고, 또 아웃사이드 거더(Outside Girder)와 연결시킨 조인트 구조로 되어 있다. 건축이나 공업 디자인적 처리를 생각하게 하는 이러한 디자인 연구가 교량 전체를 산뜻하게 한 요인이 되고 있다.

사진 (a)

사진 (b)

사진 (C)

사진 (D)

사진(E)

파이프 아치의 정착은 두꺼운 판 끝부분에 설치된 소켓에 파이프를 조여 정착하고 있다. 힘을 대지(大地)에 전하는 메커니즘으로서는 어쩐지 불안하지만 형상의 처리로서는 매우 간결하다(사진 (e)).

Ripoll의 보도교는 경사진 파이프 아치가 특징적인 교량이다. 보강 거더에도 파이프가 사용되고 있다. 행어는 두 파이프에 용접된 결합 부재를 끼워서 고장력 볼트로 접합하고 있는데 그 위치는 아치와 보강 거더에서는 달라지고 있다. 보강 거더에서는 파이프에 바로 붙이게 되어 있으나 아치부에서는 약간 내린 위치에서 접합하고 있다. 이로써 아치부에서의 시각적인 번잡함이 없어져 행어 설치가 산뜻하게 되고 아치를 명쾌하게 하고 있다(사진 (a)).

사진 (b)의 ○표시한 아웃사이드 거더의 격점부를 자세히 보면 사진 (c)와 같이 되어 있다. 횡구(Lateral Bracing)나 대경구(Sway Bracing)의 끝부분을 신중하게 디자인하고 아웃사이드 거더에 용접된 살두께가 두꺼운 거싯(Gusset)에 결합되어 있다. 평판을 절단한 만큼 부재가 많은 가운데 요소 요소를 이러한 매우 자세한 디자인으로 긴장시킴으로써 전체를 질이 높은 디자인으로 유도하고 있다.

사진 (d)의 콘크리트 보는 하부 구조와 일체가 된 캔틸레버보 계단에서 하부공과 계단 사이에는 일정한 간격으로 구멍을 내고 있다. 이 구멍이 있음으로써 하부공과 계단은 시각적으로도 나누어져 있지만 거더 뒷면, 계단 뒷면이라는 것을 생각한다면, 보통이라면 이 구멍은 막아버림이 틀림없다. 그러나 여기서는 사진과 같은 경쾌하고 리드미컬한 느낌이나 캔틸레버 보가 가진 긴장감도 없어져 버린다. 묵직한 중량감이 있는 조형이 아니라 콘크리트에도 적당한 정도의 긴장감을 느끼게 하는 형상 만들기로 되어 있다.

사진(a)

사진(b)

사진(c)

사진(d)

7.② 최근에 복합 구조를 채용하는 교량이 늘어나고 있다. 복합 구조에는 복합 구조 나름의 매력이 있다. 그 조형적 특징에 대해서 고찰해 보자.

① 이종(異種) 소재의 조합 매력

서로 다른 소재가 조합됨으로써 소재와 소재의 반향을 디자인의 모티브로 함과 동시에 가벼운 소재, 무거운 소재, 축력이 강한 소재, 휨 모멘트에 강한 소재 등 소재를 그 특성이 가장 잘 살아나는 장소에 사용하면 합리적이고 기분이 상쾌함을 느끼게 할 수 있다.

사진 (a)는 Calatrava가 설계한 Merida의 아치교이다. 이 교량은 3개의 강제 파이프 아치가 거더 상부의 콘크리트 아치 기초 부분에 연결되는 독특한 구조이다. 메시브(Massive)한 콘크리트의 아치 기초 부분은 강제 파이프 아치의 수평력에 저항함과 동시에 경쾌하고 투명감 있는 파이프 아치와 두드러진 대비(對比)를 보이며, 이 교량의 매력을 연출하고 있다.

사진 (b)는 메인 거더의 웨브를 골강판, 하부 플랜지를 콘크리트로 함으로써 강과 콘크리트 각각의 소재감, 조합의 흥미를 자아내고 있다.

사진 (c)는 라멘 구조이면서 교각은 콘크리트 구조, 메인 거더는 강구조로 함으로써 합리적이고 기분을 상쾌하게 느낄 수 있다.

사진 (a)

또, Merida교에서는 강재과 콘크리트의 색을 될 수 있는 한 비슷하게 하고 있는데 이 두 교량는 모두 강재 부분을 짙은 갈색으로 칠하고 전체를 투 톤 컬러(Two Tone Color)로 하여 재료의 차이를 강조하고 있다. 이것도 복합 구조 매력의 하나로서 활용할 수 있겠다. 특히 사진 (c)는 이것이 강재 또는 콘크리트만으로 되어 있으면 결코 이러한 칠 나누기를 하지 않았을 것으로 생각된다. 결과적으로 아주 참신한 인상을 주는 교량으로 되었다.

사진 (b)

사진 (c)

② 새로운 구조 형상을 만들어 내는 가능성

강과 콘크리트를 조합하여 구조 형상을 만든다는 것 자체가 새로운 시도이므로 이제까지 없던 새로운 구조 형상을 만들어 낼 가능성이 있다. 사진 (a)~(c) 이외에도 다음과 같은 사례를 볼 수 있다.

사진 (d)는 Mimram이 설계한 아치교이다. Merida 아치교(사진 (a))와 마찬가지로 아치 기초 부분에 콘크리트를 사용하고, 강재 트러스 거더를 거기에 연결시켜 전체적으로 아치의 보도교를 형성하고 있다.

사진 (e)는 사진 (c)의 콘크리트 교각부를 크게 하고, 중앙을 도려내 전체적으로는 V각(脚) 라멘교로 한 것이지만 통상 V각 라멘교와는 전혀 다른 인상을 주고 있다.

사진 (f)는 복합 구조의 결합부가 디자인의 큰 요소로 되는 것을 나타낸 예이다. 이 교량에서는 결합부의 형상을 공업 디자인적 수법을 사용하고 디자인하여 매력적인 조형을 창출하고 있다.

사진 (d)

사진 (e)

사진 (f)

③ 날씬함의 추구

복합 구조에 따른 합리화로 구조 부재를 날씬하게 하는(Slenderize) 추구가 좀더 가능하게 된다. 사진 (g)는 슬래브와 강관을 이용한 복합 단면으로 한 것이고, 또 사진 (h)는 측경간을 콘크리트 거더, 중앙 경간을 강 거더로 하는 것으로 날씬함을 획득하고 있다.

사진 (g)

사진 (h)

8.① 자기 마음에 드는 교량이 디자인 사상의 변천 중에서 어떻게 자리매김하고 있는지를 고찰해 보자.

간에츠(關越) 자동차도의 나가이가와교(永井川橋)는 교량 길이 487m의 5경간 연속 PC 라멘교이다. 3기(基)의 중간 높이 교각에는 받침이 있으나 메인 거더의 박스 폭과 교각 폭을 맞추는 것으로 간결한 측면을 만들고 있다. 또, 상하선의 교각 위치, 형상을 가지런하게 하는 것으로 전체 경관의 번잡함을 억제하고 있다. 가능한 시각적인 부재 수를 억제하려고 하고 있어 자할리히카이트의 조형 사상이 엿보인다.

8.② 기능주의 사고 방식에는 다윈(Darwin)이 아니라 라마르크(Lamarck)의 진화론이 영향을 주고 있는 것으로 되어 있다. 어떻게 영향을 끼치는지를 생각해 보자.

재료의 진실을 추구하여 실용적인 기능을 만족하게 하고 경제적으로 생산하는 것이 디자인하는 것의 의미이다라고 하는 기능주의 사상은 전체적으로 "형태는 기능에 따른다"라는 하나의 방향을 좀더 발전시켜 왔다. 그러나 그 방향은 다윈의 진화론으로 설명할 수 있듯이 각각의 변이(變異)(개발 사상) 자체는 특정 방향성을 갖지 않고 랜덤(random)한 변이에 따라 나타난 개체가 우연히 환경에 적응하여 선택된 것이라고 이해하기보다도 라마르크의 진화론과 같이 개개의 디자이너가 지식과 경험에서 개발 사상(변이의 방향성)을 가지고 그 개개 사상의 연속으로서 도입된 방향성이라고 이해하는 쪽이 설계라는 연역적(演繹的) 측면의 강한 행위를 설명하기 쉬운 것이라고 생각된다.

9.① 구조 설계에서는 컨셉을 세우는 일은 거의 없다. 그럼 왜 구조 설계에는 컨셉이 필요하지 않는지 고찰해 보자.

컨셉이란 "해당 교량에 요구되는 요건" 중 "사람들의 의견 차이가 있는 것" 즉, 선택 요건에 대해서 방향성을 주는 것이다. 교량 종류의 선정이나 만들기 단계에서는 선택 요건이 많아 컨셉을 도입하여 선택폭을 좁혀 나가야 한다. 그러나 교량 종류의 선택이 아니고 어떤 특정 구조에 대해서 사람에 따라 A라고도 생각할 수 있고 B라고도 생각할 수 있는 것 같이 의견의 차이가 난다고 한다면 그것은 그 어느 쪽인가를 선택하면 된다는 문제가 아니다. 구조가 가진 사명으로서 의견의 차이가 없어지기까지 논의하여 의견의 차이를 해소하든지 또는 그것이 미지의 영역에 속하는 것이라면 실험이나 이론적 해명을 하고 설계를 진행해야 한다. 구조에서는 "사람들의 의견 차이"가 있어서는 안된다. "사람들의 의견 차이"가 없으면 컨셉은 필요 없다.

구조를 경제성이나 시공성 같은 사회적 요인(그 나라에 따라 무엇이 경제적인지, 시공하기 쉬운지가 다른 경우가 있다)에 따라 평가할 경우에도 그것을 명확하게 평가하여 선택할 수 있는 한 컨셉은 필요 없다.

9.② 상품에 대한 디자인 컨셉의 승인은 그 상품의 매상에 크게 영향을 끼치므로 상당히 신중히 해야 한다. 그럼 공공 재산으로서 교량 디자인 컨셉의 승인은 어떻게 해야 하는가를 상품과 대비하여 고찰해 보자.

해당 교량에 관계되는 상위 계획을 좀더 책정하고 컨셉을 좁혀나가 승인을 받기 쉽게 해야 한다.

상품의 경우, 예를 들면 상급 기종, 중급 기종, 하급 기종과 같이 하나의 상품 종류에 대해서 상품 라인업(Line-up)을 형성하고 시장에 내보내는 경우가 많다. 이른바 존 디펜스(Zone Defense)를 펴는 것이다. "어떤 라인업을 짜는지가 우리가 회사의 상품에 대해 우선 최초에 세우는 컨셉이다"라고 기술하는 기업도 있듯이 어떻게 존 디펜스를 하는지는 기업에게 있어서 중요한 과제가 되고 있다. 교량의 경우도 사업 주체가 이제부터 건설할 예정인 교량은 경관적으로 보아 매우 중요한 교량, 생활에 잘 융합하는 것이 가장 우선 되어야 하는 교량 등 어떤 성격을 가져야 하는지는 여러 가지일 것이다. 관할하고 있는 지역을 어떻게 존 디펜스하는가 하는 상품 라인업 계획에 상당하는 상위 계획을 세워야 한다. 그리고 상품의 경우 중급 기종의 디자인을 하면서 상급 기종 디자인보다도 상급으로 보이는 디자인은 기업에게 있어서는 도리에 맞지 않는 무의미한 것과 같이 교량의 경우에도 이러한 상위 계획을 토대로 디자인의 방향성을 정하게 되면 화려하지 않게 마무리해야 할 교량을, 교량은 토목의 꽃이라고 하는 만큼 화려하게 해보거나 또는 반대로 경관에 유의해야 하는 교량을 무조작(無造作)으로 설계하거나 하는 것은 꼭 막아야 한다. 또, 예를 들면 지방자치체의 장이 자신의 취향을 강조하는 그런 태도에도 책임을 가지고 대처해야 할 것이다.

하나의 기업이 몇 가지 상품 종류를 내놓을 때 각 상품 종류간의 디자인이 서로 다른데 대해서 어떤 자세를 명확하게 내세우게 된다. 그 축적으로서 그 기업의 상품군(商品群)에 대한 브랜드 이미지가 형성된다. 교량은 도로의 일부이며 강(또는 하천)에 가설되거나 터널과 인접하거나 한다. 교량 디자인, 도로 디자인, 강(하천) 디자인, 터널 디자인 등 이들은 현재 상태에서는 사업 주체의 담당자나 설계자도 달라 그들 전체를 디자인 면에서 통괄하는 부서나 담당자는 없다. 그러나 이것으로는 디자인은 제각기 다른 모양이므로 마이너스의 브랜드 이미지밖에 형성할 수 없다. 담당하는 토목 구조물 전체에 대한 디자인 매니지먼트를 개시해야 한다. 이러한 상위 계획이 책정되면 해당 교량의 디자인 컨셉 책정이나 승인은 위원회 등에서 이른바 대처요법적인 승인으로 좀더 종합적으로 확신을 가지고 하는 것이라고 생각된다.

교량 형식 및 교량 각 부위의 명칭

1. 교량 각 부위의 명칭

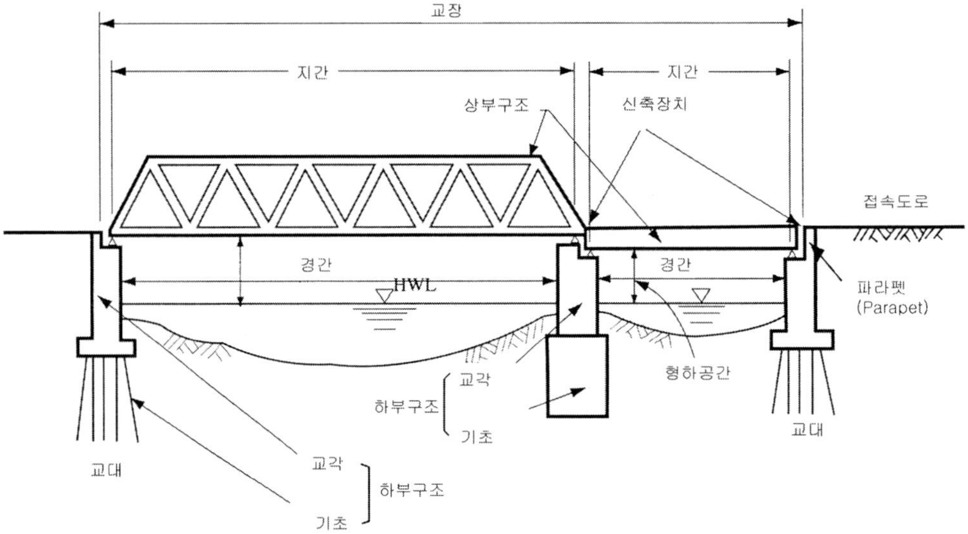

2. 노면 위치에 따른 교량의 분류

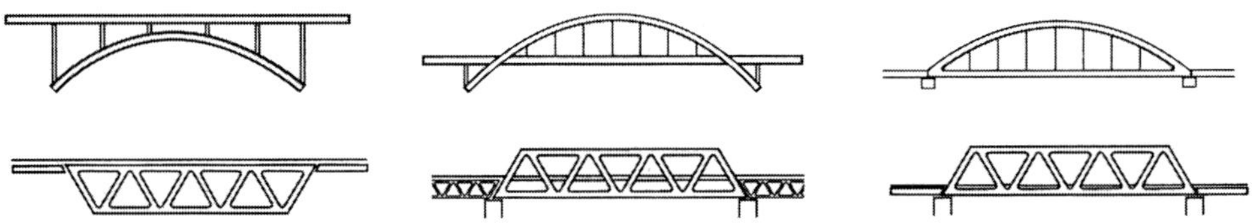

상로교 중로교 하로교

3. 교량 형식

a. 슬래브교

콘크리트로 상판으로만 상부 구조를 이루고 있는 교량

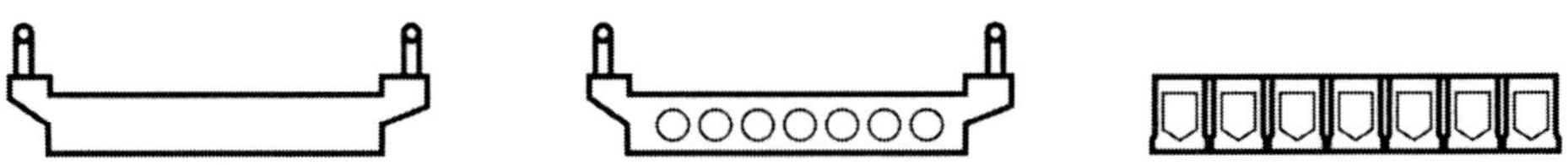

중실 슬래브교 중공 슬래브교 표준 설계

단면 형상에 따른 슬래브교의 분류

b. 거더교

① I형 거더교

강판이나 콘크리트로 만들어진 I형 단면의 메인 거더를 가진 것으로 이 메인 거더가 슬래브를 지탱하는 교량

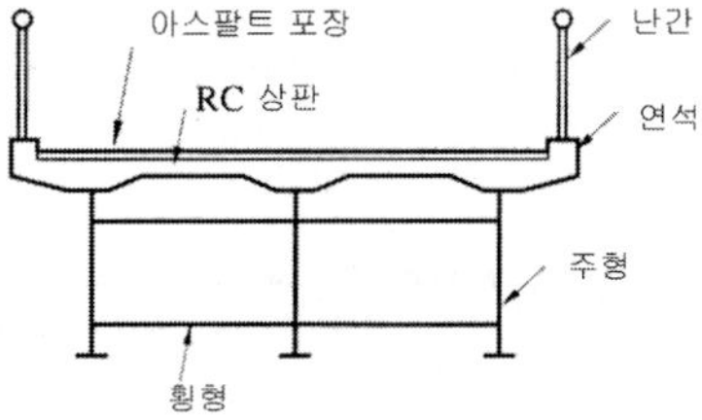

② 박스형 거더교

단면이 박스 형상을 한 거더교

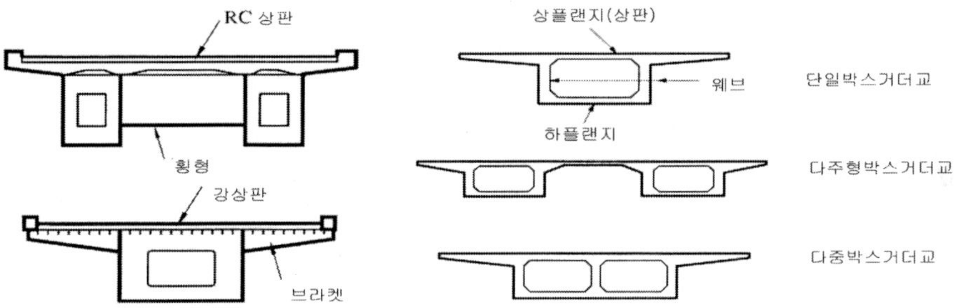

c. 트러스교

현재(상현재, 하현재)와 복부재(경사재, 수직재)로 구성되는 것

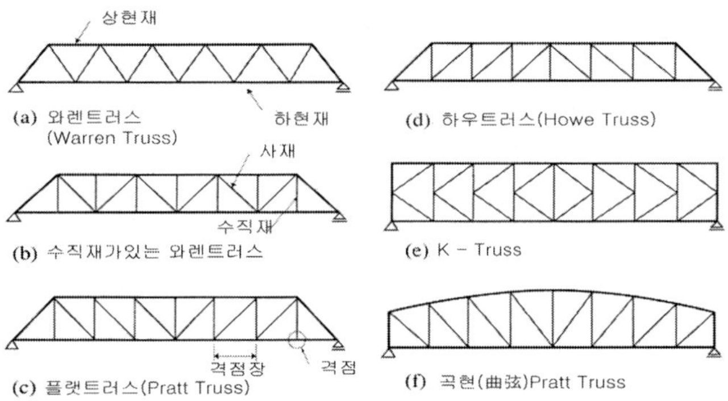

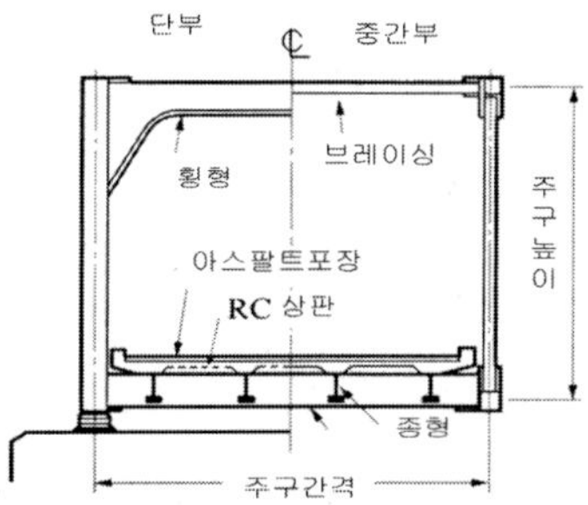

d. 아치교

힘을 아치 부재에 축방향 압축력으로서 작용하게 하는 구조

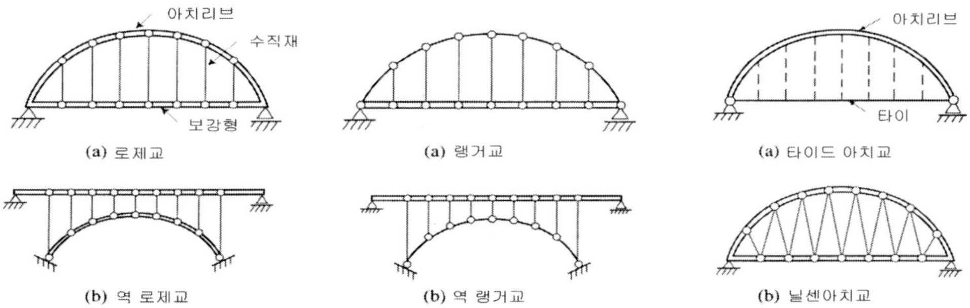

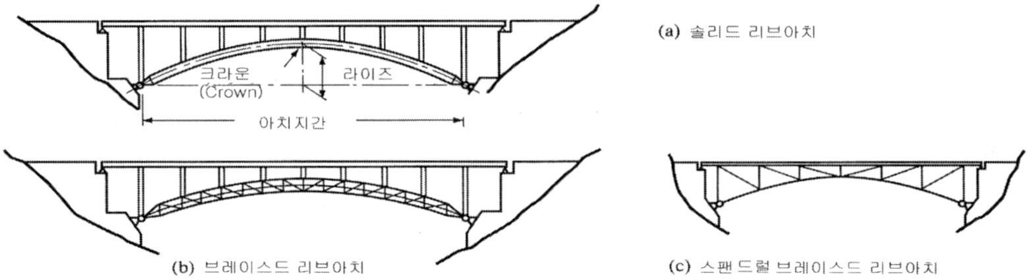

아치리브형식에 따른 분류

e. 라멘교

교각과 메인 거더를 강결(剛結)시킨 것

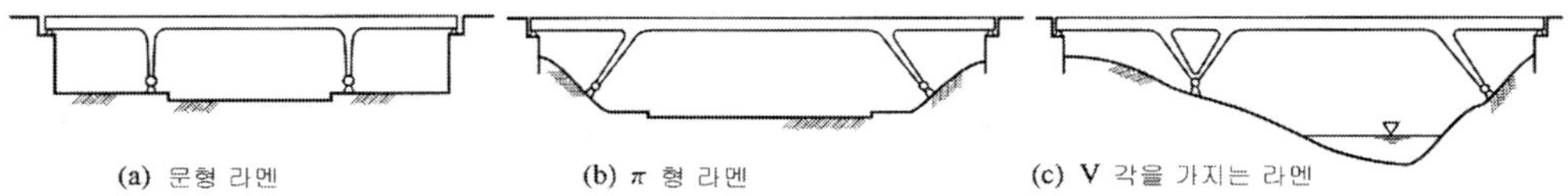

f. 사장교

주탑에서 케이블을 비스듬하게 당겨 메인 거더를 매단 것

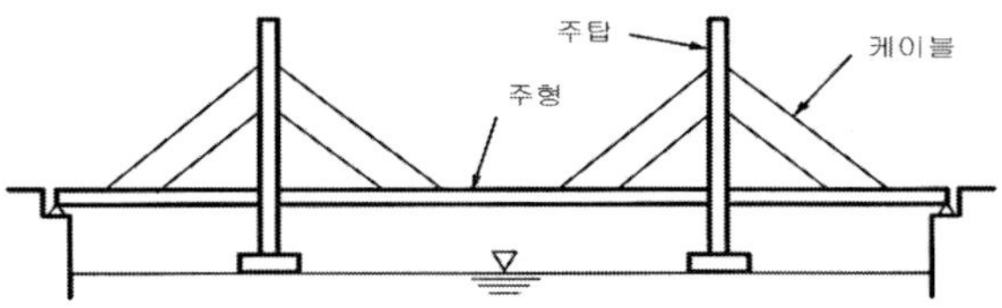

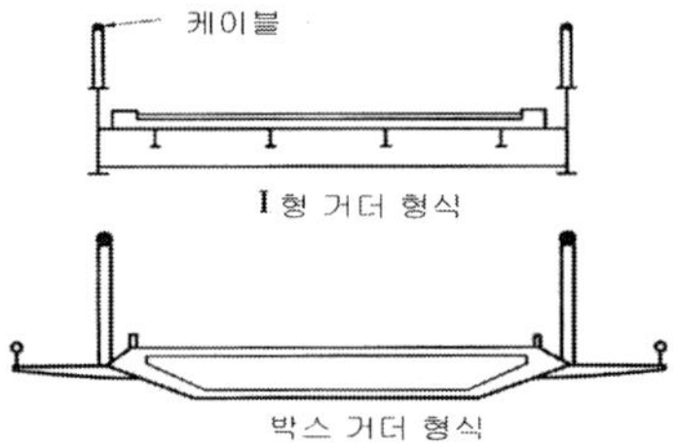

g. 현수교

주탑 사이에 매단 케이블에서 행어에 보강 거더를 매단 것

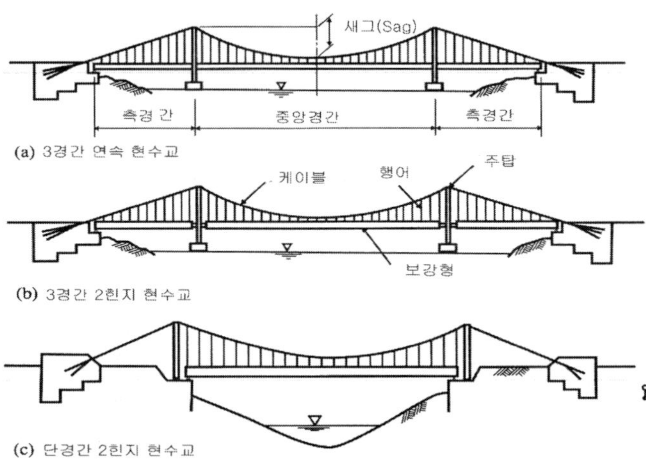

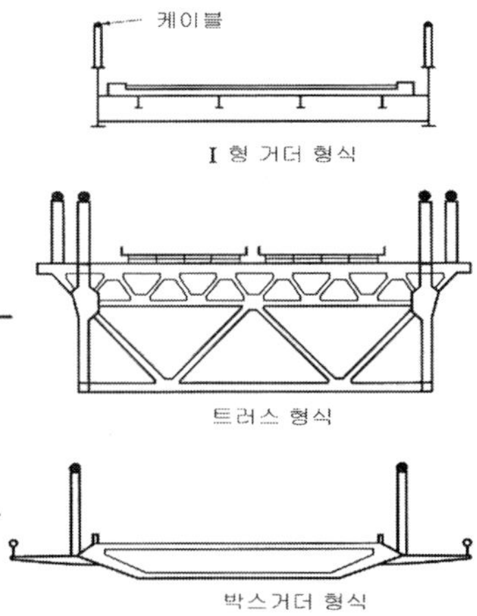

■ 저자 약력 ■

すぎ やま かず お
杉 山 和 雄

1942년 香川縣 출생. 1969년 치바(千葉)대학 대학원 공학연구과 공업의장학 전공 수료. 시카고에 있는 디자인 사무소 Latham, Tyler & Jensen Design Inc. 등을 거쳐 1973년부터 치바(千葉)대학 공학부 공업의장학과 근무, 1994년 교수, 1998년 치바대학 대학원 자연과학연구과 교수, 현재 치바대학 대학원 재직 중. 공학박사(동경대학)

주요작품 : 세토대교, 오오시마대교, 학쵸대교, 영종대교 및 제2성산대교(한국 국제설계공모 제1등) 등

주요저서 : 「Bridge Aesthetics Around the World」(Transportation Research Board, 분담), 「아름다운 교량의 디자인 매뉴얼 제2집」(토목학회), 「EXCEL에 의한 조사분석 입문」(해문당, 編著) 등

교량의 조형학

첫판 1쇄 펴낸 날 · 2003년 1월 24일
2쇄 펴낸 날 · 2006년 6월 12일

원저자 · すぎ やま かず お 杉 山 和 雄
감수 · 현대건설 유신코퍼레이션
펴낸이 · 전조연

펴낸곳 · 도서출판 건설도서
출판등록 · 1988년 1월 25일, 제 3-165호
주소 · 서울시 용산구 원효로 1가 46-5호
전화 · *(02)711-9990*(대)
팩시밀리 · *(02)711-9987*
http://www.gsds.co.kr
e-mail · ksdsksds@hitel.net

값 *32,000*원
ISBN 89-7706-156-3 93530